前坪水库碎裂结构型岩体分级与力学参数优选方法应用研究

赵健仓　张兆省　来　光　皇甫泽华　李永新　曹东勇　等著

黄河水利出版社
·郑州·

内容提要

本书以河南省前坪水库坝址区碎裂结构岩体为研究对象,在前坪水库坝址区岩体工程地质勘察成果的基础上,开展了岩块试验及岩体试验方面的研究,分析了碎裂结构岩体的一般工程特征。在详细论述岩体质量与岩石性质、岩体结构、岩体的赋存环境等关系的基础上,依据岩体的完整程度、平均节理裂隙间距、风化程度以及地下水状况等,采用人工神经网络法等详细论述了前坪水库工程碎裂结构岩体质量分级。在深入研究碎裂结构岩体裂隙结构面形状、各向异性的基础上分析岩体力学参数的折减,结合现场实际情况,采用基于因子分析的 BP 神经网络法、Hoek – Brown 强度准则及规程规范法综合论证碎裂结构安山玢岩岩体力学参数,并对溢洪道左岸高边坡采用立体投影法及 3DEC 进行稳定性研究,为碎裂结构岩质高边坡工程处理提供理论支撑。在此基础上,系统研究了前坪水库工程主要建筑物工程地质条件及处理加固效果,为类似工程处理提供借鉴。

本书可供从事水利水电工程地质专业技术人员、工程勘察设计工作者以及大专院校相关专业的师生学习参考。

图书在版编目(CIP)数据

前坪水库碎裂结构型岩体分级与力学参数优选方法应
用研究/赵健仓等著. —郑州:黄河水利出版社,2021.5
ISBN 978 – 7 – 5509 – 2977 – 7

Ⅰ.①前…　Ⅱ.①赵…　Ⅲ.①挡水坝 – 岩石力学 – 研
究　Ⅳ.①TV64

中国版本图书馆 CIP 数据核字(2021)第 083186 号

组稿编辑:王路平　　电话:0371-66022212　　E-mail:hhslwlp@ 126. com

出　版　社:黄河水利出版社　　　　　　　　　　　　　网址:www. yrcp. com
　　　　　地址:河南省郑州市顺河路黄委会综合楼 14 层　　邮政编码:450003
发行单位:黄河水利出版社
　　　　　发行部电话:0371-66026940、66020550、66028024、66022620(传真)
　　　　　E-mail:hhslcbs@ 126. com
承印单位:广东虎彩云印刷有限公司
开本:787 mm × 1 092 mm　　1/16
印张:15.25
字数:350 千字
版次:2021 年 5 月第 1 版　　　　　　　　　　　印次:2021 年 5 月第 1 次印刷
定价:120.00 元

前　言

碎裂结构型岩体是一类较为特殊的岩体,其不同于完整结构岩体,又与块状结构岩体有区别。从力学性质上来讲,块状结构岩体主要受软弱结构面力学性质控制,完整结构岩体则受岩块力学性质控制,而碎裂结构岩体力学性质往往受结构面力学性质及岩石块体力学性质的双重控制。

河南省西部地区(豫西)位于我国地势第二级阶梯向第三级阶梯的过渡地带,地质地貌条件十分复杂,地处北亚热带与暖温带气候的分界带,区域内气候、植被、水文、土壤土质等均有较大的差异性。位于豫西的前坪水库工程是国务院确定的172项重大水利工程项目之一,是以防洪为主,结合灌溉、供水,兼顾发电的大(2)型水库,并承担着下游广大地区的防洪和兴利任务。水库坝址区基岩岩性主要为元古界熊耳群马家河组安山玢岩,因其结构面产状及分布多变等因素,岩体呈碎裂结构状,具有典型的"硬、脆、碎"特征。

多年来水利工程建设的实践表明,岩土工程问题往往是影响投资和制约工期的重要因素,如果勘察工作对岩土工程的论证有误、岩土工程力学参数取值不当,可能会引起工程投资的增加或工程运行风险,甚至可能出现灾难性的后果。科学的工程岩体质量分级是确定合理的岩体力学参数的基础,工程岩体稳定性预测的关键又在于符合工程实际的岩体力学参数选取。特别是碎裂结构岩体,如何科学地进行岩体质量分级,以及在岩体质量分级基础上的岩体力学参数选取,是工程勘察设计与施工所关心的核心问题之一,也是工程优化乃至工程安全运营的关键。

本书共分九章。第一章绪论,论述了本书的研究意义,先介绍前坪水库工程的概况,进而分析当前工程岩体分级及工程岩体力学参数研究现状。第二章前坪水库坝址区工程地质,分别从地形地貌、地层岩性、水文地质条件、工程地质条件、区域地质构造及区域构造稳定性分析,详述前坪水库工程的地质条件及区域稳定性。第三章强度试验研究,分别从岩块的强度性质和岩体的强度性质两方面论述。岩块的强度性质从单轴抗压强度、三轴抗压强度、单轴抗拉强度等岩石室内试验方面论述;岩体的强度性质主要从原位岩体剪切试验及其强度参数确定、岩体的剪切强度特征等方面进行论述。第四章碎裂结构型岩体特征,在分析岩体结构的原生建造、构造改造、表生改造等岩体结构的形成机制及岩体结构面特征描述、分级、几何特征等基础上,详述工程区碎裂结构型岩体成因、性质、变形及应力特征,并对前坪水库工程坝址区工程岩体进行岩组划分。第五章工程岩体分级,综合采用神经网络、灰色系统、模糊数学等非线性方法,结合规程规范和统计分析法进行工程岩体分级分析,将复杂的地质现象抽象为合理的物理模型,对工作区碎裂结构岩体建立新的工程岩体分级方法体系。第六章节理岩体力学参数折减分析,在研究岩体结构面抗剪强度研究现状及节理岩体各向异性的基础上,讨论岩体力学参数分布一般特征及裂隙岩体考虑损伤的强度估算。第七章工程岩体力学参数取值,采用基于因子分析法的BP神经网络方法、非线性方法、Hoek - Brown 方法及规程规范法等,综合研究了坝址区岩体力学参数并给出不同岩组力学参数建议值,避免碎裂结构岩体采用常规方法确定的力学参数过于保守的不利特点,充分发挥岩体的自承能力。第八章前坪水库溢洪道高边坡研究,采用立体投影及 3DEC 对溢洪道左岸高边坡稳定性进行专题研究,为溢洪道碎裂结构岩体高边坡处理提供理论依据。第九章工程岩体处理加固措施,根据理论分析成果,在论述前坪水库工程挡水建筑物主坝及泄水建筑物溢洪道、泄洪洞、输水洞等工程地质条件的基础上,详述各建筑物工程处理措施,并对工程处理效果进行分析。

本书撰写人员有赵健仓、张兆省、来光、皇甫泽华、李永新、曹东勇、唐建立、朱顺强、孙培欣、郝超、田光辉、史恒、李宜伦、胡振伟、王先忠、杨志超、高书杰、聂胜立、田毅博、祁安岭、卢金阁、刘晓宁、徐睿杰、蔡文啸、华博、李鹏程、陈功鑫、张振远、袁汝涛、林昕欣、张尧、李兵兵等。

本书得到河南省水利科技攻关计划项目 GG201652 和 GG201707 资助。

由于水平所限,有些观点或表述不一定准确、恰当,恳请广大读者提出批评,并提出宝贵意见。书中引用了许多学者的文献资料,在此一并致谢!

作　者
2021 年 1 月

目 录

第一章 绪 论

第一节 研究意义和必要性

河南省前坪水库工程位于淮河流域沙颍河支流北汝河上游,坝址位于洛阳市汝阳县城以西 9 km 的前坪村附近,是一座以防洪、灌溉为主,兼顾供水,结合发电等综合利用的大(2)型水库,该水库是国务院确定的 172 项重大水利工程之一,水库总库容 5.84 亿 m^3,控制流域面积 1 325 km^2。

水库建成后可控制北汝河干流上游的山区洪水,削减襄城洪峰流量,减少漯河以上洼地的滞蓄洪量,将北汝河防洪标准由 10 年一遇提高到 20 年一遇。结合已建成的白沙水库、昭平台水库、白龟山水库等,可将沙颍河的防洪标准由目前的 10 ~ 20 年一遇提高到 50 年一遇,有效保护下游二广高速、南洛高速、焦枝铁路等重要交通设施的安全。同时,前坪水库规划灌溉耕地面积 50.8 万亩,对保障水库下游北汝河沿线县(市)的工业、农业安全起到重要作用。

前坪水库工程主要建筑物包括主坝、副坝、溢洪道、导流洞、泄洪洞、输水洞、电站等。主坝采用黏土心墙砂砾(卵)石坝,跨河布置,坝顶长 818.0 m,坝顶路面高程 423.5 m,坝顶设 1.2 m 高混凝土防浪墙,最大坝高 90.3 m。左岸布置溢洪道,闸室为开敞式实用堰结构形式,采用 WES 曲线形实用堰,堰顶高程 403.0 m,共 5 孔,每孔净宽 15.0 m,总净宽 75.0 m,闸室长度 35.0 m,闸室下接泄槽段,出口消能方式采用挑流消能。泄洪洞布置在溢洪道左侧,进口洞底高程为 360.0 m,洞身采用无压城门洞形隧洞,洞身段长度为 516.0 m,出口消能方式采用挑流消能。副坝位于主坝右侧,采用混凝土重力坝结构形式,坝顶长 165.0 m,坝顶高程 423.5 m,坝顶设高 1.2 m 混凝土防浪墙,最大坝高 11.6 m。主坝右岸布置输水洞,采用竖井式进水塔,进口底高程为 361.0 m,控制闸采用分层取水,共设 4 层,洞身为有压圆形隧洞,直径为 4.0 m,洞身长度为 256.0 m,洞身出口有压力钢管连接电站和消力池。电站总装机容量为 6 000 kW,安装 3 台机组,其中 2 台机组为利用农业灌溉及汛期弃水发电,1 台机组为生态基流、城镇及工业供水发电。电站厂房由主厂房、副厂房和开关站组成,电站尾水管与尾水池相接,尾水池末端设节制闸和退水闸。导流隧洞位于输水洞左侧,轴线方向与输水洞一致,进口底板高程为 343.0 m,洞身采用城门洞形,洞身长度 323.3 m,出口底板高程 342.0 m,采用底流消能,导流洞消力池末端尾水渠入主河道,导流洞施工后期进行封堵。

前坪水库坝址区岩体多为安山玢岩,局部穿插辉绿岩脉,岩体中各类结构面较发育,岩体呈碎裂结构状,由于经受过复杂的地质作用,岩体中分布着各种结构面,如断层、节理、裂隙等,这些结构面彼此组合将岩体切割成形态不一、大小不等和成分有一定差异的岩块。由于岩体结构的复杂性,人们始终无法完全了解岩体的力学性质。节理裂隙岩体力学参数是一切岩石相关理论研究的基础,同时也是岩石工程分析、评价和设计时必须要考虑的重要因素。因此,正确认识节理化岩体的力学性质,进而合理研究节理化岩体稳定性具有重要的理论及现实意义。

根据现场调研和资料分析,坝址区岩体主要为微弱风化下带安山玢岩,岩体节理裂隙较为发育,具典型的"硬、脆、碎"特征,岩体呈块状构造、碎裂结构;同时还存在主坝右坝肩高边坡和溢洪道左岸高边坡。其坝址两岸山体为侵蚀、剥蚀低山区与丘陵区过渡带。坝址区右岸岸坡为悬坡,基岩裸露,坝基开挖至建基面 330 m 时,右坝肩边坡最高达 90 m 以上。溢洪道进水渠左岸边坡高超过 80 m,局部可达 84 m。工程施工后会引起坝址区附近洞室围岩及边坡岩体应力状态重分布,坝址区洞室围岩及高边坡的安全与否直接制约大坝安全建设和健康运行,影响了施工人员和施工设备的安全。准确的岩体质量分级及科学的力学参数取值,对于工程加固措施的确定及方案优化具有重要意义,同时也可节省工程投资,加快工程建设进度。利用科学方法开展坝址区岩体质量分级研究,为坝址区工程岩体稳定性评判及其力学参数研究提供依据。坝区及坝基岩体力学参数取值直接关系整个工程的安全与经济,利用科学方法开展岩体参数研究,对正确评价坝址区岩体质量以及相关工程优化设计具有重要意义。

第二节 研究现状概述

一、工程岩体分级

工程岩体分级是针对不同类型岩石工程的特点,在以往工程实践经验和大量岩石力学试验基础上根据影响岩体稳定性的各种地质条件和岩石力学特性,将工程岩体分成稳定程度不同的若干等级。其主要包括地下工程岩体质量分级、边坡岩体质量分级和坝基工程岩体质量分级三大类,由于各种评价方法的侧重点不同,所选用的参评因素以及分级方法不完全一致。

结合国内外研究现状,目前工程岩体分级的方法分为定性分析法和定量分析法,定量分析的方法包括规程规范法、统计分析法、专家系统法和非线性模型法等。

(一)定性分析法

定性分析法,是根据岩体完整程度、结构面状态、地下水及结构面产状等特征直观评价岩体质量的方法、该方法应用于早期工程岩体分级,具有便捷、经济的优点,但受评判人经验及环境影响较大、精确度低,不适用于大型工程。

(二)定量分析法

1. 规程规范法

建立统一的评价工程岩体稳定性的分级方法,可为岩石工程建设的勘察、设计、施工和编制定额提供必要的基本依据,我国于 1994 年发布了国家标准《工程岩体分级标准》(GB 50218—1994),2014 年进行了修订,2015 年 5 月 1 日实施。该标准是在总结国内外各种岩体分级方法和大量工程实践的基础上提出的,属于国家最高层次的基础标准,适用于各行业、各类型岩石工程的岩体分级,是制定各行各业岩体分级标准的基本依据。该方法首先按岩石坚硬程度和岩体完整程度这两个因素决定的工程岩体性质定义为"岩体基本质量";然后针对各类型工程岩体的特点,分别考虑其他因素,并对已经给出的岩体基本质量进行修正;最后确定工程岩体的级别。该标准中的岩体质量分类方法简称为BQ分类。

水利水电工程岩体分级,是根据《水力发电工程地质勘察规范》(GB 50287—2016)及《水利水电工程地质勘察规范》(GB 50487—2008)水电地下工程岩体分类标准(HC分类),以控制岩体稳定的岩石强度、岩体完整程度、结构面状态、地下水和主要结构面产状5项因素之和的总评分为基本依据,以围岩强度应力比作为限定判据的方法。此外,由于具体应用行业不同,各行业也发布适用于本行业的规范规程,如适用于水工隧道的《水工隧洞设计规范》(SL 279—2016)、适用于铁路隧道的《铁路隧道设计规范》(TB 10003—2016)及《铁路工程地质勘察规范》(TB 10012—2019)、适用于公路隧道的《公路隧道设计规范》(JTG 3370.1—2018)及《公路工程地质勘察规范》(JTG C 20—2011)、适用于工民建的《岩土工程勘察规范》(GB 50021—2001)及《城市轨道交通岩土工程勘察规范》(GB 50307—2012)中的围岩分类、岩体分类等。

随着工程建设的发展,工程岩体质量分级正在由单因素定性分级向多因素、多指标的定性和定量综合模式发展,"三峡YZP法"就是其中应用较多的一种考虑多因素来确定岩体质量的方法。对于不同的岩石工程类型,如地下工程和地面工程,影响岩体质量的因素是不同的,但又存在共性问题,即工程岩体稳定是起重要控制性作用的基本条件。"三峡YZP法"通过5项基本因子(岩体完整性 U_1、岩石强度特性 U_2、结构面状态及强度特征 U_3、岩体透水性 U_4、岩体变形特性 U_5),按加权平均法综合评判确定岩体质量系数 M。刘远征应用"三峡YZP法"对某水库坝区工程岩体质量进行分级,研究表明坝区岩体可以按优质岩体、良质岩体、中等质量岩体、差岩体和极差岩体5个等级来划分。除新鲜岩体和微风化岩体外弱风化岩体为良质岩体,经适当处理后可以考虑作为该水库坝基岩体,而对小部分性质较差的弱风化镶嵌结构的岩体,需要挖除。

岩体块度指数的概念在《水利水电工程地质勘察规范》(GB 50487—2008)对岩体结构的分类标准中提到,是岩体质量评价的一个新指标,由于岩块的大小及其组合对岩体的工程地质性质有很大影响。在岩性相同或相近的条件下,岩块的大小、组合比例和裂隙的性状三者是控制岩体工程地质性质的基本因素。岩体的块度模数通过统计被裂隙切割而成的岩块大小及其组合关系和结构面的性状,来表征岩体质量的好坏。陈德基、刘特洪在"岩体质量分级新指标——块度模数"中介绍了块度模数的基本概念、统计方法和分级,并对块度模数统计方法的合理性进行了分析,在此基础上探讨了岩体块度模数与岩体强度、裂隙岩体渗透性的关系。通过对三峡、丹江口地区岩体工程的实际运用,发现其所反映的岩体完整性有较强的规律性;与岩体的力学性质、透水性间也有较好的相关性,并指出由于这是一个初始建立的新指标,还有许多不成熟和不完善之处,尚需继续完善和充实。胡卸文等通过大量实测资料证明岩体块度指数在一定程度上能反映岩体的完整性与相应力学性质的变化特点,比岩石质量指标更能准确地反映岩体块度及其结构特征,其工程意义更为显著。

2. 统计分析法

进入 20 世纪 70 年代以后,随着先进数学统计方法的迅速发展,岩体分级逐步由单一因素向多因素、定性向定量方向发展。一般采用多个指标结合统计分析的方法进行围岩分级。同时,数理统计、模糊数学等数学理论方法被越来越多地引入到了岩体质量分级中,RMR 法、Q 法、RMI 法和 GSI(Geological Strength Index)法等确定性模型方法逐渐发展成熟。

RMR 分类法由南非 Bieniawski 于 1973 年提出并历经多次修正。RMR 分类法以 RMR 值来代表岩体的质量或稳定性,主要考虑了岩石的单轴抗压强度、岩石质量指标 RQD、节理间距、节理状况、地下水情况、节理产状及组合关系等 6 个评估因素及指标。首先将前 5 个因素分成 5 级,分别给出各级的评分值,把各项因素的评分值累加起来就得到岩体的基本 RMR 值;然后根据节理产状及组合关系对工程稳定性的影响程度的基本 RMR 值进行修正,得出岩体的实际 RMR 值。张伟等基于 RMR 法和 SMR 法对某边坡工程岩体质量进行评价,结果表明该边坡岩体质量为 Ⅲ 等级。曲文峰等采用 RMR 法对岩体质量进行了分级,并在此基础上分析了某边坡的稳定性。贾明涛、王李管认为岩体质量的全面评价是自然崩落法矿山可行性研究和初步设计的重要前提和依据,RMR 体系是通常采用的综合性评价法,借助区域化变量最优无偏估值法,对各离散单元块的 RMR 参数指标进行推估,建立了反映全局变化的矿岩质量三维可视化 RMR 评价模型。

RMR 法是岩体质量分级方法中应用最广泛也是最基础的一种方法,但是其评分过程中存在着许多的不确定性和主观性,在地质条件复杂的情况下岩体分级效果差。陈沅江等认为深部岩体工程具有典型的高地应力、高地温和高孔隙水压等特点,传统的 RMR 法对评价其围岩质量存在不足之处。通过考虑高压地下水和高地温对岩体力学性质的影响分别引入地下水和地温弱化系数,结合连续性细化方法对传统的 RMR 法中的岩石单轴抗压强度、岩石质量指标和节理间距等三个评价指标的评分标准进行了修正,由此获得了比较符合深部岩体工程围岩质量评价实际的修正 RMR 法。李华、焦彦杰在传统的 RMR 法基础上提出将模糊 AHP 法应用于岩体分级中,作者认为传统的 RMR 法采用固定评估因素、固定评分方式进行岩体分级,而其将基于 RMR 法的模糊 AHP 法应用于大湾隧道进行岩体分级,分级结果与 RMR 法的结果进行对比分析,结果显示模糊 AHP 法的岩体分级结果与实际情况更加吻合。蒋权针对传统岩体质量分级分区法存在评价指标僵硬、考虑因素片面、结果表达单一等问题,改进了原有的 RMR 法岩体质量分级法,采用工程岩体 6 级分级标准,建立了适合矿山工程实际的岩体质量与稳定性评价体系。

岩体质量系数 Q 分类法是挪威学者巴顿等于 1974 年提出来的。该分类方法以地质调查为基础,考虑了多个参数,因此也被称为 NGI 分类法。该分类法全面考虑了地下工程围岩稳定的影响因素:岩石质量指标(RQD)、节理组系数(J_n)、节理粗糙度系数(J_r)、节理强度折减系数(J_a)、含水节理折减系数(J_w)以及地应力折减系数(SRF),对巷道围岩进行分级分类。该分类法涉及的资料多数基于地质调查,不需专门的测量仪器,易为一般的施工单位所接受。该分类法考虑了应力场的状况,因此其科学性迈出了一大步。肖春华在汕头 LPG 工程中应用岩体质量指标 Q 分类法,通过对地质素描、岩体质量指标 Q 值计算和喷锚支护设计的依据、程序和方法等的论述,使人们能够充分理解和认识这种方法的先进性、局限性和重要特征。云峰、袁宏成为了分析坝区岩体结构特征,在坝区进行了现场大样本裂隙系统测量,以此为基础,进行结构面模拟分析。此外,采用 RMR 法及 Q 法对工程岩体进行分类,估算其力学参数,对工程具有较好的指导意义。同样,Q 系统也存在一些不足:①没有直接考虑岩石强度,而是通过应力折减系数间接考虑岩石强度;②考虑最不利结构面,没有考虑结构面的不利组合情况;③考虑了低外水压力(1 MPa 左右)及小涌水对围岩分类的影响,不足之处是未考虑高外水压力(10 MPa 左右)及大涌水对围岩分类的影响;④还有许多问题需要探索,如岩爆烈度等级与围岩类别的关系等尚不清楚。格姆斯坦德(Grimstad)、巴顿于 1993 年、1994 年对地应力影响系数 SRF 进行了修正,修正后的 Q 系统不仅适用于浅埋隧洞,也适用于深埋隧洞及超深埋隧洞。2002 年,巴顿又在此基础上对 Q 参数的取值进行了修改和补充说明,这一阶段 Q 系统得到了补充完善。近年来,人们正在探索 Q 值与开挖影响范围、岩体弹性模量、纵波速度之间的关系,无疑,这些问题的解决对 Q 系统的发展、完善将起到更大的推动作用。

GSI 法是霍克(Hoek,1995 年)及霍克、凯撒和宝登(Hoek,Kaiser 和 Baroden,1995 年)提出的,其提供了一种评价不同地质条件下岩体强度降低的方法。该方法从岩体结构条件和表面质量两方面通过曲线图表的方法确定其 GSI 值;另一种计算 GSI 评分值的方法是:对质量好的岩体(GSI > 25),通过 Bieniawski 的 RMR 分类来评价岩体的 GSI 值。胡盛文、胡修文认为在目前的围岩分级系统中,只有 GSI 围岩分级系统是直接与岩体力学参数(如 Hoek-Brown 强度准则和 Mohr-Coulomb 强度准则参数以及岩体模量)相联系的。而通过定量的围岩分级系统,可以减小对工程经验的依赖,且方便易行。韩凤山提出了一种确定大体积节理化岩体强度与力学参数的简易且经济的新方法——地质强度指标 GSI 法,作者认为确定大体积节理化岩体强度与力学参数是很困难的,这主要是由节理化岩体试件尺寸太大及岩体所含节理裂隙所致。然而,该方法的提出为岩体质量分级提出了新途径。

1996 年,挪威学者 Palmstrom 博士在对 CSIR 分类法和 NGI 分类法评述的基础上,通过对大量现场岩体试验的分析和反分析,提出了一种新的岩体分类指标 RMI(Rock Mass Index),并已在岩体强度预测、地下硐室支护和数值计算等多个方面得到初步验证和应用,能更好地反映岩块强度和结构面性态对岩体强度的影响,可适用于任何"完整—破碎"岩体的工程分类。王亮清等应用 RMI 法进行了岩体质量评价和参数估算,该方法克服了传统的 RMR 法及 Q 法只适用于硬岩的缺陷,通过实例说明 RMI 法在确定岩体变形模量中的应用。该方法为工程师提供了一种确定变形参数较实用的工具。宋建波等指出 RMI 岩体分类法成功地吸收了 CSIR 分类法和 NGI 分类法的优点,能更好地反映岩块强度和结构面性态对岩体强度的影响,可适用于任何"完整—破碎"岩体的工程分类。通过应用 RMI 指标进行工程岩体分类,并与其他分类法进行了比较。结果表明 RMI 指标及其岩体分类法的出现,不仅为研究岩体的强度特性和结构特征开拓了思路,而且在岩体强度预测、硐室围岩支护及岩石爆破工程等方面的成功经验也为岩石工程的开展开辟了新的途径。申艳军等为了克服传统岩体质量评价方法(RMR 法、Q 法等)中评价参数难以确定、对质量较差岩体评价结果精度不够等缺陷,介绍 RMI 法中岩块单轴抗压强度 σ_c 与节理裂隙参数 J_p 的确定思路,对其进行优化,并将其与 Hoek-Brown 失效准则进行有效结合。该研究思路更符合岩体自身特征,对岩体的评价结果必将更加准确,是一种经济、方便、高效的评价方法。

3. 专家系统法

专家系统是一个以大量专门知识与经验为基础的计算机程序系统,其特点在于把专家们个人在解决问题过程中使用的启发性知识、判断性知识分成事实与规则,以适当的形式储存在计算机中,建立知识库。基于知识库采用合适的产生式系统,通过显示器屏幕上的图形用户界面,在用户回答程序询问所提供的数据、信息或事实的同时,计算机程序系统选择合适的规则进行推理判断、演绎,模拟人类专家解决问题做决定的过程,最后得出结论,给出建议,供用户决策参考。岩体分级专家系统的推理规则,是采用图搜索控制方式,对分级进行试探性的控制,来记忆几个规则系列的各种结果。孙恭尧等采用坝基岩体分级专家系统,对龙滩工程坝基岩体质量级别进行划分,为重力坝坝基开挖设计提供了有重要价值的决策依据。张玉灯对水电行业常用的围岩分类方法影响因素进行了总结分析,建立了数据库系统表。他运用专家智能分析判断的原理,开发了水电工程隧洞围岩分类系统程序,并将其应用在天生桥二级水电站右岸一号引水隧洞围岩分级复核中,实现了隧道围岩快速定量化分级。张清等指出隧道围岩分类是隧道设计施工的主要依据,虽然隧道规范对围岩分类已做了规定,但其分类指标多为定性指标,若不具备足够的经验,其有关参数难以确定,即确定围岩分类需要专门技能,因此他们研制了一个专家系统,可用于隧道围岩分类。程士俊利用计算机的智能,用模糊数学综合评判方法,模拟经验丰富的专家在进行围岩类别判断时的推理过程,并给出合理的围岩类别。该专家系统可以克服规范对围岩指标组合的理想化规定,使围岩的相关指标不是范围值或是定性描述。杨小勇等认为符合实际的围岩分类是公路隧道设计和施工的重要依据,然而,目前的公路隧道围岩分类规范中,围岩类别与各评定指标间尚未建立起精确的本构关系,在具体应用时受人为因素影响较大。作者针对围岩分类中存在的这类"模糊性"问题,引入模糊信息分析模型,借助专家丰富经验和既有隧道围岩分类信息,创建了公路隧道围岩模糊信息分类的专家系统,在围岩定量分类方面取得新的进展。此外,许勇以专家系统工具 CLIPS 为基础,建立了公路隧道围岩分类专家系统,对于解决围岩分类的典型非结构化问题有一定的帮助。

4. 非线性模型法

非线性模型方法是 20 世纪 70 年代前后发展起来的非线性科学理论,主要代表有耗散结构、协同、分叉、分形、浑沌和神经网络等理论,这些非线性理论正成为解决非线性复杂大系统问题的有力工具,也是研究岩体非线性系统理论的数理基础,在与围岩分级、岩体力学参数估算和岩体稳定分析等有关领域已得到一定程度的应用。

神经网络是 20 世纪 80 年代后期迅速发展起来的人工智能的一个分支。20 世纪 90 年代初,神经网络被引入到岩石力学领域中来,已经在岩体力学参数选取方面、岩体破坏判别方面广泛地应用起来,尤其在岩体力学参数的预测方面更是取得很多有价值的成果。该方法具有高度非线性的模拟系统,可以较好地模拟工程岩体的复杂非线性,其中应用最广、发展最成熟的是 BP 神经网络。BP 神经网络具有高度的非线性映射能力,它可以利用并行计算突破大量计算的限制,将其应用于岩体力学参数预测是合理的选择。目前许多学者采用 BP 神经网络在预测岩体力学参数方面开展了有益的探索。乔春生等(1990年)考虑了较多的非定量岩体地质特征,输入 BP 神经网络后得到岩体力学参数,结果较为准确。李守巨等(2002年)基于改进的 BP 神经网络算法,建立了依据位移数据预测岩体弹性力学参数的神经网络模型,通过优化搜索学习算子,解决了迭代过程中可能存在的目标函数振荡等问题。冯夏庭等(1994年,2000年,2003年)提出了用人工智能分析方法,利用现场监测位移对岩体力学参数进行智能识别,取得大量有益成果;王穗辉(2001年)等采用优化的 BP 神经网络算法,预测了上海地铁 2 号线隧道上方的地表岩体变形参数,并与其他预测方法的结果进行对比,结果表明人工神经网络预测效果优于其他方法。Jianhua zhu 建立了模拟和预测细粒沉积土和风成沙在加载—卸载—再加载条件下的抗剪性能的循环神经网络,并将其和传统的神经网络模型进行对比,结果显示了该模型的高效性和易用性。F. Meulenkamp 等利用人工神经网络来预测岩体的无侧限单轴抗压强度。此外 LeecS R、Raichea 等还将神经网络应用于岩土工程参数反演、破坏模式识别等领域。

1982 年,中国学者邓聚龙教授创立的灰色系统理论,是一种研究少数据、贫信息不确定性问题的新方法。灰色系统理论以"部分信息已知,部分信息未知"的"小样本""贫信息"不确定性系统为研究对象,主要通过对"部分"已知信息的生成、开发,提取有价值的信息,实现对系统运行行为、演化规律的正确描述和有效监控。杨仕教等提出了以岩体质量指标、单轴抗压强度、岩体完整性系数、节理间距和节理状态等 5 项指标评定该采区矿岩稳定性的指标体系,并应用灰色定权聚类法对矿岩的稳定性进行了综合分级,分级的结果符合工程实际。刘玉成等根据目前矿山岩体质量评价的基本方法,对采用普氏系数法、岩芯质量指标法及龟裂系数法等已经取得指标的岩体应用灰色关联理论建立了综合评价模型,并将该模型应用于贵州省某矿煤层顶底板岩层质量评价中。结果表明该评价方法可行,用此方法综合评价岩体质量给矿山巷道支护和维护提供了参考价值,也为矿山岩体多因素综合评价提供了思路。陈星明、郑伟强(2007年)将灰色关联度分析应用于工程岩体稳定性分级中,得出影响工程岩体稳定性各因素的权重值,使分级更加准确。郭斌等应用改进的灰色层次聚类法对矿山岩体进行分级,建立了不同聚类的白化权函数,确定了工程岩体的稳定性级别。

非线性模型方法引入不确定性评价模型来解决岩体质量分级的问题,在一定程度上克服了单指标的评价方法(如普氏系数法)仅用少数参数的信息、遗漏了部分有用的信息,从而导致所得结论片面的问题,也解决了多指标分类方法(如 RMR 法、ISRM 法和 Q 法等)对影响因素的权值确定存在较大的随机性的问题。然而,不同的非线性模型方法同样避免不了自身的缺陷,例如,人工神经网络分类法虽克服了人为确定权重的缺陷,但是实际的应用中受到训练知识样本的限制;灰色关联分析法能够比较全面地考虑各个因素,但计算关联度时常以区间中点为最优,这样会遗漏重要的约束条件,导致结果与实际情况存在较大的差异;模糊综合评判法虽然可以避免以上缺陷,但在岩体稳定性分类过程中评价指标的权重侧重于专家的经验,导致较强的主观性。郭彬等基于改进后层次分析法的灰色聚类围岩稳定性分级法能够有效地解决以上传统的应用单个非线性模型方法的缺陷,应用改进后的层次分析法对影响围岩稳定性的各个因素进行定权,然后用灰色系统聚类理论对围岩的稳定性进行综合分级,最终确定分类结果。该方法解决以往围岩等级分类中诸多因素的不确定性,为矿山围岩稳定性分级提供了一种新方法。

综上所述,定性分析法以其直观、便捷的优势在早期工程实践中得到了广泛的应用,但缺点是精确度低,误差较大,不能为深度评估岩体力学性质提供依据。规程规范法是为了规范行业标准形成的普适方法,对大多数工程都可应用,但并不适用于所有工程,导致实际工程中的特殊问题难以得到解决。统计分析法采用多个指标综合评判,结合数理学方法,具有一定的说服力,但定性因素转变成定量数据时因个体评判标准不同,容易产生不同的结果,进而影响最终判断。专家系统法以专家知识经验为依托,用计算机程序系统选择合适的规则进行推理判断,最后得出结论和建议,能解决大多数实际工程问题,但由于知识库的局限性和编程的复杂性,易耗费大量的时间和精力,应用成本较高。随着计算机技术的飞速发展,非线性模型的方法以其较好的非线性拟合能力和超高的容错力越来越广泛地应用于工程实践中。该方法将定性指标和定量指标结合分析,可较全面地将影响岩体分级的所有因素纳入评价体系中,说服力强,有很强的理论和实践意义。

二、工程岩体力学参数

随着经济社会和科技的发展及承受与抵御灾害能力的增强,水利水电工程实现了对流域资源、环境、生态等系统进行人工调控,有效地改变了在自然条件下利用水能的状况。但是,当坝体建成运行后,坝体结构也变成了一种潜在的巨大危险物,其安全性和实用性对社会及经济的影响相当大。伴随着国家大力兴建水利水电工程战略的逐步实施,对水利水电工程的稳定性进行预测显得愈发重要。这种工程岩体稳定性的预测关键在于如何合理地确定岩体力学参数的取值。

岩体是在地质历史时期形成的具有一定组分和结构的地质体,它赋存于一定的地质环境中,并随着地质环境的演化而不断地变化。在岩体力学研究中,岩体力学参数的确定一直是研究热点课题之一,不同的力学参数可以产生不同的计算结果,不当的力学参数还会对工程设计与施工起误导作用,许多工程地质问题都源于岩体参数估算的偏差。因此,坝基岩体力学参数取值直接关系到水利工程的安全与经济,是工程勘察设计与施工所关心的核心问题之一。

综观坝基岩体力学参数方法的研究历程,岩体力学参数的确定有多种方法,主要包括试验法、统计公式法、反分析法、工程岩体分级法、理论统计法、数值模拟法以及非线性分析法等,而其中最常用的四种方法为试验法、工程岩体分级法、反分析法和非线性分析法。

(一)试验法

试验法是确定岩体力学参数最直接的方法,也是最基本的手段。它作为一种原始的、直接的获取岩体力学参数的方法,已被人们所接受,是工程设计人员掌握坝基岩体力学性质的基本方法之一。试验法包括室内试验法和现场试验(也称原位测试)法两大类。室内试验法一般是在现场用钻探或其他方法取得岩块,以及结构面的试样,在实验室中加工成标准的岩样,用单轴、三轴或直剪试验测得相关的试验参数的试验方法;原位测试法是在岩体、土体所处的原位置,保持其原有结构、含水率和应力状态,遵循技术程序,直接或间接测定岩土的工程特性及参数的试验方法。

Müller(1974 年)曾在经典力学的框架内指出当时研究岩体力学特性的两种途径:一

种是岩体结构探测与室内岩体材料试验相结合,用分析和综合的方法研究岩体的力学特性;另一种是进行现场大尺度的岩体力学试验,以确定岩体综合的力学特性。对于每一项大型重要工程,室内岩块试验是必不可少的手段之一。然而,由于岩块脱离了岩体以及尺寸的限制,所以岩块的力学性质与岩体的力学性质存在着很大的差异,室内试验所得到的实际上是完整岩块的性质,与现场试验成果有时相差 10 倍以上,因此进行现场试验要比进行室内试验结果更为合理,进行大尺度试验要比进行小尺度试验结果更接近实际情况。为此,国内外学者对此进行了许多有益的探索,如李铁汉、E. Hoek、E. T. Brown 等,但由于其间关系的复杂性,直接通过岩块力学参数获取岩体力学参数具有很大的困难。因而人们试图通过现场测试直接获取岩体的力学参数,因为现场岩体包含了大小不等、方向各异的节理裂隙,以及岩石本身的特性和赋存环境等许多特征。1973 年美国进行了世界上第一个大型现场原位试验,此后各国都进行了原位试验工作,因此现场试验也就成了每个重要工程研究岩体力学性质必不可少的手段之一。以 Müller 教授为代表的奥地利学派认为,不依靠现场原位试验,要描述岩体性质是不可能的,只有现场试验才有可能正确地判断岩体的强度和变形性质。

谢文兵等认为,根据岩体力学特性进行现场试验要比室内试验结果更为合理;大比例尺试验要比小比例尺试验的结果更为接近实际情况。现场试验可以较好地判断岩体强度和性质,但也存在代价昂贵、周期长的缺陷,其最突出的影响是尺寸效应问题,同时存在着一些尚待解决的试验技术问题。W. Weibull、E. T. Brown 等针对原位试验的尺寸效应问题做了有益的探索,并得出了强度和尺寸的关系式。

原位测试的另一个缺陷就是选取的试验点常常带有一定的盲目性和局限性,以及不同的试验方法(如平板荷载试验、钻孔千斤顶试验、扁千斤顶试验和膨胀试验等)使得试验结果具有较大的分散性,要正确测定岩体的力学参数也有很大的困难。据陶振宇等(1991 年)介绍,Roeka 和 Dasilv(1970 年)、Shroedev(1974 年)、Bieniawski(1979 年)在进行岩体的现场原位试验时发现原位试验结果具有很大的离散性,不同的试验方法试验结果有很大差异。另外,据日本学者 oda(1988 年)的研究,当岩体试样尺寸大于 3 倍典型节理迹长时,其试验相对误差才可以接受。在边坡工程实践中,无论是选点,还是试验方法或现有的试验设备,在实际工程中做这样大的原位试验是难以实现的。

胡卸文、黄润秋也认为由于岩体的复杂性以及围岩的环境影响,由实验室试验获得的完整岩石的力学参数与岩体力学参数有很大差异,因此试验值一般不会直接作为数值计算参数值,而是考虑试验地点地质条件的代表性、尺寸效应、时间效应和水的作用等影响,根据经验折减系数的办法来进行折减估算,以便更好地反映实际情况。

相关研究表明,岩体的弹性模量为完整岩块弹性模量的 46.9%;岩体单轴抗压强度为试验值的 28.4%。Kulatilake 等学者提出,花岗片麻岩的平均岩体弹性模量约为岩块的30%。另外,Kulatilake 等在瑞典 Aspo 硬岩实验室对闪长岩性质进行了研究,结果显示其岩体弹性模量是完整岩块弹性模量的 51%,岩体平均泊松比约高于岩块 21%。

通常试验方法需要的周期长,且花费昂贵。因此,不是每一个工程都能进行或必须进行。尤其是原位试验的试件制备过程中,岩体难免会产生扰动,这种扰动在复杂地质条件地区尤为显著,如在高应力区、高含水量区,试件很容易受开挖扰动,因此测试获得的结果还必须进行必要的岩体赋存环境力学效应的修正,才能应用于工程。

(二)工程岩体分级法

20 世纪 70 年代开始,岩体分级由单指标向多指标综合、由定性发展到定量阶段,各种工程岩体分级法都用定量值表示岩体特性,进而确定级别,再根据计算公式或不同级别下的参考值确定岩体力学参数。应用工程岩体分级法来确定岩体参数也即经验公式法,其基本思路为:根据大量的工程实践,选取与裂隙岩体力学性质非常相关的因素(如声波、Q 指标、RMR 指标、S 指标以及 RQD 值等)作为输入参数,然后建立这些因素的量化值与裂隙岩体力学参数的经验关系与统计关系,工程人员可以根据建立的经验关系与统计关系推求岩体的力学参数。经验公式估算岩体力学参数,由于其使用简单、应用方便,成为了工程上最常采用的方法之一。

常用的岩体质量评价方法主要有:岩石质量指标(RQD)分级法(Deere,1964 年)、基于岩体结构类型分类的岩体质量系数分级法、岩体地质力学指标 RMR 分级法、工程岩体分级标准分级法、巴顿岩体质量指标 Q 分类法等。其中根据分级级别确定岩体力学参数有两大比较实用的方法,分别为宾尼亚夫斯基(Bieniawski)提出的地质力学分级方法(Geomechanics Classification System),即 RMR 法,以及 1994 年颁布的国标《工程岩体分级标准》(GB 50218—1994)。

Bieniawski 于 1973 年提出了岩体地质力学分级方法,该方法用岩石单轴抗压强度、钻孔岩芯质量 RQD、节理间距、节理走向及倾角、节理条件以及地下水等 6 个因素对岩体进行分级,每参数有 5 个等级数量值。由于该方法考虑因素全面,简单易行,在岩体工程中得到了广泛的应用(丁金刚,2003 年)。通过对大量工程实例的总结并统计分析,Bieniawski 得出岩体力学参数 E_m 与计分值 RMR 之间的数量关系(周恒松、高波,2008 年),而后,Nicholson 与 Bieniawski 又在试验及 RMR 值的基础上提出由岩块弹性模量 E_{int} 计算岩体弹性模量 E_m 的公式(伍佑伦、许梦国,2002 年)。在 1979 年,岩体地质力学分级方法被国际上接受为岩体分类标准,现在已被世界许多国家采用(王永秀、毛德兵、齐庆新,2003 年)。

《工程岩体分级标准》(GB 50218—2014)在对岩体进行分级时,考虑了岩块的性质、节理面的密度、地下水、地应力、结构面的产状等因素。在得到岩体基本质量指标 BQ 后,再根据该标准提供的范围估算岩体力学参数。伍佑伦、许梦国探讨了根据工程岩体分级来选择岩体力学参数的方法,研究发现应用地质力学分级方法(RMR 法)及我国的《工程岩体分级标准》(GB 50218—2014)两种岩体分级方法进行岩体力学参数估算,其结果基本一致,而且由于岩体工程质量分级基本考了影响岩体力学性质的各种因素,因此在工程岩体质量分级的基础上,对岩体力学参数进行选取,并将其用于后续的分析计算,是一种工程上可行的方法。

按工程岩体分级的方法来选择岩体力学参数,与单一的对同一种岩体取同一力学参数相比较,计算结果更符合现场的情况。但是,运用工程岩体分级法确定岩体力学参数是一个考虑多因素的综合性的确定方法,一般涉及的参数很多,在实际工程项目中,若实测数据或试验数据较少,其实用性受到一定的限制。

(三)反分析法

岩体力学参数(如变形模量、泊松比等)的反演分析是根据少数的已知测点的位移值或应力值等,来反演分析岩体的材料参数的过程,是水电工程的设计与数值计算的基础。岩体力学参数的确定是岩土工程数值计算中的关键问题。由于岩体的参数往往难以确定,对数值计算的结果会造成很大的影响,而实验室内对岩体力学参数的测定均存在尺度效应问题,且考虑到经济成本,现场取样的数量往往不多,因而无法得到整个工程区的岩体真实参数。采用反演分析的方法可以综合考虑诸多地质因素的影响,更加经济准确地得到岩体的参数。

岩体力学参数反演分析方法中最常用的就是位移反分析法,它是 20 世纪 70 年代用于岩体力学参数取值及有关岩土工程地质问题评价和预测的一种数值方法,是在已有位移观测资料的基础上,通过求解逆方程得到岩体力学参数。该方法目前已引起国内外工程界的重视。综观其发展历程,它经历了弹性—黏弹性—弹塑性、有限元—边界元—有限元边界元耦合、平面—空间的过程(杨林德,1999 年;王芝银、杨志法、王思敬,1998 年)。

20 世纪 70 年代,Kavanagh 和 Clough 提出了有限元位移反分析法,开辟了确定岩体力学参数的新途径(Kavanagh,1972 年)。1972 年,Kavanagh 和 Clough 发表反演弹性固体的弹性模量的有限元法位移反分析法之后,在 1976 年 Johannesburg 的岩土工程勘测研讨会上,Kirsten 提出了量测变形反分析法(Kirsten,1976 年);随后,Maier(1977 年)提出了岩石力学中的模型辨识问题(Maiar G、Jurina L、Podolak,1977 年);之后,Jurina 将反分析方法从弹性问题推演到弹塑性问题;1977 年,Kovari 提出反分析法确定岩土地层参数的方法(Kovari et al,1977 年);1979 年,Sakurai 提出了反算岩体弹性模量 E 和围岩应力的逆解法(Sakurai、Abe,1979 年);1980 年,Gioda 提出求解岩体弹性及弹塑性力学参数的优化法(Gioda、Maier,1980 年);1981 年,Gioda 等利用实测位移反算土压力(Gioda、Jurina,1981 年);1983 年 Arai 采用二次梯度法求解 E 和泊松比 μ 值(Arai,1984 年)。

在国内,从 1979 年起,中国科学院地质所杨志法、刘竹华开始最早研究位移反演分析法(杨志法、刘竹华,1981 年;杨志法、熊顺成、王存玉等,1995 年)。他们提出的方法是位移图谱反演分析方法。从 1983 年开始,国内一批学者,都开始将反分析法应用于岩土工程中,并陆续出版了一系列的专著。冯紫良、杨林德等提出了有限单元法的初始地应力位移反分析计算的计算原理。杨林德等研究了边界元法的初始地应力反演分析和弹性参数反演分析法,并完成了黏弹性问题的反分析计算(杨林德,1996 年)。中国科学院武汉岩土力学研究所的林世胜深入探讨了日本学者樱井春辅提出的反分析法,认为该方法只适用于深埋隧洞,提出了浅埋隧道可用的计算方法,改进了樱井春辅的方法(杨永斌,2011年;林世胜、中尾健儿,1987 年)。杨永斌在其硕士毕业论文中介绍了基于 BP 神经网络的边坡岩体力学参数反分析,得到预期的、比较合理的结果。

位移反分析法在许多实际岩体工程中得到广泛应用。如利用大坝观测资料反算渗透系数(朱岳明、戴妙林,1991 年),将反分析法用于确定土体参数和地下巷道与隧道围岩地应力及力学参数等(顾强康、石宏达,1991 年)

Sakurai 提出了一种现场量测辅助技术,即用现场观测位移值反算岩体力学参数,再正分析或设计初始参数。此后,国内外众多学者开始关注反分析的应用问题,从围岩变形分析到预测工程安全度都有应用。岩体工程问题具有许多复杂的不确定因素,将反分析过程看作一种灰色逆过程,则可用灰色预测模型预测变形与位移,刘怀恒以此为基础,提出了"监测分析—预报系统"(刘怀恒,1988 年),即是建立反演与预测模型,利用现场量测数据反分析力学参数,再根据工程进展及运行状况,不断更新量测信息和反分析的原始数据,及时进行预测,若有偏差,再利用新数据反演,获取新参数继续预测,这种不断反演、不断预测形成动态反演建模预测法。

因此,反分析法不仅可以估计岩体力学参数,更重要的是能够预测工程结果并进行事后检验,为工程决策提供更可靠的依据(杨志法、熊顺成、王存玉,1995 年)。然而,其分析结果受选取数值方法的限制,不同的数值方法选取可能会导致不同的结果,影响参数估算的准确性。

(四)非线性分析法

试验方法、工程岩体分级法和反分析法来确定岩体参数都具有一定的局限性。对于重大工程而言,确定岩体力学参数最直接的方法是现场原位试验,但现场原位试验成本高,施工难度大,也不能完全避免尺度效应的影响;工程岩体分级法(经验估算法)具有统计意义上的可靠性,但对同一岩体的不同的经验方法估算的力学参数差别较大,而且工程岩体分级法考虑的因素较多,对于在实际工程项目中,若实测数据或试验数据较少,其实用性受到一定限制;反算法,通过恢复被破坏岩体的原始状态,分析其破坏机制,但其只能提供参考值,精确度较低。20 世纪 70 年代前后发展起来的非线性科学理论的主要代表有:耗散结构、协同、分叉、分形、浑沌和神经网络等理论,这些非线性理论正成为解决非线性复杂大系统问题的有力工具,也是研究岩体非线性系统理论的数理基础,在与岩体力学参数估算、岩体稳定分析等有关领域已经得到一定程度的应用。近些年非线性分析法开始广泛应用于岩体参数的估算,由于非线性方法的指标评价结果与指标值之间的关系是非线性的,因此能够更加真实地反映客观世界。常用的非线性分析法主要包括模糊数学法、分形维数法、灰色理论法及神经网络分析法等。模糊数学法在传统的岩体质量分类的基础上,考虑岩体质量每级之间过渡的非突变性,结合专家的经验,选出评判因素,提出岩体质量模糊综合评判模型,并利用评判结果,模糊确定岩体力学参数的估算值,相对精确,但因涉及一些数学概念,不易为一般的工程师所掌握;分形维数法,是近年来发展起来的岩体损伤力学的研究方法,它利用岩体破裂系分形分维数构造损伤变量,能很好地解决岩体力学参数的估算和岩体稳定性的评价问题,但存在其标度区间的确度和结构面分形特征的层次问题。可见,以上介绍的非线性分析法都有其优点和局限性,没有一种令人完全满意的方法。

然而,人工神经网络(Artificial Neural Network)能较好地克服以上非线性方法的弊端,它是一个非线性的动力系统,通过对人脑或自然的神经网络若干基本特性的抽象和模拟,具有大规模的并行处理和分布式的信息存储能力,良好的自适应性、有组织性及很强的学习、联想、容错及抗干扰能力。

目前,人工神经网络有数十种模型,比较典型的有 BP 网络、Hopfieed 网络、CPN 网络、ART 网络、Daruin 网络等。本书利用 Runethart 等提出的反向误差传播方法 BP(Error Back Propagation)的网络模型来研究岩体的力学参数。BP 网络属于多层次的人工神经网络,由于误差逆传播网络及其算法,增加了中间隐层,并有相应学习规律可循,使其具有对非线性模式的识别能力,特别是其数学意义明确、步骤分明的学习算法,更使其具有广泛的应用前景。

用神经网络进行岩体力学参数的研究,首先要进行正问题的求解,得到体现力学系统输入和输出关系的样本,对这些样本用神经网络进行力学系统逆辨识学习,从而得到力学逆系统神经网络,再进行力学反分析,验证参数的准确性。一个良好的网络模型,可以不断地学习,使解范围不断扩大。人工神经网络具有较好的鲁棒性以及较强的抗干扰能力,这就意味着个别测点的误差将不会对反求结果产生大的影响。

神经元网络是20世纪80年代后期迅速发展起来的人工智能的一个分支。20世纪90年代初,神经元网络被引入到岩石力学领域,已经在岩体力学参数选取方面、岩体破坏判别方面广泛地应用起来,尤其在岩体力学参数预测方面更是取得很多有价值的成果。神经网络方法辨识岩体力学参数的原理是用神经网络表示岩体力学参数与岩体变形或其影响因素之间的映射关系,即将两者之间复杂的非线性关系用神经网络中神经元的连接权值来表示。

将神经元网络用于岩石力学或岩石工程最大的特点是它不仅能够考虑影响岩体力学参数选取的定量因素,而且能够考虑影响岩体强度的定性因素,可以把岩体有关地质因素,包括描述性的因素作为变量输入,与经验公式相似,再换算为初始参数,从而更为准确的反映实际情况。

目前神经网络中以 BP 神经网络的应用最为广泛。1985 年,BP 神经网络首先由Rumelhart 等提出,通过将网络输出误差反馈回传来对网络参数进行修正,从而实现网络的映射能力。1989 年 Robert Hecht Nielson 证明了一个 3 层 BP 神经网络可以以任意精度逼近任何连续函数。

周保生等考虑围岩强度、巷道埋深、岩体的完整性、采动应力等因素利用神经网络预测围岩的顶底板强度。乔春生等考虑岩层厚度、节理分布和产状、充填物及涌水量等因素预测岩体的单轴抗压强度和弹性模量,并将预测值与有关经验公式进行对比,结果显示其相对误差较小,预测精度较高。

李守巨基于人工神经网络的 BP 算法,建立了根据边坡开挖后岩体位移观测数据识别岩体弹性力学参数的数值方法。在网络训练过程中采用改进的 BP 算法,通过对学习算子的优化搜索,大大提高了网络的收敛速度,解决了 BP 算法迭代过程中目标函数振荡问题。通过算例表明,提出的改进的 BP 算法有助于提高岩土材料参数识别收敛速度和识别精度。

杨英杰等基于 BP 神经网络,定义了衡量网络输入对输出作用大小的相对强度(RSE),并结合实际的工程实例数据用 RSE 分析了各个作用参数对工程稳定性影响的相对大小与作用方式。实例分析的结果表明,所提出的方法能够较全面地反映岩石工程现场的复杂实际情况,具有易于处理不确定性、动态与非线性问题等优点。

神经网络预测结果的精确程度主要依赖于所取样本的代表性和所描述信息的完备性,为保证能得到较为准确的结果,应多积累现场实测数据和反分析值。随着工程实践的积累,可以不断地对样本集进行补充和完善,并将其应用于网络中加以训练,使网络输出结果更接近于实际。乔春生等(2000 年)利用岩体单轴抗压强度与 Palmstrom 经验公式进行对比分析,系统地研究了神经元预测的精确程度。其结果表明神经元网络推测值与实测值及经验公式计算值接近,具有一定的实用价值。

在国外,20 世纪 80 年代开始,随着神经网络理论研究的深入,其在岩土工程领域也得到了广泛的应用。Yi Huang 应用 BP 神经网络,确定出压密系数、磨损度等影响因素,并搜集了 51 个相关的样本,给出了预测混凝料的质量参数的神经网络模型。Jianhua Zhu 建立了模拟和预测细粒沉积土和风成沙在加载—卸载—再加载条件下的抗剪性能的循环神经网络(Recurrent Neural Netwrok),并将其和传统模型进行比较,结果显示了该 RNN 的高效性和易用性。F. Meulenkamp 等利用人工神经网络来预测岩体的无侧限单轴抗压强度等,此外 LeecS R、Raichea 等还将神经网络应用于岩土工程参数反演、破坏模式识别等领域。

随着计算机技术在工程上的普及运用,神经网络法以其较好的容错能力、超高的非线性拟合特性,越来越多地被应用于岩体力学参数的预测,其中应用最广、发展最成熟的是 BP 神经网络。BP 神经网络具有高度的非线性映射能力,将其应用于岩体力学参数的预测中是合理的选择。然而,很多学者在将神经网络应用到预测岩体力学参数时,忽视了输入变量之间存在的相关性,导致数据存在冗杂性,而且,在应用 BP 神经网络进行建模时,输入变量过多,也会使建模效率下降,影响最终结果。

第二章　前坪水库坝址区工程地质

前坪水库处于豫西山地,为秦岭东延余脉,由崤山、熊耳山、外方山、伏牛山等几条山脉构成,山势西高东低,呈扇形向东展开,海拔一般为500~2 000 m,最高峰为伏牛山石山峰,海拔约2 500 m,也是沙颍河与黄河支流伊洛河的分水岭。区域内主要河流有洛河、伊河、北汝河,受地质构造的影响,河流走向呈北东向,在洛河、伊河、北汝河下游有一些小型的山间盆地。区内冲沟发育,具有切割深、延伸长的特点。

前坪水库位于淮河流域沙颍河支流北汝河上游,流域内水系呈羽状。北汝河发源于豫西伏牛山区嵩县外方山跑马岭,流经嵩县、汝阳、汝州、郏县、宝丰、襄城6县(市),在襄城县丁营乡崔庄村岔河口汇入沙河,主河道长250 km。北汝河大致呈东西走向,西南高、东北低。在汝阳紫罗山以上属于山区河道,河道宽200~1 000 m,河床质为卵石夹砂,河床比降0.33%~1.00%;紫罗山至襄城段为低山丘陵区,河槽骤然变宽,河道最大行洪宽度为3 000~4 000 m,河床质为卵石夹砂,河床比降0.17%~0.30%;襄城以下为平原区,河道变窄,最窄处仅有100~200 m,河床内主要为砂,比降平缓,河道弯曲。

第一节　地形地貌

前坪水库坝址区地貌上位于侵蚀剥蚀低山区与丘陵区交接地带,左岸山顶高程最高为543.6 m,右岸山顶高程最高为480.2 m。左岸岸坡上部基岩裸露,坡度较陡,坡角28°~40°;右岸岸坡为悬坡,基岩裸露,坝肩有一垭口,最低处高程416.0 m左右,上部被古近系和第四系松散沉积物覆盖。北汝河从近东西向流入前坪水库坝址区后折向北东,在靠近右岸通过坝轴线,右岸支流红椿河呈北东向注入北汝河。北汝河河谷呈不对称U形,河床宽60.0~100.0 m,高程340.6~341.5 m。左岸漫滩宽30.0~100.0 m,高程341.5~343.0 m,右岸基本无滩地。Ⅰ级阶地(高漫滩)坡度平缓,左岸Ⅰ级阶地宽度100.0~400.0 m,高程343.0~350.0 m;右岸Ⅰ级阶地宽度70.0~200.0 m,高程343.0~348.0 m,仅分布在坝轴线上、下游。

两岸为侵蚀、剥蚀低山区与丘陵区过渡带。左岸下部的Ⅰ级阶地后缘与低山丘陵之间为台阶状梯田,宽度70.0~270.0 m。地面高程352.0~390.0 m,大部分被第四系松散沉积物覆盖;岸坡上部基岩裸露,坡度较陡,坡角28°~40°;右岸岸坡为悬坡,基岩裸露。

第二节　地层岩性

根据坝址区测绘、钻探资料以及现场开挖揭露情况,坝址区地层以中元古界震旦系熊耳群马家河组(Pt_{2m}))安山玢岩和第四系松散地层为主,现将各地层由新到老叙述如下。

一、第四系全新统

第①层卵石（Q_4^{2alp}）：分布桩号 0 - 048.24 ~ 0 + 174.85，现代河床冲积物。岩性为卵石层，上部卵石直径 3 ~ 7 cm 且夹有含砾粗砂透镜体；下部卵石直径 5 ~ 12 cm，少量为 14 ~ 23 cm，分选性差，局部含有灰色黏质土，卵石含量 60% ~ 70%，其余为黄色中粗砂，少量细砂。钻孔揭露厚度为 11.25 ~ 18.00 m，层底高程 324.56 ~ 330.28 m。

第②-1层重粉质壤土（Q_4^{1alp}）：黄褐色，可塑—硬塑状，见针状孔隙，土质不均一，其底部粉粒含量稍高，部分地段有少量砾、卵石，见有植物根系。钻孔揭露厚度 1.30 ~ 6.55 m，层底高程 339.76 ~ 342.49 m。主要分布在左岸Ⅰ级阶地。

第②-2层卵石层（Q_4^{1alp}）：灰色、杂色，主要成分为安山岩、安山玢岩、英安岩、石英斑岩、流纹岩、流纹斑岩，松散—密实状，磨圆度为次棱角状—次圆状。卵石粒径一般上部为 4 ~ 10 cm，下部为 8 ~ 18 cm，个别砾石可达 65 cm，卵石含量 50% ~ 70%。分选性较差，中粗砂充填，未胶结。钻孔揭露厚度 10.1 ~ 22.9 m，层底高程 316.86 ~ 330.67 m。分布在滩地及Ⅰ级阶地下部。

二、第四系更新统

第③层壤土夹粉质黏土（Q_3^{alp}）：褐黄、棕红色，硬塑—坚硬状，见针状孔隙，土质不均一，上部夹有安山玢岩碎块，局部黏粒含量较高。见钙质结核，分布不均匀，局部钙质结核富集，粒径一般为 3 ~ 5 cm。钻孔揭露厚度为 17.8 m。主要分布在Ⅱ级阶地上。

第③-1层卵石层（Q_3^{alp}）：灰、紫红、杂色，主要成分为安山玢岩、英安岩，中密—密实状，粒径一般为 5 ~ 10 cm，个别大于 20 cm，含量约 50%，砾石含量 20%，次棱角状—次圆状，分选性较差，中粗砂充填。钻孔揭露厚度 6.0 m。主要分布在Ⅱ级阶地底部。

第④层粉质黏土（Q_2^{dlp}）：褐黄、棕红色，呈硬塑状态，黏粒含量高。土质不均一，夹有安山玢岩碎块，见有白色钙质结核，粒径一般为 1 ~ 3 cm，含量自上而下增加，底部富集成层。钻孔揭露厚度 1.0 ~ 5.9 m，层底高层 413.41 ~ 423.35 m。主要分布在Ⅱ级阶地以上。

三、新近系大营组（N_d）

第⑤层辉石橄榄玄武岩：深灰色，隐晶质结构，块状构造，具气孔和杏仁构造，底部有厚 1 ~ 2 m 的棕红色黏土岩或泥灰岩，地表呈弱—强风化状，总厚度 25 ~ 30 m。仅出露右岸坝轴线上游高程 458.00 ~ 476.00 m。

四、古近系陈宅沟组（E_2）

第⑥层砾岩与黏土岩（E_2）：砾石含量约 60%，成分以安山岩、安山玢岩为主，紫红色，呈次棱角状—次圆状，粒径一般为 3 ~ 10 cm，个别可达 15 ~ 25 cm 以上。泥质弱胶结为主，次为钙质胶结；黏土岩呈棕红色，具有层状结构，质地均一，成分单一，黏粒含量高，仅零星见有安山岩碎块石，岩芯呈短柱状。钻孔揭露厚度 22.6 ~ 47.9 m，层底高程 371.22 ~

396.59 m。主要分布在坝线右岸。左岸钻孔 ZK1 顶部见有 1.9 m 的砾岩。上部高程402.24~407.73 m 以上,厚度 14.40~16.86 m,胶结成岩程度差;以下厚度 11.24~30.92 m,胶结成岩程度相对上部较好。

五、元古界熊耳群马家河组(Pt_{2m})

第⑦层安山玢岩(Pt_{2m}):暗紫色、紫红色,具斑状结构,块状构造,斑晶为斜长石,大部分已经风化成乳白色,少量为肉红色正长石。基质为隐晶质或玻璃质,并见有辉石、角闪石等暗色矿物,裂隙发育,裂隙面见有黄色铁锰质浸染及少量的钙质、锰质薄膜。质坚性脆,岩芯破碎,多呈碎块状。取芯率低,呈弱风化状。该层顶部分布厚 2.0~7.7 m 的强风化带。

辉绿岩脉(时代不明):辉绿色,矿物成分以辉石和斜长石为主,具有辉绿结构,裂隙发育,多为缓倾角裂隙,岩芯呈碎块状,粒径一般为 2~3 cm,部分在 4~6 cm,呈弱风化状。

第三节　水文地质条件

一、含水层类型

坝址区地下水类型主要为第四系松散岩类孔隙潜水和基岩裂隙水。孔隙潜水主要赋存于第①、②及③-1 层卵石层中,基岩裂隙水赋存于安山玢岩中。

二、岩土层渗透特性

坝址区第四系含水层厚度较大,最大厚度 28.1 m。河床和漫滩主要由卵石层组成,由注水试验可得卵石层渗透系数平均值 4.77×10^{-2} cm/s,根据抽水试验成果,渗透系数可采用 1.74×10^{-1}~2.89×10^{-1} cm/s,属强透水性。阶地上分布的壤土、粉质黏土渗透系数为 5.25×10^{-5} cm/s,属弱透水性。右岸坝肩分布的砾岩渗透系数为 4.02×10^{-4} cm/s(透水率为 1.2~5.9 Lu),属中等—弱透水性。砾岩透水率一般小于 5.0 Lu,属弱透水性。各岩土层的渗透系数统计值见表 2-1。

表 2-1　各岩土层的渗透系数统计值

地层编号	②卵石		③壤土及粉质黏土		⑥砾岩	
试验项目	注水试验（cm/s）	抽水试验（cm/s）	注水试验（cm/s）	室内试验（cm/s）	注水试验（cm/s）	压水试验（Lu）
试验组数	15	8	3	3	4	8
最大值	4.20×10^{-1}	1.74×10^{-1}	8.26×10^{-5}	6.18×10^{-5}	4.75×10^{-4}	5.9
最小值	2.75×10^{-3}	2.89×10^{-1}	2.25×10^{-5}	1.18×10^{-6}	3.06×10^{-5}	1.2
平均值	4.77×10^{-2}	2.31×10^{-1}	5.25×10^{-5}	3.09×10^{-5}	4.02×10^{-4}	5.4
建议值	5.2×10^{-1}		5.00×10^{-5}		1.00×10^{-4}	

河谷两岸及下伏基岩为安山玢岩,钻孔 ZK1(高程 397.26 m 以上)、ZK4(高程312.17 m 以上)、ZK9(高程 291.96 m 以上)、ZK10(高程 293.79~308.79 m)透水率大于 10 Lu,属中等透水性;钻孔 ZK3 中部(高程 319.74~334.54 m)、ZK4~ZK5 下部(高程 278.32 m 以下)、ZK6 中部、ZK7 下部岩体透水率为 0~0.98 Lu,为弱透水性;其他部位岩体透水率为 1~10 Lu,属弱透水性。岩体透水率大于 5 Lu 及 3 Lu 的界限高程见表2-2。

表2-2　岩体透水率大于 5 Lu 及 3 Lu 的界限高程

透水率	孔号	ZK1	ZK2	ZK3	ZK4	ZK9	ZK10	QZK15
大于 5 Lu	高程(m)	367.26	368.53	278.32	272.58	291.96	293.79	302.99
	深度(m)	56.1	10.8	21.0	51.9		31.8	40.9
大于 3 Lu	高程(m)	347.26	348.53	278.32	272.58	291.96	288.79	
	深度(m)	76.2	30.7	21.0	51.9	24.8	37.0	

三、地下水位动态特征

勘察期间河谷内地下水埋深一般为 0.6~2.8 m,地下水受大气降水、上游渗流、河水及侧向基岩裂隙水补给。

钻孔地下水位观测资料表明,左右坝肩地下水位高于河床段地下水位及河水位,地下水年变幅为 1~7 m。

四、地下水水质

根据水质分析成果,地表水和地下水化学类型均为 $HCO_3 - Ca$ 型。按《水利水电工程地质勘察规范》(GB 50487—2008)附录 L 判定,地表水及地下水对混凝土和钢筋混凝土结构中钢筋均无腐蚀性;环境水对钢结构具弱腐蚀性。

第四节　工程地质条件

一、坝址区岩土体工程物理力学指标

第②层卵石:厚度 10.1~22.9 m,层底高程 316.86~330.67 m,卵石密实度不均匀,上部以松散—稍密为主,下部(包括第③-1层)呈中密—密实状态。

第③层壤土夹粉质黏土:主要分布左岸阶地和右岸坝肩顶部,呈可塑—硬塑状。

砾岩和黏土岩(E_2)分布在右岸坝肩顶部,动探(N_{120})击数平均 23.5 击/10 cm(修正后);安山玢岩分布在两岸及谷底,裂隙发育,主要呈弱风化,黏土岩、安山玢岩及辉绿岩主要物理力学指标见表2-3。

表2-3 岩石物理力学指标统计

岩性	统计项目	密度（g/cm³）		饱和吸水率（%）	抗压强度（MPa）		软化系数	纵波速值（m/s）	完整性系数	变形模量（GPa）
		天然密度	干密度		饱和	干燥				
安山玢岩	计数	10	10	10	10	10	10	154	10	6
	最大值	2.68	2.57	0.17	76.1	94.5	0.81	3 816	0.41	12.7
	最小值	2.60	2.58	0.12	55.3	60.7	0.77	1 762	0.15	10.9
	大值均值	2.67	2.63	0.15	70.9	88.7	0.79	2 993	0.35	
	小值均值	2.63	2.60	0.13	61.2	74.4	0.77	2 474	0.19	
	平均值	2.65	2.61	0.14	64.7	80.8	0.78	2 727	0.28	12.0
黏土岩	计数	1	1			1				1
	平均值	2.28	2.27			13.8				1.28
辉绿岩	组数	2	2		2	2	2	2		2
	最大值	2.67	2.65		28.6	69.6	0.41	4 359		19.9
	最小值	2.57	2.53		13.6	38.9	0.35	3 935		18.8
	平均值	2.62	2.59		21.1	54.3	0.38	4 147		19.4

二、坝基

覆盖层以卵石层为主，级配良—不良。上部超重型动力触探一般 $N_{120} = 2 \sim 5$ 击/10 cm，结构多呈松散—稍密，强度不均匀，承载力取值一般为 170 ~ 250 kPa，存在压缩变形和不均匀沉降变形较大等问题；下部中密—密实，承载力一般为 300 ~ 400 kPa，变形模量为 25 ~ 30 MPa。根据动探击数试验资料，砂卵石层稍密、中密与密实的界限高程、深度见表2-4。

表2-4 砂卵石层稍密、中密与密实的界限高程统计

界线	桩号	0 + 464	0 + 487.4	0 + 534	0 + 593	0 + 650	0 + 707.3	0 + 760.8
	孔号	QZK12	ZK10	QZK1	QZK13	QZK0	ZK6	QZK15
稍密与中密	高程（m）	—	—	—	335.7	335.4	335.1	339.0
	深度（m）	—	—	—	6.7	6.3	5.5	4.9
中密与密实	高程（m）	337.5	336.4	333.2	333.4	333.9	335.9	338.3
	深度（m）	7.1	7.3	10.4	9.0	7.9	6.3	5.5

左岸一级阶地表层为第①层壤土，呈可塑状，局部分布的第② – 1层中细砂呈松散状。第①层壤土、第② – 1层中细砂强度低，且河床段砂卵石受人工采砂影响（深度 4 ~ 6 m），仅余粗颗粒，且地面高程处于动态变化之中，坝基土强度相对较低，且分布不均匀。若作为黏土心墙砂砾石坝地基土，则存在不均匀沉降问题，需要进行工程处理，可考虑部分挖除处理方案。

下伏岩体为安山玢岩，主要呈弱风化状态，坝基岩体工程地质分类为Ⅲ ~ Ⅳ类，断层破碎带及附近属Ⅴ类。

坝基 F_2 断层靠近左岸顺河穿过坝址区，产状345° ~ 355°∠70°，断带宽 5 ~ 25 m，为压扭性正断层。断层带内物质组成以角砾岩和碎块岩为主，浅紫红色，见糜棱岩、断层泥，角砾岩多泥质胶结，部分为铁硅质胶结，呈全风化—强风化。碎块砾径一般为 2 ~ 30 mm，极个

别在 4 ~ 5 cm,角砾岩含量约 50%,其余部分为泥、砂充填。擦痕面上有黑色铁、锰质薄膜。

鉴于 F_2 断层发育的不均一性,沿 F_2 断层破碎带的渗漏可能会引起坝基扬压力的升高和构造岩体的渗透变形问题。另外,F_2 断层形成深度不一的风化槽可引起坝基不均匀沉陷变形。因此,若作为大坝坝基,则存在渗漏和渗透稳定性问题,需要采取超挖回填,并进行帷幕灌浆等处理措施。

三、坝肩

左岸岸坡下部呈阶梯状,岩性为壤土或粉质黏土,呈硬塑状态,弱透水性。承载力取值为 200 kPa。据调查,地表未见到发生或可能发生的滑坡体,但由于各阶梯状台地高程相差较大,坝高不同,强度是否满足设计要求应进行验算;岸坡上部较陡,基岩裸露,岩性为安山玢岩,强度高,岩体呈弱风化,裂隙发育,主要发育 285°NE∠60° ~ 80° 及 0°W∠80° ~ 85° 两组裂隙,大多微张,且多为高角度,满足其稳定要求;岸坡下部土层表层因耕种原因,含有植物根系,结构松散,应清除,岸坡上部需要清除松动岩体。

右岸岸坡陡立,基岩裸露,岩性为安山玢岩,强度高,岩体呈弱风化,裂隙发育,多微张。坝肩处 F_{40}、F_{35} 断层走向与岸坡呈高角度相交,对拟建坝体满足其稳定性要求。但坝肩表层需进行适当清坡处理,清除松动岩体。上部为古近系砾岩,泥质胶结差,强度低,抗冲刷能力弱,库区存在岸坡稳定问题。

坝址左、右岸坝肩山体相对单薄。左岸上部岩体(高程 367.26 m 以上)透水率大于 5 Lu。右岸山体陡立,岩体裸露,卸荷裂隙发育。高程 350.4 ~ 365.8 m 岩体透水率大于 5 Lu,1971 年洛阳水利勘测设计院在此勘探期间,做压水试验时,山坡出现大量涌水现象,存在渗漏问题。受河流侵蚀及人类活动修路切坡影响,右岸边坡发育有强卸荷带,坡体呈悬坡,厚度为垂直地表 5 ~ 10 m,深度自边坡坡顶,延伸至河谷底,裂隙张开局部达 1 ~ 2 cm,连通性好,裂隙面普遍锈染,雨季沿裂隙见线状水流。根据挂龙夼隧洞雨后洞顶部出现渗水、漏水现象,判断右岸坝肩存在绕坝渗漏问题,因此施工需进行固结、防渗处理。

四、坝基岩体工程地质分类

坝基下伏基岩为坚硬安山玢岩,岩体以弱风化为主,结构面发育,岩体结构分类为碎裂结构。安山玢岩具有"硬、脆、碎"的特性,钻探过程中由于金刚石钻头回转钻进的机械磨损作用,岩芯的取芯率及 RQD 值很低,但实际上坝基岩体质量并不差。据坝肩露头、挂龙夼隧洞和坝基钻孔井下电视观察,结构面中微裂隙居多,裂隙延展差,贯通性结构面不多见,且结构面大部分闭合,呈硅钙质胶结,岩块间嵌合力较好。具有以上相同岩体结构特征的现状隧洞的围岩的总体稳定性并不差,围岩分类达到 Ⅱ 类(见图 2-1)。依据《水利水电工程地质勘察规范》(GB 50487—2008)附录 U,岩体结构分类为碎裂结构。岩石平均抗压强度为 64.7 MPa,波速平均值 2 671 m/s,依据《水利水电工程地质勘察规范》(GB 50487—2008)附录 V,坝基岩体工程地质分类为 Ⅲ ~ Ⅳ 类,断层破碎带及附近属 Ⅴ 类。混凝土与岩体抗剪断强度一般为 $f' = 0.90$,$c' = 0.70$ MPa,$f = 0.55$;岩体抗剪断强度为 $f' = 0.90$,$c' = 0.70$ MPa,变形模量为 5.0 GPa,承载力为 18 MPa。

| （a）老上黄线岩体 | （b）左岸防汛路边坡岩体 |

图 2-1　工程区碎裂结构岩体

F_2 断层从 ZK9 处穿过,钻孔压水试验断层带透水率为 9.8 ~ 10.0 Lu,断层带露头处试坑注水试验渗透系数为 2.50×10^{-3} ~ 2.90×10^{-3} cm/s。综合考虑试验位置、方法等因素,断层带的渗透系数可取 1.0×10^{-4} cm/s,抗剪断强度指标可取 $f' = 0.50$,$C' = 0.10$ MPa。

五、副坝

副坝位于大坝右岸,为混凝土重力坝,全长 165 m,最大坝高 11.6 m,坝顶路面中心高程 423.5 m,坝顶设高 1.2 m 混凝土防浪墙。坝顶总宽度为 10 m,副坝共设 11 个坝段,坝段长度均为 15 m。基面高程 410.90 ~ 419.35 m,位于古近系陈宅沟组砾岩上,下伏中元古界熊耳群马家河组安山玢岩。存在砾岩中泥质成分膨胀性问题以及坝基渗漏问题。

六、溢洪道

溢洪道布置于主坝左岸。进水渠段渠底为平底,渠底高程为 399 m,渠底宽度为 87 m。溢洪道控制段长 35 m,控制闸共 5 孔,每孔净宽 15 m。闸室长 35 m,闸底高程为 403 m。泄槽段分为缓坡段和陡坡段,缓坡段坡采用 1∶100,陡坡段坡度采用 1∶2.5。溢洪道处山体较为浑厚,左侧边坡最高处地面高程 483 m 左右。山体两侧山坡较陡,进水渠口处地面高程 400 ~ 455 m,背水侧底部为杨沟,沟底高程 343.5 ~ 348.0 m。

进水渠段建基面高程为 399 m,位于弱风化的安山玢岩上。后段左岸边坡高最大达到 84 m,为中—高岩质工程边坡,其中主要裂隙产状为 190°∠55°、10°∠75°、270°∠60°,与边坡分别呈 63°、63°、37° 相交,倾角 54°（顺坡向）、53°（逆坡向）、30°（逆坡向）;产状 190°∠55° 一组裂隙对左岸边坡稳定影响较大,其他两组对右岸边坡有一定的影响;整体上存在边坡稳定问题,边坡坡比可采用 1∶0.5 ~ 1∶0.75,并采取一定支护措施;后段右岸位于坡积碎石土上,局部为壤土、粉质黏土。壤土、粉质黏土抗冲性能相对较差,需进行工程防护。

控制段基岩裸露,岩性主要为弱风化上段安山玢岩,钻孔 ZK_1 揭露厚度 1.9 m。根据附近钻孔 ZK_1 上部岩体透水率为 10 ~ 13 Lu（高程 397.26 m 以上）,属于中等透水;其余岩体透水率为 0.48 ~ 7.7 Lu，属于弱透水。控制段底板建基面下岩体透水率为 0.48 ~ 7.2 Lu，岩体陡倾角裂隙发育，裂隙走向以北西向、北东向为主，北东向裂隙与溢洪道轴线小角度相交，受构造影响，岩体多呈碎裂结构，完整性较差，需采取固结灌浆处理。左右两岸边坡高分别达到 80 m、30 m，为中—高岩质工程悬坡，其中主要裂隙产状为 190°∠55°、10°∠75°、270°∠60°，与左岸边坡呈 55°、55°、45°相交，倾角 55°（顺坡向）、50°（逆坡向）、35°（逆坡向）；190°∠55°向裂隙对左岸边坡稳定影响较大；与右岸边坡呈 55°、55°、45°相交，倾角 37°（逆坡向）、63°（顺坡向）、59°（顺坡向）；10°∠75°、270°∠60°向裂隙对右岸边坡稳定影响较大；存在边坡稳定问题，边坡坡比采用 1∶0.5 ~ 1∶0.75 设计，并采取了支护措施。

泄槽前段基岩裸露，岩性为弱风化安山玢岩，后段大致桩号 0 + 036 以后上部为覆盖层，下伏弱风化辉绿岩，建基面下岩体透水率为 1.6 ~ 7.2 Lu，岩体裂隙发育，裂隙走向以北西向为主，主要裂隙产状为 15°∠73°，与溢洪道右岸边坡呈 30°相交，倾角 63°，受构造影响，岩体多呈碎裂结构，完整性较差，抗冲刷能力差，存在抗冲刷稳定及右岸边坡稳定问题，需采取一定防护措施。

出口消能工段位于弱风化辉绿岩，受构造影响，岩体多呈碎裂结构，完整性较差，抗冲刷能力差，存在抗冲刷稳定问题，需要采取防护措施。消能工下游二级阶地覆盖层厚度为 7.0 ~ 11.1 m，岩性为壤土（钻孔揭露厚度 2.7 ~ 6.5 m）和卵石（钻孔揭露厚度 3.9 ~ 6.0 m），下伏基岩为弱风化安山玢岩，岩体透水率为 0.45 ~ 6.92 Lu，弱透水性。上部壤土、卵石抗冲刷能力差，需要挖除，并对底板及岸坡采取防护措施。

七、泄洪洞

泄洪洞工程包括引渠段、进口扭坡渐变段、控制段、洞身段、消能工段等 5 部分。引渠段断面形式为梯形，渠底面高程 360 m，控制段竖井平面尺寸为 32 m × 11.5 m（长 × 宽）、控制段采用闸室有压短管形式，主体结构采用 C25 钢筋混凝土，洞身采用无压城门洞式隧洞，洞身段桩号泄 0 + 032 ~ 泄 0 + 042 为渐变段，上游底高程 360 m，出口底高程 349.64 m，洞身比降 2.0%，洞身内净宽 7.5 m，净高 10.5 m，其中直墙高 8.4 m，拱矢高 2.1 m。消能工段采用挑流鼻坎消能。

引渠段位于重粉质壤土夹卵石上，下部地层为上更新统卵石及下伏弱风化安山玢岩；进口扭坡渐变段及控制段位于弱风化安山玢岩中，岩体节理裂隙发育，裂隙延展性差，主要发育裂隙产状为 80° ~ 100°∠62° ~ 63°、190° ~ 210°∠70°、300° ~ 330°∠69° ~ 77°；洞身桩号 0 + 038 ~ 0 + 412、0 + 439 ~ 0 + 547 段为弱风化安山玢岩，桩号 0 + 412 ~ 0 + 439 段为凝灰岩及裂隙密集带，岩土透水率为 0.41 ~ 1.73 Lu，岩体陡倾角裂隙发育，裂隙走向以北西向、北向为主，岩体多呈碎裂结构，完整性较差，围岩类别为 III ~ IV 类。存在进口洞脸及边坡稳定问题、洞身 III ~ IV 类围岩稳定问题、洞身局部岩体破碎段稳定问题、出口洞脸及边坡稳定问题；消能工段基面岩性为弱风化安山玢岩、强—弱风化辉绿岩，受构造影响，裂隙发育，抗冲刷能力差，存在基面及渠坡抗冲刷问题。

八、输水洞及电站

输水洞位于主坝右岸，工程包括引渠进水口段、控制闸室段、洞身段等部分，之后为电站及电站附属建筑物。隧洞洞身全长 256 m,洞身尺寸由 4 m×5 m 的方形断面(长度 12 m)渐变为直径 4 m 的圆形断面,建基面高程为 360.2~347.8 m。电站分为压力钢管段、厂房、尾水池及尾水渠等。

引水渠段底板高程 361 m,主要位于弱风化安山玢岩中;进水塔段基面位于弱风化安山玢岩中,边坡岩性下部为弱风化安山玢岩、上部为古近系陈宅沟组砾岩;进口段仰坡 3 个方向存在边坡,涉及的地层岩性为砾岩及安山玢岩。进水塔左侧边坡主要为安山玢岩,呈弱风化状,岩体节理裂隙发育,一般呈闭合状,少量呈微张状,延伸短。进水塔后及右侧边坡上部为古近系散体结构砾岩,下部为弱风化安山玢岩(见图 2-2)。砾岩与安山玢岩呈角度不整合接触,接触面自输水洞左侧向右侧倾斜,砾岩为古近系陈宅沟组沉积物,砾岩胶结成岩程度差,具散体结构特征,基底式泥质弱胶结,泥质胶结物中常见有灰绿、紫红色黏土矿物,新开挖砾岩一般砾石表面有棕红色泥膜,遇水后泥质胶结物会泥化崩解,成为砾石之间滑动的润滑物质,存在边坡稳定问题;洞身段围岩岩性为弱风化安山玢岩,岩体陡倾角裂隙发育,裂隙走向以北东向为主,岩体多呈碎裂结构,完整性较差,洞身段弱风化安山玢岩围岩类别为Ⅲ类;部分受构造影响,围岩类别为Ⅳ类;电站及附属建筑物主要位于古近系陈宅沟组砾岩夹黏土岩、第四系重粉质壤土及卵石层上。

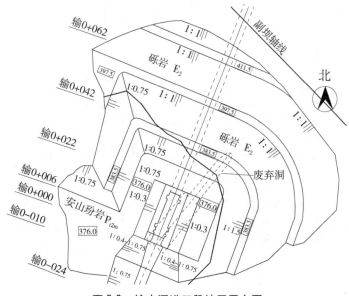

图 2-2　输水洞进口段地层展布图

第五节　地质构造

本区属华北地层区豫西分区,基底地层为太古界太华群深变质岩及混合岩系,过渡层为元古界熊耳群偏基性、中性—酸性火山岩系。经嵩阳和王屋山两旋回发展,本区形成北西西向的二坳一隆构造格局,控制着以后的发展演化。本区侵入岩发育,计有嵩阳、王屋山、晋宁、燕山四期,其中以燕山期酸性侵入岩最为发育。

嵩阳运动形成结晶基底,王屋山运动结束台缘坳陷发展阶段。晋宁、加里东运动主要表现为升降运动,使本区自南而北逐渐抬升。

一、区域地质构造

(一)区域地质构造背景

前坪水库处于中朝准地台(Ⅰ)南缘,华熊台缘坳陷(Ⅰ₂)嵩山—鲁山拱褶断束(I_2^2)上(见图2-3)。以栾川—确山—固始深断裂为界,其北为中朝准地台(Ⅰ),南为秦岭褶皱系(Ⅱ),构造位置独特。长期以来,历经了多次构造运动演化,褶皱、断裂发育,岩浆活动频繁,区域变质作用强烈。

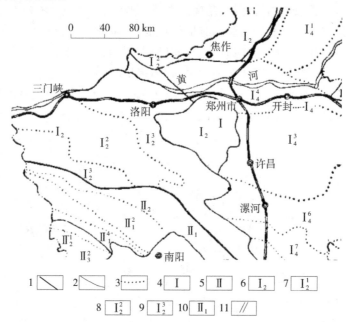

1——级构造单元;2—二级构造单元;3—三级构造单元;4—中朝准地台;

5—秦岭褶皱系;6—华熊台缘坳陷;7—渑池—确山陷褶断束;8—嵩山—鲁山拱褶断束;

9—卢氏—栾川陷褶断束;10—北秦岭褶皱带;11—前坪水库坝址

图2-3 构造分区略图

(二)区域构造格架及深大断裂

库区位于中朝准地台(Ⅰ)南缘,华熊台缘坳陷的嵩山—鲁山拱褶断束(I_2^2)上,基底为太古界太华群深变质岩系,过渡层为元古界熊耳群一套偏基性、中性—酸性火山岩系,盖层多为中、晚元古界的海相沉积,褶皱构造线方向为北北西向和北东东向,断裂构造主要有北东东向、北西西向和北东向三组。

北北东向深断裂系有太行山东麓深断裂带和聊城—兰考深断裂带两条,位于中朝准地台区,分布库区北部,焦作—商丘深断裂以北地区。该断裂系属于拉张状态下形成的高角度正断层。次级主要断裂均分布在干断裂上盘,且多为向东倾的正断层,总体呈"Y"形。该断裂带最初形成于燕山期,燕山期晚期—喜马拉雅中早期强烈活动,新近系以来活动强度变弱,近代仍有活动,对中新生代岩浆活动和内生矿产的形成具有明显的控制作用。

北西西向深断裂系共有6条,其中1条位于中朝准地台。焦作—商丘深断裂带位于库区的北部,距库区约110 km;其余5条分布在秦岭褶皱系和中朝准地台交界地带,位于库区南部,分别是栾川—确山—固始深断裂带、瓦穴子—鸭河口—明港深断裂带、朱阳关—夏馆—大合深断裂带、西官庄—镇平—龟山—梅山深断裂带、木家垭—内乡—桐柏—商城断裂带。该断裂系规模较大,且多集中在北秦岭褶皱带内,呈北西西向纵贯秦岭褶皱系,各深断裂带皆形成于晋宁旋回以前,具有长期活动多旋回发展特点,断面较陡,沿走向摆动较大,在地质演化过程中各深断裂在不同构造阶段和不同地段,其活动强度、切割深度、断裂性质等均有明显的差别。总体上,加里东期及其以前,断裂活动强烈,切割较深,可达岩石圈。其中王屋山期和晋宁期表现为张性特征。华力西期—燕山早期活动虽然逐渐强烈,且具剪压特征,但仅在壳圈范围内活动,因此这个阶段属壳断裂。燕山中期以后,活动深度变小,又具张性断裂特征。中条山期以后,本断裂系对北秦岭褶皱系和中朝准地台南缘地质发展具有重要影响。在栾川—确山—固始深断裂带影响下,中朝准地台南缘于中古生代—晚古生代发展成台缘坳陷,其中堆积了厚达14 000余 m的中基性—中酸性火山岩系。

区内构造形态差别较大,基底形态复杂,组成紧闭或倒转线形褶皱。过渡层熊耳群形成中等倾斜背向斜。盖层大部分地区褶皱为开阔背向斜,但南部边缘卢氏—栾川地区,因受秦岭褶皱系和栾川—确山—固始深断裂带活动影响,构造形态相应显得比较复杂。燕山运动使盖层产生褶皱和断裂,形成台褶断带。燕山运动及其以后,断裂活动强烈,沿规模较大的断裂形成断陷盆地,控制中、新生代沉积。构造线方向大致以焦作—商丘深断裂带为界,以北地区为北北东向,以南地区主要呈北西西向或近东西向,仅西部洛河、伊河断陷盆地为北东向。

二、坝址区地质构造

(一)断层

区域断层 F_1、F_6 从坝址区通过,根据钻探资料断层 F_2 也从坝址区通过(见图2-4)。

断层 F_1:走向265°~285°,西部倾向北东,东部倾向南西,倾角65°~80°,断面多条。断带内可见硅铁质胶结的断层角砾岩,砾石直径一般为0.5~3 cm,断层角砾岩厚1.5 m左右,局部达3 m,断带宽20~30 m,局部达40~50 m,为压扭性正断层。

断层 F_2:走向75°~85°,倾向NW,倾角70°,在坝轴线 ZKL_3、ZK_9 钻孔中见到,断带宽5~22 m,为压扭性正断层。在 ZK_9 钻孔深度45.0~53.2 m揭露。断带由碎块岩、糜棱岩、角砾岩、断层泥组成,其中角砾岩多为泥质胶结,已全风化,局部为铁硅质胶结,砾石直径一般为2~30 mm,极个别在4~5 cm,角砾岩含量50%左右,其余部分为泥、砂充填。擦痕面上有黑色铁、锰质薄膜。根据坝址区钻孔压水试验成果,破碎带透水率为9.8~10.0 Lu;根据在断层带试坑注水试验的成果,断层带渗透系数为 2.50×10^{-3} ~ 2.90×10^{-3} cm/s。

断层 F_6:走向333°,倾向NE,倾角68°,断面较平直光滑,近水平擦痕明显,可见铁硅

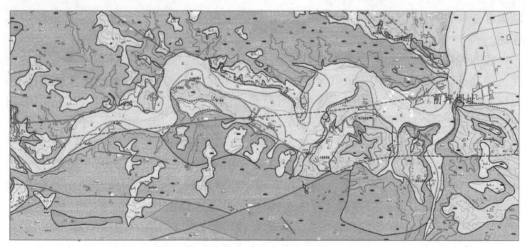

图2-4 前坪水库坝址区断层 F_1、F_2、F_6 分布图

质胶结的断层角砾岩,糜棱岩及断层泥,有多条断面,断带和影响带宽度 70～120 m,为压扭性正断层。该断层位于坝轴线下游 450 m 左右,与坝轴线平行。破碎带宽 10～100 m,断层带内见铁硅质胶结,断层角砾岩,厚 1.5 m 左右,局部达 3 m,砾石直径 0.5～3.0 cm。

坝区断裂构造受三条区域断层影响,其展布规律为:

(1)F_2 以北:NWW(走向 275°左右)最发育,NW(走向 340°左右)和 NNE(走向 20°左右)次之。

(2)F_1 与 F_2 之间:NNE(走向 15°～30°)和近 SN(走向 355°～7°)最发育,NWW(走向 280°～290°)、NW(走向 320°左右)和 NE(走向 45°左右)次之。

(3)F_1 以南:断裂构造主要为 NE 向和 NW 向,但与建筑物关系不大。

(二)节理

节理裂隙也比较发育,其发育规律与断裂基本一致,裂隙以微张为主,宽度 0.5～1.5 mm,局部 1.0～3.0 mm。裂隙延伸不远,一般为 2.0～3.0 m,局部达 5.0 m 以上,裂隙壁多粗糙,为半—全充填,充填物为钙质、泥质及铁锰质薄膜,整体裂隙频率为 7～8 条/m²。主要裂隙见表 2-5。

第六节　区域构造稳定性

库区位于中朝准地台(Ⅰ)南缘,华熊台缘坳陷的崤山—鲁山拱褶断束(I_2^2)上,前坪水库库区新构造分区位于大青山隆起区(I_3),而坝址区新构造分区处于大青山隆起区(I_3)与上店断陷盆地(Ⅲ)的交接部位。新构造分区伊河断裂及九店南—三岔口断层(F_6)(张园—前坪断裂)影响地震烈度为Ⅵ度,历史上没有发生过大于 3 级的地震。

本区自新近系以来,长期处于间歇性上升状态,区内较大河流一般发育多级阶地,常见有四级,最高阶地面高程 543 m,相对高差 197 m,年平均上升速率小于 1 mm,现代区域构造应力场为北东东向水平压应力和北西向水平张应力。

遥感影像判读表明,断层断面明显,且具一定规模,但线性构造在穿越第四系分布区时没有显示,一些受断裂影响的河流冲沟出口处阶地面、冲洪积扇体等也基本对称完整,但区内断裂活动有切割新近系的形迹,野外观察及测年资料也得到相同的结论。所以影响本区最近一期构造运动为新近纪晚期。

表2-5　坝址区主要裂隙

位置	岩性	产状			宽度（mm）	平均密度（条/m）	简述
		走向	倾向	倾角			
北汝河左岸 F_2 以北	安山岩	280°~285°	NE 或 SW	45°~85°	0.5~1.0		裂面粗糙,多为半充填,充填物为钙质
		360°	W	>65°	0.5~1.5	4~5	
北汝河右岸 F_1 与 F_2 之间	安山岩	280°~300°	NE 或 SW	15°~58°	0.5~2.0		裂隙壁多粗糙,为半—全充填,充填物为钙质、泥质及铁锰质薄膜,极少量为闭合裂隙
		20°~30°	NW	>40°	0.5~1.0	7~8	
		40°~60°	NW 或 SE	30°~85°	0.5~3.0		
		310°~340°	NE 或 SW	27°~90°	0.5~1.0		裂壁平直光滑,为全充填,充填物为钙质和铁锰质薄膜
北汝河左岸 F_1 以南	辉绿岩	270°	N	40°~80°	0.5~2.0		裂隙壁不平,局部稍平直,为全充填,充填物为泥质和铁锰质薄膜等
		350°~355°	SW 或 NE	30°~85°	1.0~3.0		

综上所述,区内大青山隆起区主要为元古界熊耳群各类火山岩系,分布多条北西西向和北东东向基底断裂,将基底切割成菱形块体,这些断层新近系以来没有活动过,现代应力场中应力水平低,历史上没有发生过大于3级的地震,因此属构造相对稳定区。

区内上店断陷盆地盖层主要为白垩系九店组沉凝灰岩及含砾火山晶屑凝灰岩,古近系陈宅沟组、石台阶组砾岩、泥岩、黏土质砾岩等,有少量的盖层小断层分布,其规模小,深度浅,新近系以来没有活动,历史上没有发生过大于3级的地震。所以也为构造相对稳定区。

本区在历史上没有发生过破坏性地震,外围地区破坏性地震影响到本区的烈度不足Ⅵ度。根据百年地震趋势预报和地震构造条件分析,本区不在危险区之内。

根据《中国地震动参数区划图》(GB 18306—2015),工程区地震动峰值加速度为0.05g,相应地震基本烈度为Ⅵ度。由于大坝高度为90.3 m,超过90 m,属于1级建筑物,其抗震设计按8级设防,地震动峰值加速度为0.10g。

第三章　强度试验研究

随着我国高坝大库的兴建,高坝等水工建筑物往往建造在岩基上,坝基岩体将受到很大的荷载,同时也会出现一些高大陡峻边坡以及地下洞室的开挖,长期运营工况下,这些工程是否安全稳定,直接与岩体强度相关。而岩体强度往往与岩块的强度正相关。要研究岩体强度,需要先研究岩块强度。

第一节　岩块的强度性质

外荷载作用下,当荷载达到或超过某一极限时,岩块就会发生破坏,将岩块抵抗所施加外力破坏的能力称为岩块的强度。根据破坏时的应力类型差异,岩块的破坏可以划分为3种基本类型:拉破坏、剪切破坏和流动。在不同的受力状态下,岩块也表现出不同的强度,如单轴抗压强度、单轴抗拉强度、剪切强度、三轴压缩强度等,下面分别进行论述。

一、单轴抗压强度

岩石的单轴抗压强度是指试样只在一个方向受压时所得的极限破坏强度,也就是说将岩石试样放在压力机的上下压板之间进行加压,直至试样被压坏时测得的压力强度值。其测定一般使用单轴抗压强度仪器来进行,也可在三轴的仪器上实现。试件要求圆柱形或立方柱状,一般多采用圆柱状,并要满足下列要求:

$$h = (2.0 \sim 2.5)D \tag{3-1}$$

式中:D 为试件直径,要求 $D = 48 \sim 54$ mm。

研究表明岩石的单轴抗压强度与抗拉强度和剪切强度之间有着一定的比例关系,如抗拉强度为抗压强度的3% ~ 30%,抗弯强度为抗压强度的7% ~ 15%,从而可借助抗压强度大致估算其他强度参数。表3-1列出了常见岩石的强度与抗压强度的比值。

表3-1　常见岩石的强度与抗压强度的比值

岩类	岩石名称	与抗压强度的比值		
		抗拉强度	抗剪强度	抗弯强度
岩浆岩	花岗岩	0.02 ~ 0.08	0.08	0.09
	正长岩	0.03		
	闪长岩	0.02 ~ 0.05	0.02	
变质岩	大理岩	0.08 ~ 0.226	0.272	
	石英岩	0.06 ~ 0.11	0.176	

续表 3-1

岩类	岩石名称	与抗压强度的比值		
		抗拉强度	抗剪强度	抗弯强度
沉积岩	煤	0.009 ~ 0.06	0.25 ~ 0.50	
	页岩	0.06 ~ 0.325	0.25 ~ 0.48	0.22 ~ 0.51
	砂质页岩	0.09 ~ 0.18	0.33 ~ 0.545	0.10 ~ 0.24
	砂岩	0.02 ~ 0.17	0.06 ~ 0.44	0.06 ~ 0.19
	石灰岩	0.01 ~ 0.067	0.08 ~ 0.10	0.15

岩块的抗压强度通常是采用标准试样在压力机上以一定速率施加轴向荷载,直至试样破坏,见图 3-1。如设试样破坏时的荷载为 $P_c(\text{N})$,横断面面积为 $A(\text{mm}^2)$,则岩块的单轴抗压强度 $\sigma_c(\text{MPa})$ 为:

$$\sigma_c = \frac{P_c}{A} \qquad (3\text{-}2)$$

如果工作区岩体破碎,难以取得符合要求的块体,可以考虑点荷载试验和不规则试样的抗压试验间接地求算岩块的 σ_c。如用点荷载试验求 σ_c 时,常用如下的经验公式换算:

$$\sigma_c = 22.82 I_{S(50)}^{0.75} \qquad (3\text{-}3)$$

式中:$I_{S(50)}$ 为直径为 50 mm 的标准试样的点荷载强度。

常见岩石的强度指标值列于表 3-2 中。由表 3-2 可知,岩块的抗压强度离散性较大,这不单纯是试验误差引起的,而更主要的是岩块本身的非均匀性和各向异性造成的。

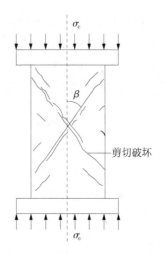

图 3-1 岩石抗压强度试验简图

表 3-2 常见岩石的强度指标值

岩石名称	抗压强度 σ_c (MPa)	抗拉强度 σ_t (MPa)	摩擦角 φ (°)	黏聚力 c (MPa)
花岗岩	100 ~ 250	7 ~ 25	45 ~ 60	14 ~ 50
流纹岩	180 ~ 300	15 ~ 30	45 ~ 60	10 ~ 50
闪长岩	100 ~ 250	10 ~ 25	53 ~ 55	10 ~ 50
安山岩	100 ~ 250	10 ~ 20	45 ~ 50	10 ~ 40
辉长岩	180 ~ 300	15 ~ 36	50 ~ 55	10 ~ 50
辉绿岩	200 ~ 350	15 ~ 35	55 ~ 60	25 ~ 60
玄武岩	150 ~ 300	10 ~ 30	48 ~ 55	20 ~ 60
石英岩	150 ~ 350	10 ~ 30	50 ~ 60	20 ~ 60
片麻岩	50 ~ 200	5 ~ 20	30 ~ 50	3 ~ 5
千枚岩	10 ~ 100	1 ~ 10	26 ~ 65	1 ~ 20

续表 3-2

岩石名称	抗压强度 σ_c （MPa）	抗拉强度 σ_t （MPa）	摩擦角 φ （°）	黏聚力 c （MPa）
板岩	60～200	7～15	45～60	2～20
页岩	10～100	2～10	15～30	3～20
砂岩	20～200	4～25	35～50	8～40
砾岩	10～150	2～15	35～50	8～50
石灰岩	50～200	5～20	35～50	10～50
白云岩	80～250	15～25	35～50	20～50
大理岩	100～250	7～20	35～50	15～30

试验研究表明,岩块的抗压强度受一系列因素的影响和控制。这些因素主要包括两个方面:一是岩石本身性质方面的因素,如矿物组成、结构构造(颗粒大小、连接及微结构发育特征等)、密度及风化程度等;二是试验条件方面的因素,如试样的几何形状及加工精度、加荷速率、端面条件、湿度和温度等。

二、三轴压缩强度

在三向压应力作用下试样能抵抗的最大轴向应力,称为岩块的三轴压缩强度。岩石三轴试验与土的三轴试验类似,只是施加的应力更大而已。在一定的围压 σ_3 下,对试样进行三轴试验时,岩块的三轴压缩强度 σ_{1m}（MPa）为:

$$\sigma_{1m} = \frac{P_m}{A} \tag{3-4}$$

式中: P_m 为试样破坏时的轴向荷载,N; A 为试样横断面面积,mm^2。

在进行三轴试验时,先将试样施加侧向力 σ_3,然后逐渐增加垂直压力直至破坏。根据一组试样(4 个以上)试验得到的三轴压缩强度 σ_{1m} 和相应的 σ_3 以及单轴抗拉强度 σ_t,在 $\sigma—\tau$ 坐标系中可绘制出一组破坏应力圆及其公切线,即得岩块的强度包络线(见图 3-2)。包络线与 σ 轴的交点称为包络线的顶点,除顶点外,包络线上所有点的切线与 σ 轴的夹角及其在 τ 轴上的截距分别代表相应破坏面的内摩擦角 φ 和黏聚力 c。

试验研究表明,在围压变化很大的情况下,岩块的强度包络线常为一曲线。这时岩块 c、φ 值均随可能破坏面上所承受的正应力大小而变化,并非常量。一般来说应力低时,φ 值大,c 值小;应力高时则相反。当围压不大时,岩块的强度包络线常可近似地视为一直线(见图 3-3),据此可求得岩块强度参数 σ_{1m}、φ、c 与围压 σ_3 的关系为:

$$\sin\varphi = \frac{(\sigma_{1m} - \sigma_3)/2}{(\sigma_{1m} + \sigma_3)/2 + c\cot\varphi} \tag{3-5}$$

简化后可得:

$$\sigma_{1m} = \frac{1 + \sin\varphi}{1 - \sin\varphi} \sigma_3 + 2c \sqrt{\frac{1 + \sin\varphi}{1 - \sin\varphi}} \tag{3-6}$$

利用式(3-6),可进一步推得如下公式:

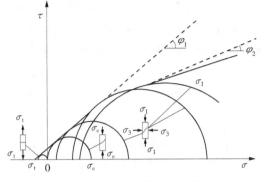

图 3-2 岩块莫尔强度包络线   图 3-3 直线型莫尔强度包络线

$$\sigma_c = 2c\sqrt{\frac{1+\sin\varphi}{1-\sin\varphi}} = 2c\tan(45° + \varphi/2) \tag{3-7}$$

$$\sigma_t = \sigma_c \tan^2(45° + \varphi/2) \tag{3-8}$$

$$\sigma_c = \frac{\sqrt{\sigma_c \sigma_t}}{2} \tag{3-9}$$

$$\varphi = \arctan\left[\frac{\sigma_c - \sigma_t}{2\sqrt{\sigma_c \sigma_t}}\right] \tag{3-10}$$

根据式(3-6)~式(3-10)的关系,如果已知任意两个参数,就可求得岩块强度的其他参数。

试验研究表明,岩块的三轴压缩强度与岩块本身性质、围压、温度、湿度、空隙压力及试样高径比等因素有关,特别是矿物成分、结构、微结构面发育情况及其相对于最大主应力的方向以及围压的影响尤为显著。

三、单轴抗拉强度

岩块试样在单向拉伸时能承受的最大拉应力,称为单轴抗拉强度,简称抗拉强度。工程实践中,一般不允许出现拉应力,由于岩石抵抗拉应力的能力最低,在工程岩体及自然界岩块依然存在较多拉裂破坏现象。因此,抗拉强度就成为研究岩体强度时不可忽略的一个重要力学指标。同时,抗拉强度还是建立岩石强度判据,确定强度包络线以及建筑石材选择中不可缺少的参数。

岩块的抗拉强度是通过室内试验测定的,其方法包括直接拉伸法和间接法两种。

直接拉伸法是将圆柱状试样两端固定在材料试验机的拉伸夹具内,然后对试样施加轴向拉荷载至破坏,则试样抗拉强度 σ_t(MPa)为:

$$\sigma_t = \frac{P_t}{A} \tag{3-11}$$

式中:P_t 为试样破坏的轴向拉荷载,N;A 为试样横断面面积,mm^2。

直接拉伸法由于试件制作困难,且不宜与拉力机固定,同时由于固定试件会在试件固定处产生应力集中现象,试件两端也会产生一定的弯矩。

由于直接拉伸法的这些弊端,目前工程界主要采用间接法,其中以劈裂法和点荷载法最常用。劈裂试验是用圆柱体或立方体试样,横置于压力机的承压板上,且在试样上、下承压面上各放一根垫条,把所加的面布荷载转变为线布荷载,以使试样内产生垂直于轴线方向的拉应力。然后,以一定的加荷速率加压,直至试样破坏[见图3-4(a)、(b)]。

根据弹性力学理论,岩块的抗拉强度 σ_t,在线布荷载 P 作用下,沿试样竖直向直径平面内产生的近于均布的水平拉应力 σ_x 为:

$$\sigma_x = \frac{2P}{\pi DL} \tag{3-12}$$

而在水平向直径平面内产生的压应力 σ_y 为:

$$\sigma_y = \frac{6P}{\pi DL} \tag{3-13}$$

式中:P 为荷载,N;D 和 L 分别为圆柱体试样的直径和高,mm。

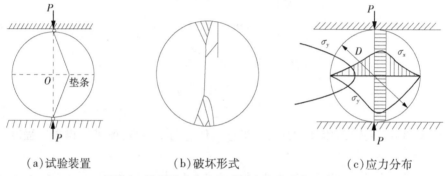

(a)试验装置　　　　　(b)破坏形式　　　　　(c)应力分布

图3-4　劈裂试验方法及试样中应力分布示意图

由式(3-12)和式(3-13)及图3-4(c)可知,试样在轴向线荷载作用下,其内部的压应力可以达到拉应力的3倍($\sigma_x = 3\sigma_y$)。根据工程经验,岩石的抗压强度往往是其抗拉强度的10倍以上,说明这时试件是在拉应力作用下破坏的。因此,可用劈裂法来求岩块的抗拉强度,这时只需要将式(3-12)中的 P 换成破坏荷载 P_t,即可求得岩块的抗拉强度 σ_t(MPa):

$$\sigma_t = \frac{2P_t}{\pi DL} \tag{3-14}$$

对于边长为 a 的立方体试样,则 σ_t 为:

$$\sigma_t = \frac{2P_t}{\pi a^2} \tag{3-15}$$

通过上述分析,可以发现劈裂法测定岩石的抗拉强度具有设备简单、操作易行,只需要一般的压力机就能实现。劈裂试验中,试样破坏面的位置,严格受线布荷载的方位控制,很少受试样中结构面的影响。

有时,岩体破碎等原因,无法取得足够多满足抗拉试验的试验,就需要采用点荷载代替。点荷载试验是将试样放在点荷载仪(见图3-5)中的球面压头间,然后通过油泵加压至试样破坏,利用破坏荷载 P_t 可求得岩块的点荷载强度 I_s(MPa)为:

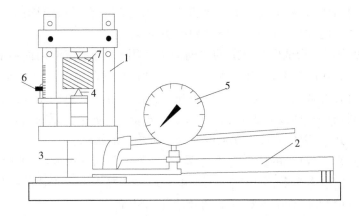

1—框架;2—手摇卧式油泵;3—千斤顶;4—球面压头(简称加荷锥);
5—油压表;6—游标卡尺;7—试样

图3-5 携带式点载荷仪示意图

$$I_s = \frac{P_t}{D^2} \tag{3-16}$$

式中:D 为破坏时两加荷点间的距离,mm。

这时岩块的抗拉强度 σ_t(MPa)可用下式确定:

$$\sigma_t = KI_s \tag{3-17}$$

式中:K 为系数,一般取 0.86~0.96。

点荷载试验的优点是仪器轻便,试样可以用不规则岩块,钻孔岩芯以及从基岩上采取的岩块用锤头略加修整后即可用于试验,因此在野外进行试验很方便。

常见岩石的抗拉强度见表3-1、表3-2。由表3-1、表3-2可知,岩块的抗拉强度远低于其抗压强度。研究表明,最坚硬岩石的抗拉强度也仅有 30 MPa,很多岩石的抗拉强度仅有 2 MPa。一般而言,岩石的两种强度之间存在着一定的线性关系,可近似地表达为:

$$n_b = \frac{\sigma_c}{\sigma_t} \tag{3-18}$$

工程上通常把两者的比值称为脆性度 n_b,用以表征岩石的脆性程度。n_b 值多在 10~20,最大可达 50。岩块的 σ_t 远小于 σ_c 这一特点,在研究许多岩石力学问题,特别是在研究岩石破坏机制时,具有特殊意义。

研究表明,岩石本身性质和试验条件两方面是影响岩块抗拉强度与抗压强度的因素,但岩石本身性质方面的因素,诸如矿物成分、粒间联结及孔隙、裂隙情况等是起决定性作用的。

四、抗剪强度

在剪切荷载作用下,岩块抵抗剪切破坏的能力,称为剪切强度。在岩石力学中许多问题都需要岩石抗剪强度的知识来解决,是岩石力学中需要研究的最重要特征之一,往往比抗压强度和抗拉强度更有意义。岩块的剪切强度与土一样,也是由黏聚力 c 和内摩擦阻

力 $\sigma\tan\varphi$ 两部分组成的,只是远比土的剪切强度大,这与岩石具有牢固的粒间联结有关。按剪切试验方法不同,通常可分为如下三种剪切强度。

(1)抗剪断强度。指试样在一定的法向应力作用下,沿预定剪切面剪断时的最大剪应力。它反映了岩块的黏聚力和内摩擦阻力。岩块的抗剪断强度是通过抗剪断试验测定的。试验方法有直剪试验、变角板剪切试验和三轴试验等。其目的是通过试验求取岩块的剪切强度曲线(τ—σ 曲线)和剪切强度参数 c、φ 值。c、φ 值是反映岩块力学性质的重要参数,是岩体力学参数估算及建立强度判据不可缺少的指标。

(2)抗切强度。试样上的法向应力为零时,沿预定剪切面剪断时的最大剪应力。由于剪切面上的法向应力为零,所以其抗切强度仅取决于黏聚力。岩块的抗切强度可通过抗切试验求得,试验方法有单(双)面剪切及冲孔试验等。

(3)摩擦强度。指试样在一定的法向应力作用下,沿已有破裂面(层面、节理等)再次剪切破坏时的最大剪应力。与此对应的试验叫摩擦试验,其目的是通过试验求取岩体中各种结构面、人工破裂面及岩块与其他物体(混凝土块等)接触面等的摩擦阻力,实际上是结构面的剪切强度问题。

室内试验测定岩石抗剪强度的方法主要分为二种:直剪试验、楔形剪切试验。

(一)直剪试验

岩石直剪试验与土的直接剪切试验类似,都是在直剪仪上进行的,如图 3-6 所示。试验时,先在试样上施加法向压力 N,然后在水平方向逐级施加水平剪力 T,直至达到 T_{max} 试样破坏。用同一组岩样(4~6 块),在不同法向应力下进行直剪试验,可得到不同 σ 下的抗剪断强度 τ_f,且在 τ—σ 坐标中绘制出岩块强度包络线。试验研究表明,该曲线不是严格的直线,但在法向应力不太大的情况下,可近似地视为直线(见图 3-7)。这时可按库仑定律求岩块的剪切强度参数 c、φ 值。

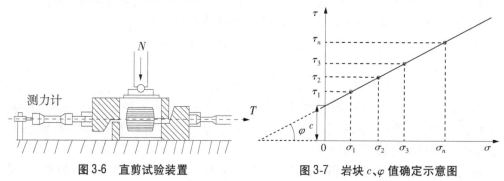

图 3-6　直剪试验装置　　　　图 3-7　岩块 c、φ 值确定示意图

(二)楔形剪切试验

当试样为立方体时,一般采用变角板剪力仪做剪切试验,将试样置于变角板剪力仪中,压力机上加压直至试样沿预定的剪切面破坏。

$$\left.\begin{array}{l} N - P\cos\alpha - Pf\sin\alpha = 0 \\ Q + Pf\cos\alpha - P\sin\alpha = 0 \end{array}\right\} \tag{3-19}$$

式中:P 为试样破坏时的总荷载;N 为作用于试样剪切面上的法向力;Q 为作用于试样剪

切面上的总切向力;α 为剪切面与水平面的夹角;f 为压力机压板与剪切夹具间的滚动摩擦系数,可由摩擦校正试验确定。

将式(3-19)分别除以剪切面面积 A,这时作用于剪切面上的剪应力 τ 和法向应力 σ 为:

$$\left.\begin{aligned}\sigma &= \frac{P}{A}(\cos\alpha + f\sin\alpha)\\\tau &= \frac{P}{A}(\sin\alpha + f\cos\alpha)\end{aligned}\right\} \tag{3-20}$$

试验时同样需要 $4 \sim 6$ 个试样,分别在不同的 α 角下试验,求得每一试样极限状态下的 σ 和 τ 值,并按如图 3-7 所示的方法求岩块的剪切强度参数 c、φ 值。

第二节　岩体的强度性质

一般情况下,岩体比岩块易于变形,其强度也显著低于岩块的强度。造成这种差别的根本原因在于岩体中存在各种类型不同、规模不等的结构面,并受到天然应力和地下水等环境因素的影响。正因为如此,岩体在外力的作用下其力学属性往往表现出非均质、非连续、各向异性和非弹性。岩体的强度既不同于岩块的强度,也不同于结构面的强度。节理裂隙切割的裂隙化岩体强度,介于岩块与结构面强度之间。所以,无论在什么情况下,都不能把岩体和岩块两个概念等同起来。另外,人类的工程活动都是在岩体表面或岩体内部进行的。因此,研究岩体的力学性质比研究岩块力学性质更重要、更具有实际意义。

岩体强度是指岩体抵抗外力破坏的能力。与岩块一样,也有抗压强度、抗拉强度和剪切强度之分。但对于裂隙岩体来说,其抗拉强度很小,工程设计上一般不允许岩体中有拉应力出现;加上岩体抗拉强度测试技术难度大,目前对岩体抗拉强度的研究很少。因此,下面主要介绍岩体的剪切强度和抗压强度。

一、岩体的剪切强度

岩体内任一方向剪切面,在法向应力作用下所能抵抗的最大剪应力,称为岩体的剪切强度。通常又可细分为抗剪断强度、抗剪强度和抗切强度。抗剪断强度是指在任一法向应力下,横切结构面剪切破坏时岩体能抵抗的最大剪应力;在任一法向应力下,岩体沿已有破裂面剪切破坏时的最大应力,称为抗剪强度,这实际上就是某一结构面的抗剪强度;剪切面上的法向应力为零时的抗剪断强度为抗切强度。

(一)原位岩体剪切试验及其强度参数确定

为了确定岩体的剪切强度参数,国内外开展了大量的原位岩体剪切试验。目前,普遍采用的方法是双千斤顶法直剪试验。该方法是在平巷中制备试样,并以两个千斤顶分别在垂直和水平方向施加外力而进行的直剪试验,其装置如图 3-8 所示。试样尺寸视裂隙发育情况而定,但其断面面积不宜小于 $50 \text{ cm} \times 50 \text{ cm}$,试样高一般为断面边长的 0.5 倍。如果岩体软弱破碎则需浇筑钢筋混凝土保护罩。每组试验需 5 个以上试样,各试样的岩性及结构面等情况应大致相同,避开大的断层和破碎带。试验时先施加垂直荷载,待其变形稳定后,再逐级施加水平剪力直至试样破坏。

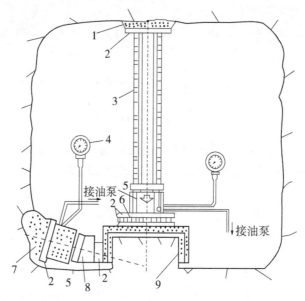

1—砂浆顶板;2—钢板;3—传力柱;4—压力表;5—液压千斤顶;
6—滚轴排;7—混凝土后座;8—斜垫板;9—钢筋混凝土保护罩
图 3-8 岩体剪切强度试验装置示意图

通过试验可获取如下资料:①岩体剪应力(τ)—剪位移(u)曲线及法向应力(σ)—法向变形(W)曲线;②剪切强度曲线及岩体剪切强度参数 c_m、φ_m 值,如图 3-9 所示。

各类岩体的剪切强度参数 c_m、φ_m 值列于表 3-3。由表 3-3 与表 3-2 相比较可知,岩体的内摩擦角与岩块的内摩擦角很接近;而岩体的黏聚力则大大低于岩块的黏聚力。说明结构面的存在主要是降低了岩体的联结能力,进而降低其黏聚力。

(二)岩体的剪切强度特征

试验和理论研究表明,岩体的剪切强度主要受结构面、应力状态、岩块性质、风化程度及其含水状态等因素的影响。在高应力条件下,岩体的剪切强度较接近于岩块的强度;而在低应力条件下,岩体的剪切强度主要受

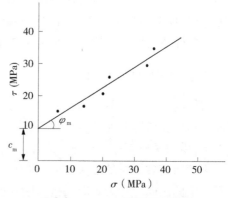

图 3-9 c_m、φ_m 值确定示意图

结构面发育特征及其组合关系的控制。由于作用在岩体上的工程荷载一般多在 10 MPa以下,所以与工程活动有关的岩体破坏,基本上受结构面特征控制。

岩体中结构面的存在致使岩体一般都具有高度的各向异性,即沿结构面产生剪切破坏时,岩体剪切强度最小,等于结构面的抗剪强度;而横切结构面剪切(剪断破坏)时,岩体剪切强度最高;沿复合剪切面剪切(复合破坏)时,其强度则介于以上两者之间。因此,

表 3-3　各类岩体的剪切强度参数

岩体名称		黏聚力 c_m（MPa）	内摩擦角 φ_m（°）
褐煤		0.014 ~ 0.03	15 ~ 18
黏土岩	范围	0.002 ~ 0.18	10 ~ 45
	一般	0.04 ~ 0.09	15 ~ 30
泥岩		0.01	23
泥灰岩		0.07 ~ 0.44	20 ~ 41
石英岩		0.01 ~ 0.53	22 ~ 40
闪长岩		0.20 ~ 0.75	30 ~ 59
片麻岩		0.35 ~ 1.40	29 ~ 68
辉长岩		0.76 ~ 1.38	38 ~ 41
页岩	范围	0.03 ~ 1.36	33 ~ 70
	一般	0.1 ~ 0.4	38 ~ 50
石灰岩	范围	0.02 ~ 3.90	13 ~ 65
	一般	0.1 ~ 1.0	38 ~ 52
粉砂岩		0.07 ~ 1.70	29 ~ 59
砂质页岩		0.07 ~ 0.18	42 ~ 63
砂岩	范围	0.04 ~ 2.88	28 ~ 70
	一般	1 ~ 2	48 ~ 60
玄武岩		0.06 ~ 1.40	36 ~ 61
花岗岩	范围	0.10 ~ 4.16	3 ~ 70
	一般	0.2 ~ 0.5	45 ~ 52
大理岩	范围	1.54 ~ 4.90	24 ~ 60
	一般	3 ~ 4	49 ~ 55
石英闪长岩		1.0 ~ 2.2	51 ~ 61
安山岩		0.89 ~ 2.45	53 ~ 74
正长岩		1 ~ 3	62 ~ 66

一般情况下,岩体的剪切强度不是一个单一值,而是具有一定上限和下限的值域,其强度包络线也不是一条简单的曲线,而是有一定上限和下限的曲线簇。其上限是岩体的剪断强度,一般可通过原位岩体剪切试验或经验估算方法求得,在没有以上资料时,可用岩块剪断强度来代替;下限是结构面的抗剪强度,如图 3-10 所示。由图 3-10 可知,当应力 σ 较低时,强度变化范围较大;随着应力增大,范围逐渐变小。当应力 σ 高到一定程度时,包络线变为一条曲线,这时,岩体强度将不受结构面影响而趋于各向同性体。

二、裂隙岩体的压缩强度

岩体的压缩强度也可分为单轴抗压强度和三轴压缩强度。目前,在生产实际中通常是采用原位单轴压缩和三轴压缩试验来确定的。这两种试验也是在平巷中制备试样,并采用千斤顶等加压设备施加压力,直至试样破坏。采用破坏荷载来求岩体的单轴压缩或三轴压缩强度。

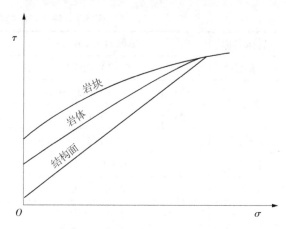

图 3-10　岩体剪切强度包络线示意图

由于岩体中包含有各种结构面,给试样制备及加载带来很大的困难;加上原位岩体压缩试验工期长,费用昂贵,一般情况下,难以普遍采用。因此,长期以来人们试图用一些简单的方法来求取岩体的压缩强度。

为了研究裂隙岩体的压缩强度,Jaeger(1968 年)发展的单结构面理论为此提供了有益的探索。如图 3-11(a)所示,若岩体中发育有一组结构面 AB,假定 AB 与最大主平面的夹角为 β。由莫尔应力圆理论可知,作用于 AB 面上的法向应力 σ 和剪应力 τ 为:

$$\left.\begin{array}{l} \sigma = \dfrac{\sigma_1 + \sigma_3}{2} + \dfrac{\sigma_1 - \sigma_3}{2}\cos2\beta \\[3mm] \tau = \dfrac{\sigma_1 - \sigma_3}{2}\sin2\beta \end{array}\right\} \tag{3-21}$$

假定结构面的抗剪强度(τ_f)服从库仑判据:

$$\tau_f = \sigma\tan\varphi_j + c_j \tag{3-22}$$

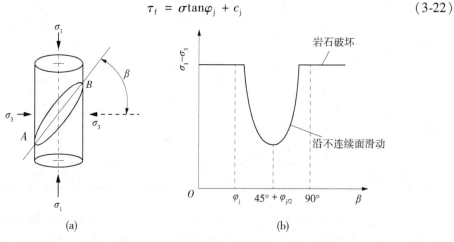

図 3-11　单结构面理论示意图

将式(3-21)代入式(3-22)整理,可得到沿结构面产生剪切破坏的条件为:

$$\sigma_1 - \sigma_3 = \frac{2(\sigma_3\tan\varphi_j + c_j)}{(1 - \tan\varphi_j\cot\beta)\sin2\beta} \tag{3-23}$$

式中：c_j、φ_j 分别为结构面的黏聚力和摩擦角。

由式（3-23）可知：岩体的强度（$\sigma_1 - \sigma_3$）随结构面倾角 β 的变化而变化。当 $\beta \to \varphi_j$ 或 $\beta \to 90°$ 时，岩体不可能沿结构面破坏，而只能产生剪断岩体破坏，如图 3-12 所示，只有当成 $\beta_1 \leqslant \beta \leqslant \beta_2$ 时，岩体才能沿结构面破坏。利用图 3-12 可方便地求得 β_1 和 β_2。

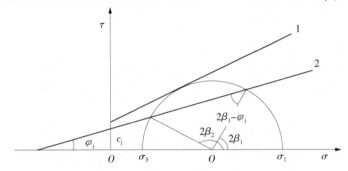

1—岩体强度曲线；2—结构面强度曲线

图 3-12　沿结构面破坏 β 的变化范围示意图

因为

$$\frac{\dfrac{\sigma_1 - \sigma_3}{2}}{\sin\varphi_j} = \frac{c_j\cot\varphi_j + \dfrac{\sigma_1 + \sigma_3}{2}}{\sin(2\beta_1 - \varphi_j)} \tag{3-24}$$

简化后整理可求得：

$$\beta_1 = \frac{\varphi_j}{2} + \frac{1}{2}\arcsin\left[\frac{(\sigma_1 + \sigma_3 + 2c_j\cot\varphi_j)\sin\varphi_j}{\sigma_1 - \sigma_3}\right] \tag{3-25}$$

同理可求得：

$$\beta_2 = 90° + \frac{\varphi_j}{2} - \frac{1}{2}\arcsin\left[\frac{(\sigma_1 + \sigma_3 + 2c_j\cot\varphi_j)\sin\varphi_j}{\sigma_1 - \sigma_3}\right] \tag{3-26}$$

图 3-11（b）给出了这两种破坏的强度包络线。

改写式（3-23），可得到岩体的三轴压缩强度 σ_{lm} 为：

$$\sigma_{lm} = \sigma_3 + \frac{2(\sigma_3\tan\varphi_j + c_j)}{(1 - \tan\varphi_j\cot\beta)\sin2\beta} \tag{3-27}$$

令 $\sigma_3 = 0$，则得到岩体的单轴压缩强度 σ_{mc} 为：

$$\sigma_{mc} = \frac{2c_j}{(1 - \tan\varphi_j\cot\beta)\sin2\beta} \tag{3-28}$$

当 $\beta = 45° + \varphi/2$ 时，岩体强度取得最低值：

$$(\sigma_1 - \sigma_3)_{\min} = \frac{2(\sigma_3\tan\varphi_j + c_j)}{\sqrt{1 + \tan^2\varphi_j} - \tan\varphi_j} \tag{3-29}$$

如果岩体中含有二组以上结构面，且假定各组结构面具有相同的性质时，岩体强度的确定方法是分步运用单结构面理论式（3-23），分别绘出每一组结构面单独存在时的强度包络线，这些包络线的最小包络线即为含多组结构面岩体的强度包络线，并以此来确定岩体的强度。图 3-13 为含二、三组结构面的岩体，在不同围压 σ_3 下的强度包络线，图中 α

为各结构面间的夹角。

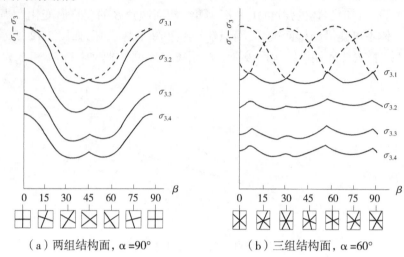

（a）两组结构面，$\alpha = 90°$　　　　　（b）三组结构面，$\alpha = 60°$

图3-13　含不同组数结构面岩体强度曲线

由图3-13可知，随岩体内结构面组数的增加，岩体的强度特性越来越趋于各向同性，而岩体的整体强度却大大地削弱了，且多沿复合结构面破坏。说明结构面组数少时，岩体趋于各向异性体，随结构面组数增加，各向异性越来越不明显。

第四章　碎裂结构型岩体特征

前坪水库工程碎裂结构型岩体属坚硬岩,具"硬、脆、碎"特征,结构面发育,为碎裂结构,但结构面短小、延展性差、结构面闭合,结构面有硅钙质胶结物,岩块间嵌合力较好(见图4-1)。具有这种结构的岩体在无围压或低围压条件下,传递应力或变形发展上常常表现出不连续的特征,在力学性质上具有明显的结构效应。这一现象已引起岩体工作者们的重视,如 D. H. Trollope(1969 年)及 O. C. Zienkiwiz(1969 年)均进行了这方面的一些研究工作。

（a）附近洞室岩体　　　　　　　　（b）主坝右岸原始边坡

图 4-1　碎裂结构岩体

第一节　岩体结构的形成机制

一、岩体结构的原生建造

成岩过程中形成的结构面称为原生结构面,包括沉积作用形成的层理、层面、原生软弱夹层、沉积间断及不整合、古风化夹层;岩浆冷凝过程中形成的原生节理、岩浆岩与围岩的接触面;变质作用过程形成的板理、千枚理、片理、片麻理等。除少数经风化作用或经后期地壳运动改造已产生分离的结构面外,原生结构面一般具有一定联结力和较高的强度。岩体结构的原生建造是岩体结构形成的基础,针对不同的岩体类型,岩体结构的原生建造包括侵入岩建造、喷出岩建造、变质岩建造和沉积岩建造。由于岩体原生类型的多样性,故其建造类型也非常复杂。在我国大型的水电工程建设中,对工程影响较大的原生建造类型主要是"缓倾角结构建造",尤其是各类性质相对较差的缓倾角裂隙和缓倾角软弱夹层。

二、岩体结构的构造改造

构造结构面是岩体形成后,在构造运动过程中产生的各种破裂面,如断层、节理、层间错动面、劈理等。规模较大的构造结构面多充填有厚度不等、成分各异、性质和连续程度均不一致的充填物,其强度多接近岩体的残余强度值,而且,它们往往贯通整个工程岩体,构成不稳定块体的隔离边界或滑动面,是导致工程岩体失稳的决定性因素。规模较小的结构面虽然没有贯穿整个工程岩体,但它们的存在使岩体的连续性和完整性遭到破坏,导致岩体质量下降而对工程岩体稳定不利。工程实践中常运用地质力学的方法进行分析,其应用可大致分为以下步骤。

(一)确定构造层

所谓构造层,是在一次大的构造运动构成中,所包含的地层及其形成的构造形迹的总和。因此,一个大的构造层通常可以通过研究区的角度不整合界面来区分和识别。一个大的构造层代表了一次区域性乃至全球性的构造运动。如印支构造层是印支运动的产物,喜马拉雅期构造层是喜马拉雅期运动的产物。通常情况下,对某一个地区或工程所涉及的一定范围的地层而言,并不是每一幕构造运动都有影响,可能存在一个或多个构造运动影响。

(二)在构造层内,确定构造体系

所谓构造体系,是指在同一构造应力场作用下,具有成生联系的构造行迹的组合。确定构造体系的关键是找出压性结构面,包括褶皱的轴面、层面、压性断层等。找准了压性结构面就等同于确定了构造应力场的方向,也就意味着确定了某个构造体系的主要成分。通常情况下,一个构造层内可能存在多期的构造应力场作用,因此可能存在多个方向的压性结构面,也就意味着可能存在多个构造体系。

(三)进行结构面配套,确定应力场作用的先后关系

所谓构造配套,就是根据结构面的交切组合关系,对结构面进行构造体系归属的划分。通过这样的划分过程,确定构造体系形成的先后关系,从而确定构造应力场作用的先后顺序。根据以上的基本原理,可以对一个地区构造改造及构造结构面的形成进行系统的成因机制分析。

三、岩体结构的表生改造

岩体结构的表生改造是指河谷下切过程中,由于应力释放,岸坡岩体向临空面方向发生卸荷回弹变形,谷坡应力场产生新的调整,伴随这一过程岩体结构所产生的一系列新变化的改造。岩体结构面的表生改造一般具有两类形式:

(1)原有构造或原生结构面的进一步改造。

(2)新的表生破裂体系的形成,其结果是在河谷岸坡一定水平深度范围内,形成类似于地下洞室围岩"松动圈"的岸坡卸荷带。

因此,一般意义上,岩体结构的表生改造对岩体的工程性状起到劣化的作用,或导致结构面强度的下降,岩体整体质量下降,或形成新的岩体变形破坏几何边界。对岩体结构表生改造的研究,其前提应是首先查明河谷下切的发育历史及伴随这一过程河谷应力场的变化。

第二节 岩体结构面

一、岩体结构面分级

工程岩体作为经历漫长历史过程的地质体,往往具有复杂的结构特征,这种特征不仅表现在几何尺度、规模上,同时也表现在性质上。对复杂岩体的研究首先是科学、合理的分级;以此为基础,针对不同类型、级别的结构面分别采用不同的研究方法和手段,从而达到系统提出岩体结构定量化参数和建立岩体结构模型的目的。

在工程荷载作用下,各种结构面的力学效应及其对工程岩体稳定性的影响主要受控于两大因素:规模和工程地质性状。谷德振教授(1979年)指出,各种结构面随其发育的规模不同,在分析中所处的地位就不同,对结构面进行工程分级是非常有必要的。结构面工程地质分级是根据结构面的规模、工程地质性状及其工程地质意义而对结构面进行的级别划分,是进一步深入研究结构面特性的基础。一般情况下,将结构面按规模分为三大类,即断层型或充填型结构面、裂隙型或非充填型结构面、非贯通型岩体结构面。在此基础上,可根据工程地质性状特征进行二级划分为不同亚类,共分成三大类五个亚类。岩体结构面分级如表4-1。

表4-1 岩体结构面分级

类型	亚类	规模	工程地质意义	代表性结构面
断层型或充填型结构面	Ⅰ类:控制性断层	延伸长度一般为1~10 km	破坏了岩体的连续性,构成岩体力学作用边界,是控制岩体变形破坏的演化方向、稳定性计算的边界条件	断层面或断层破碎带、软夹层等
	Ⅱ类:一般性断层	延伸长度一般为100~1 000 m	一定条件下对坝肩及地下洞室的稳定性有影响	少数充填角砾、岩屑,一般性贯通结构面等
裂隙型或非充填型结构面	Ⅲ类:长大裂隙	延伸长度一般为10~100 m	破坏了岩体的连续性、构成岩体力学作用边界,可能对块体的剪切边界形成起一定的控制作用	长大缓倾角裂隙,长大裂隙密集带,可单独构成局部岩体稳定控制边界
非贯通型岩体结构面	Ⅳ类:中长裂隙	延伸长度一般为1~10 m	破坏了岩体的完整性,使岩体力学性质具有各向异性的特征,影响岩体变形破坏的方式,控制岩体的渗流特征	多条断续延伸可构成大范围或局部岩体稳定性,强度取决于裂隙连通率
	Ⅴ类:短小裂隙	延伸长度一般为50~100 cm		性状对岩体力学特征的影响反应在现场大型试验中

二、岩体结构面描述

一般情况下,根据规模划分的三级结构面中,Ⅰ、Ⅱ级结构面总体表现出连续或近似连续,并具有确定的延伸方向和延伸长度以及有一定厚度的影响带等特点,相比之下Ⅲ级结构面则具有随机断续分布、延伸长度较小的硬性接触等特点,而且在数量上后者也远大于前者。根据国际岩石力学学会推荐的裂隙描述方法及国内水电部门的实际情况,对结构面的描述见表4-2、表4-3。

表4-2　确定性结构面(Ⅰ、Ⅱ级)描述指标体系

内容			指标体系	
破碎带	物质组成	构造描述	破裂岩、角砾岩、碎裂岩、糜棱岩、断层泥、次生泥、岩脉、矿脉	
		工程地质描述	单矿物或脉体	石英脉、方解石脉、片状绿泥石、绿帘石
			非单矿物	1)按岩块、砾、岩屑、泥描述: 岩块:>60 mm(粗砾:20~60 mm,中砾:5~20 mm,细砾:2~5 mm) 岩屑:0.075~2 mm;泥:<0.075 mm 2)可按各种物质组成进行组合命名: 岩块型:岩块含量>90% 含砾块型:岩块含量>70%,砾含量<30% 砾(细砾、中砾、粗砾)型:砾含量>90% 含砾屑型:砾含量>70%,岩屑含量<30% 岩屑砾型:岩屑和砾的含量各占50%、20%或20%~50% 岩屑型:岩屑含量>90%
	结构类型	单结构	裂隙型	破裂面两侧岩体完整,无明显构造破坏痕迹,但裂面平直且延伸较远
			破裂岩型	由蚀变破裂岩或岩块构成的"断层"带,无明显的断层面
			压片岩型	由挤压片理或扁平状透镜体构成的破碎带,胶结好
			岩块型	
			砾型	
		复结构	硬接触型	单面破裂型	破裂面可位于破碎带的上、中、下部位,破碎带内物质固结紧密
				双面破裂型	破裂面可位于破碎带的两侧,破碎带内物质固结紧密
			含软弱物质型	破碎夹屑(泥)型	破碎带结构为中间有岩屑或含泥屑,或片状绿泥石夹层,两侧为砾型或岩块型构造岩的破碎带,一般性状较差
				破碎双裂夹屑(泥)型	破碎带具有两个夹屑(泥)的破裂面,位于破碎带的上、下侧
				破碎单裂夹屑(泥)型	破碎带具有一个夹屑(泥)的破裂面,位于破碎带的上侧或下侧
影响带	次块状结构	似层状结构(裂隙密集带)、似层状碎裂结构、碎裂结构		

续表 4-2

内容		指标体系
断层特征	蚀变特征	钾长石化、黄铁矿—石英化(硅化)、绿帘石(石英)化、绿泥石化、方解石化
	风化状态	新鲜:无侵染或零星轻微侵染 微风化:零星轻微侵染,有水蚀痕迹 弱风化:普遍侵染,或呈蛋黄色,有岩粉、岩屑
	胶结状态	好:硅质或硅化胶结(褐铁矿、黄铁矿),绿帘石 较好:完整方解石脉胶结 中等:局部方解石脉或方解石团块胶结 差:岩屑、粉或少量钙质,片状绿泥石
	密实程度(破碎带)	密实:胶结好,紧密,片理闭合 中密:胶结中等(钙质或方解石脉),但有局部的空区 疏松:胶结差与中等之间,呈架空状 松散:胶结差,呈松散状
	地下水	干燥、潮湿、湿润、浸水、滴水、股状涌水
	起伏特征	平直 + 镜面、光滑、粗糙 波状 + 镜面、光滑、粗糙 阶坎 + 镜面、光滑、粗糙

表 4-3　随机结构面(Ⅲ级)描述指标体系

随机结构面(Ⅲ级)描述	产状	结构面的空间位置,用倾向和倾角来描述
	组数	组成相互交叉裂隙的裂隙组的数目,岩体可被单个结构面进一步切割
	间距	相邻结构面之间的垂直距离,通常指的是一组裂隙的平均间距或典型间距
	延续性	在露头中所观测到的结构面的可追索长度
	迹长	结构面在露头上的出露长度
	粗糙度	固有的表面粗糙度和相对结构面平均平面的起伏程度
	裂隙强度	结构面相邻岩壁的等效抗压强度
	张开度	结构面两相邻岩壁间的垂直距离,其中充填有空气或水
	填充物	隔离结构面两相邻岩壁的物质,通常比母岩弱
	地下水	在单一的结构面中或整个岩体中可见的水流和自由水分

三、岩体节理几何特征

节理是浅层地壳中广泛发育的地质构造,它可以吸收大量发热地表径流,是地下水的主要储集场所和良好通道。节理空间展布及其组合特征是岩石在特定地质环境和构造应力场共同作用的结果。大量工程实践表明,在一定条件下,节理是引起工程岩体失稳的几何和力学边界。节理也是各种岩体工程质量评价考虑的主要影响因素之一,准确分析和评价节理发育特征更是高水平放射性废物深埋处置能否安全、可靠进行的关键。

产状是节理的一个重要特征,它确定了节理在空间的具体位置。在现实环境中,地表出露的岩体节理虽然表现较为凌乱,但究其本质原因是:构造应力场对岩体作用的一种表现。因此,对于一定地质环境中的节理而言,其几何特征往往具有某种规律性,同时,又由于岩体介质、局部构造应力场的不均一性和边界条件等因素的影响,其规律性被弱化,而概率统计则是获得这种规律的有效途径。岩体节理几何特征的概率统计分析是确定节理系统模型参数的必要步骤,也是岩体质量评价的重要指标。

第三节 碎裂结构型岩体成因及性质

碎裂结构型岩体不同于完整结构岩体,又与块状结构岩体有区别,这些差异不仅仅表现在岩体的结构上,而其在力学性质上也有明显的差异。从力学性质上来讲,块状结构岩体主要受软弱结构面力学性质控制,完整结构岩体则受岩块力学性质控制。而碎裂结构岩体力学性质往往受结构面力学性质及岩石块体力学性质的双重控制。岩体应力的传播就可很好地证明这一特性,块状结构岩体主要受其结构面控制,完整结构岩体应力传播一般较为连续,而碎裂结构型岩体应力传播往往具有强烈的结构效应。具有明显的结构效应是碎裂结构介质的重要特征。

岩体在外力作用下产生的应力传播及变形特征是划分岩体力学介质类型的基础,而岩体结构、岩体性质及其赋存条件往往决定了岩体应力传播和变形特点,在分析岩体结构类型之前,有必要先划分碎裂结构型岩体的类型。孙广忠教授将其划分为两种结构类型,即

(1)碎裂结构。

(2)粗碎屑散体结构。

其中,碎裂结构又细化分三种亚类,即

(1)等厚层状碎裂结构。

(2)不等厚层状碎裂结构。

(3)块状碎裂结构。

岩体中一般发育有原生节理和构造节理,在节理切割作用下,碎裂结构岩体被切割成形状相近、块度相当的块状结构体,致使岩体表现为块状碎裂结构特征。但是当岩体中结构面呈无序状分布,且其结构体形状各异,具有很大的随机性,结构体间对缝排列概率比较少,因此碎裂结构岩体一般具有错缝砌体结构力学效应。但是,当这种碎裂型岩体中发育有低级序列结构面时,低级序列结构面往往会起控制作用,控制岩体的应力传播、变形及破坏特点。

一、碎裂结构型岩体成因

对于碎裂结构岩体的成因,我国构造地质学家谷德振院士曾做过深入研究,并进行了分类。

（一）构造作用形成的碎裂结构岩体

构造运动是形成岩层的褶皱、破裂、断层等的主要动力，强大的应力导致岩体发生剪切破坏和拉裂破坏，形成不同级次、不同方位的结构面，在结构面两侧形成大小相应的破碎岩体。

（二）风化作用形成的碎裂结构岩体

岩石的风化过程实质上是岩体暴露于地表引起地应力释放、岩石松弛和外营力的进入，造成岩体物理力学性质的改变，其可分为两个方面：其一是随着地应力的释放，结构面发生松弛、张开，次生矿物充填，造成结构面强度降低；其二是岩块的松弛，在风化营力作用下矿物发生物理、化学变化，形成次生矿物，导致岩石变形及强度的降低。

（三）结构体原位状态下的碎裂结构岩体

原位状态下的碎裂结构岩体在工程特性上有很大的差别，大致可分两类：一类是碎裂结构岩体虽然裂隙密集、块度小，但是岩块彼此之间咬合得很好、没有或少有错位现象，裂隙间没有充填物，嵌合紧密，同时，此类碎裂岩体的物理性质较好，物理参数较高，与原岩比较起来没有发生大的变化，这类碎裂结构岩体可以看作是原位碎裂结构；另一类是岩块间有相对位移，裂隙间也可见泥质物或者岩屑等的充填，也就是说岩体在受到应力作用破碎后，岩块随裂隙面发生了错动，成为错位碎裂结构岩体，这类碎裂结构岩体相对原岩来说物理性质发生了一定的变化，物理参数有不同程度的降低。

二、碎裂结构型岩体地基变形及应力分析

岩体形成以后，在后期地质作用下，岩石矿物成分、赋存环境条件等都会发生一定的改变，这一过程称为改造过程。在后期多次、多种地质作用下，岩体会发生巨大的改变。改造作用主要有两种，即内动力作用和外动力作用。外动力作用往往是普遍存在的，而内动力作用则具有区域性，一般控制区域岩体改造。不管是内动力作用还是外动力作用，对岩体的改造作用一般都会导致岩体不连续性加强，岩体内部的差异性扩大，如岩体中存在软硬不同、先期间断面、表层卸荷裂隙带等。

岩体经过内动力作用会发生全面改造，包括岩块、岩体结构及其赋存地应力条件。其中最主要的改造作用是岩体结构，经过内动力作用的改造，岩体内部的不连续性显著加强，如形成区域性的断裂、大的岩脉侵入体等。

（一）地基变形

在岩体上修建一般民用建筑，作用于地基上的附加荷载一般很小，地基变形很不明显，一般情况下不需要考虑。但是对于高坝来讲，情况往往与之相反，目前运行的高拱坝中作用力就有达到 10 MPa 的情况。大型水利枢纽工程往往布置在河流出山口附近，这些部位往往是地质条件相对薄弱的部位，经常会有区域性断层分布，亦或有软弱夹层、岩层风化严重等地质缺陷存在。另外，基岩开挖一般采用爆破技术施工，爆破施工由于其累积破坏作用逐步降低岩体完整性及力学参数，这就造成建基面岩体不可避免的损伤。同时也存在坝基岩体新鲜完整，而坝肩岩体多有风化卸荷裂隙存在，坝基岩体的变形模量远大于坝肩岩体的变形模量。导致工程修建后地基变形不均匀，极易在坝肩产生剪应力，这种情况在高拱坝中较为常见，如图 4-2 所示。

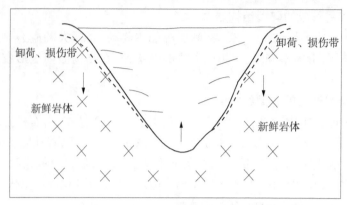

图4-2 不均匀沉降坝肩开裂示意图

因此,地基变形在高坝中是不能忽视的一个问题。由于新鲜岩块本身强度一般很高,其变形大多较小,故而在坝基应力作用下,坝基浅层岩体中的结构面会发生闭合的变形,这也是坝基岩体发生变形的主要因素。

(二)围岩变形

地下洞室稳定性问题实质上是地下洞室围岩稳定性问题,而地下洞室围岩稳定性与围岩的岩体结构、岩体力学性质及地应力场等诸多因素有关。地下洞室建设之前,可认为岩体初始应力状态是连续的,围岩应力状态可以采用连续介质的模型求解。但是,洞室开挖后,其应力场将发生改变,围岩稳定性问题不再取决于初始应力状态,而是取决于洞壁围岩结构体及结构面的稳定性。这种在结构面控制之下的围岩岩体稳定性可采用结构面的抗滑稳定性求解,也即可假设其符合库仑定律,即

$$\tau_i = \sigma_n \tan\varphi_i + c_i$$

其稳定性条件为:

$$k = \frac{\tau_i}{S} \tag{4-1}$$

式中:k 为结构面抗滑稳定性系数;S 为作用于结构面上的滑动力;σ_n 为作用于结构面上的法向应力。

三、前坪水库碎裂结构型岩体特点

碎裂结构型岩体地质变形机制因其结构面产状及分布多变等因素显得较为复杂,但一般可将其进行简化分析,可假定一组结构面与地基地面平行,另一组结构面与基底面垂直。故而,碎裂结构型岩体可简化为以下两种模型,即

(1)对缝式碎裂结构。

(2)错缝式碎裂结构。

其力学模型也与之相对应,出现两种模式,在对缝式碎裂结构岩体中,应力以单行传播为主,但是在错缝式碎裂结构岩体中则更多地表现为扩散传播。

前坪水库工程碎裂结构型岩体属坚硬岩,具"硬、脆、碎"特征,结构面发育,钻探所取岩芯破碎,RQD 值一般为 $0 \sim 20\%$,岩芯采取率普遍较低,典型的钻孔岩心照片见图4-3,最大

也没有超过43%,岩体的这种破碎现象,直观上看地质条件很差,但是根据钻孔光学成像资料(见图4-4)及附近公路隧洞围岩情况来看,岩体中结构面一般短小、延展差、结构面闭合,结构面有硅钙质胶结物,岩块间嵌合力较好。根据光学成像资料及开挖后揭露的地质情况看,前坪水库碎裂结构型岩体属于错缝式碎裂结构,其应力传播模式应以扩散传播为主。

图4-3 典型岩芯照片

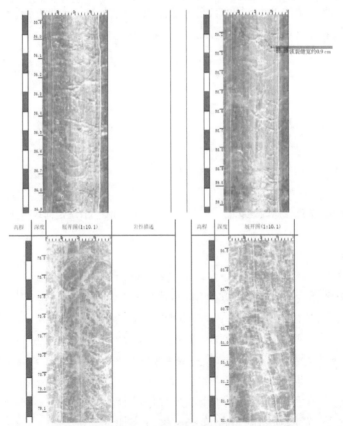

图4-4 右坝头ZK27钻孔孔壁安山玢岩碎裂结构

(一)节理优势组划分

节理作为地壳某一部分在某一时期、某种构造应力场作用过程中留下的构造形迹,能较好地反映构造特征。节理优势组划分有多种方法,一般采用玫瑰花图和等面积赤平投影图法,根据玫瑰花图和施密特极点投影图统计出各区域内节理产状的优势方位以及每条节理的归属。节理产状相关研究表明:同一组节理有较好的一致性,但因为岩体介质的不均一性,以及构造应力作用方式和边界条件的共同影响,同组节理的产状并非完全一致,也就是说,同组节理的产状在极点投影图上,并非全部落在同一极点上,而是散落在某一个投影区内,同组节理的投影点围绕某一中心分布,这个中心就是所谓的优势产状。所以,统计节理产状的目的就是得到岩体中各组节理面围绕优势产状(或平均产状)的分布规律,这种规律可以用概率密度分布形式来表示。

1. 节理玫瑰花图法

基本原理:在倾向、倾角玫瑰花图中,以节理倾向方位角 10°为间距,分别计算各区间节理的条数和倾向平均值、节理倾角平均值;在走向玫瑰花图中,大于 180°的走向都减去 180°,节理都归到 0°~180°之内,以走向方位 10°为间距,计算各区间内节理条数,走向均值,可以得到作图的原始数据。每个区间间隔的数据投在图中就是一个坐标点,按从上到下的顺序连接这些点就绘制出玫瑰花图。

采用节理玫瑰花图法,将前坪水库工程测得的节理数据,分别进行统计分析。得到岩体节理的倾向和走向玫瑰花图,结果如图 4-5、图 4-6 所示。

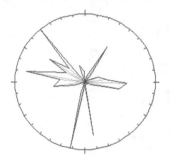

图 4-5 节理倾向玫瑰花图

图 4-6 节理走向玫瑰花图

2. 等面积赤平投影图法

在利用施密特网求解构造优势方位时,需要将原始数据进行适当的坐标变换,即把用方位角/倾角表示的产状变换为直角坐标,采用右手坐标系,X 轴指向东,Y 轴指向北,Z 轴指向上。设面状构造产状 $\varphi < \theta$,规定其法线向上半球投影(见图 4-7),投影极点到圆心的距离与 OP 的关系见图 4-7。

根据赤平投影等面积原理,通过计算机程序统计极点密度。其方法是:先把圆周附近的点按对称点相加的原理进行处理,将边缘环带(0.9R~1R)按对称点原理反射到另一端的基圆上,然后将施密特南北径和东西径都均匀划分为 20 格,组成 20×20 的网格。统计时,使网格交点处的数值代表以该点为圆心,以小格边长为半径的

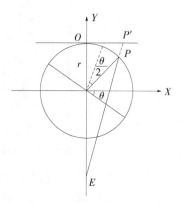

图 4-7 面状构造在施密特网中的投影(上半球)

圆内(为基圆面积的百分之一)的极点数之和。再利用这些点处的数据可以从高到低绘制出等值线。每条等值线都封闭一定的区域和网格点,根据等值线可找出局部区域内的最大网格点的坐标或一样大的几处最高值网格点的坐标,对几点求它们坐标的均值即为优势中心。

对前坪水库工程的节理数据进行分析。把节理倾向、倾角按照特定的格式录入,得到极点分布和极点等密度图,如图4-8所示。

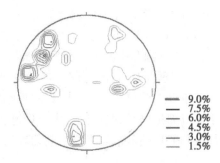

— 9.0%
— 7.5%
— 6.0%
— 4.5%
— 3.0%
— 1.5%

图4-8　节理裂隙等密度图

根据节理玫瑰花图、节理极点分布图以及实测数据综合分析最后得出,前坪水库工程坝址区优势裂隙主要有3组:

第一组 280°~330°∠50°~82°,优势方位 280°∠81°。

第二组 180°~210°∠50°~80°,优势方位 190°∠80°。

第三组 70°~100°∠50°~80°,优势方位 30°∠80°。

(二)节理迹长及大小分布

节理大小主要指节理空间大小特征,是岩体节理三维网络模拟过程中的重要参数。节理大小与节理迹长的概念不同,节理迹长是指节理在某一表面的出露长度。通过天然露头、开挖面和钻孔等的节理测量,可以获得大量的节理数据,包括节理间距、方位、迹长和张开度等。而节理大小不能直接测量,必须在一定的假设条件下,通过采样节理出露迹长值推求获得。节理大小的模拟就是通过现场测量、计算分析得到的节理迹长分布,推求节理在三维空间中节理的实际大小。

在二维露头上,节理迹长取决于节理形态、大小、产状、露头与节理面的夹角,后两项可以通过露头节理测量获得,但是节理大小和节理形态是很难确定的。在当前的技术条件下,很难准确地测量节理空间的大小和确定节理的空间分布形态。研究发现,节理在走向上和倾向上的迹线长度大致相等,表明节理在各个方向上的尺寸是相等的,并以此提出了节理圆盘模型。为了实际操作方便,很多国内外学者进行岩体节理三维网络模拟时,均将节理假设成无厚度的圆盘模型来进行分析研究。对于节理圆盘模型,节理大小可以用圆盘直径表示。计算节理圆盘直径包括两个方面内容:节理迹长分布,通过节理迹长推求节理圆盘直径。

1. 迹长的计算

在具体的岩体工程中,由于野外露头和测量条件的局限性,准确测量全部节理的迹长并不现实。迹长是节理几何特征的最基本,也是最重要的参数之一,采用概率模型进行迹长估计一直是学者关注和研究的难点问题。通常的做法是:选定某一露头,在露头上布设一定面积的窗口或一定长度的测线,根据窗口内节理可见迹长的分布特征及其与窗口或测线的交切关系,采用一定的概率模型公式进行迹长估计。

2. 节理大小的估计

节理迹长是节理面与露头交切形成的二维节理参数,和节理大小是不同的概念,但是和节理的大小紧密相关。国内外学者都对节理迹长分布形式以及迹长与节理大小之间的关系进行过深入研究。在节理圆盘模型的基础上,采用空间几何相关知识可以推导节理迹长与节理圆盘直径之间存在理论关系。如果节理的形状和空间分布已知或假定后,节理大小与节理迹长的关系即可由空间概率得出,这样可以利用节理迹长的分布推求节理大小的分布。但首先需要进行如下假设:

(1)节理是互相平行、厚度可以忽略的圆盘。

(2)节理圆盘中心的体积密度服从泊松分布。

(3)节理圆盘直径的分布与节理的产状分布相互独立。

基于以上假设,在露头或开挖面上出露的节理迹线实际上就是节理圆盘的一条弦。对于窗口测量,根据取样窗口中节理迹线与空间节理圆盘的对应关系,推导出节理迹线平均长度和节理圆盘平均半径之间的理论关系为:

$$g(l) = \frac{1}{u_a}\int_l^\infty \frac{f(a)\,\mathrm{d}a}{\sqrt{a^2 - l^2}} \tag{4-2}$$

式中:l 为节理迹线的长度;a 为节理圆盘的直径;$f(a)$ 为节理圆盘直径的概率密度函数;u_a 为节理圆盘的平均直径;$g(l)$ 为节理迹长的概率密度函数。

潘别桐等通过统计窗法的研究,得出了节理迹长 l 和直径 a 比值(l/a)的分布函数和概率密度函数,从而计算出平均迹长和平均直径的关系。迹长 l 和直径 a 比值的分布函数和概率密度函数为:

$$F(l/a) = 1 - \sqrt{1 - (l/a)^2} \tag{4-3}$$

$$P(l/a) = F'(l/a) \tag{4-4}$$

由此可以得出前坪水库工程优势组节理平均直径。表4-4 给出了前坪水库右坝肩边坡节理优势组平均直径。

表4-4　前坪水库右坝肩边坡节理优势组平均直径

名称	节理优势组	平均迹长(m)	平均直径(m)
前坪水库工程	1	15.42	16.37
	2	18.54	19.88
	3	16.91	17.57

四、工程岩组划分

前坪水库坝址区岩体多为安山玢岩,局部穿插辉绿岩脉,岩体中各类结构面较发育。如何确定其工程岩体质量是工程设计和施工的基础,它不仅是正确评价工程岩体的稳定性、精确设计断面形状、合理选择施工方式和支护形式的重要依据,而且直接影响着整个工程的费用,并决定着工程的安全性和经济合理性。因此,采用合理的岩体质量分级方案,对前坪水库坝址区工程岩体进行准确分类,是亟待解决的关键问题。

岩体质量主要受控于岩石性质、岩体结构、岩体的赋存环境等因素,这些控制因素大多可通过众多(半)定量或定性的指标来体现。如岩石的强度、岩体结构类型、岩体卸荷作用的范围、风化程度和地下水等,都可以通过野外地质调查、室内试验及现场岩体的原位测试(如声波测试、点荷载试验、室内单轴抗压强度试验等)可以较好地获得反映岩体质量的定量或半定量数据。

此外,岩体随机结构面发育特征对岩体质量的影响是显著的,对岩体的质量起着十分重要的控制作用。尽管很多重大工程都进行了大量的现场统计与调查工作,但要确切地描述结构面对岩体质量的影响还是比较困难的。在工程实践中,这种类型的结构面对工程岩体完整性的影响主要是通过声波速度来衡量的。

根据研究区工程地质条件分析,该区工程岩体可分为 6 个岩性组,见表 4-5。每组的工程地质性质如下。

表 4-5　坝址区岩性分组

名称	岩组	特征
陈宅沟组(E_2)	I	紫红色巨厚层砾岩、砂砾岩,底部为黏土岩、黏土质砂岩
马家河组(Pt_{2m})	II	紫灰色英安岩和紫红色、灰紫色安山玢岩
	III	灰色、浅红色或杂色凝灰岩
	IV	辉绿岩,矿物成分以辉石和斜长石为主
大营组(N_d)	V	辉石橄榄玄武岩深灰色,隐晶质结构,块状构造,具气孔和杏仁构造
断层带	VI	浅紫红色角砾岩和碎块岩为主

陈宅沟组(E_2):砾岩夹黏土岩,泥质弱胶结为主,成岩程度较差,岩体透水率为 2 ~ 5 Lu,为弱透水。

马家河组(Pt_{2m}):安山玢岩,岩块强度较大,岩体呈弱风化,透水率一般小于 5 Lu,岩体裂隙发育,岩体裂隙频率 8 ~ 9 条/m^2,裂隙以微张为主,延伸不远,一般为 2 ~ 3 m,宽度 0.5 ~ 1.5 mm,为半—全充填,充填物为钙质、泥质及铁锰质薄膜,完整性一般;凝灰岩裂隙微张,内侧较光滑,有泥质充填;弱风化辉绿岩,受构造影响,岩体多呈碎裂结构,完整性较差。

新近系大营组(N_d):辉石橄榄玄武岩,深灰色,隐晶质结构,块状构造,具气孔和杏仁构造,底部有厚 1 ~ 2 m 的棕红色黏土岩或泥灰岩,地表呈弱—强风化状,岩块强度大,岩体完整性较好。

断层带:内物质组成以角砾岩和碎块岩为主,浅紫红色,见糜棱岩、断层泥,角砾岩多泥质胶结,部分为铁硅质胶结,呈全风化—强风化。碎块砾径一般 2 ~ 30 mm,极个别在 4 ~ 5 cm,角砾岩含量在 50% 左右,其余部分为泥、砂充填。擦痕面上有黑色铁、锰质薄膜,透水率差异较大。

通过现场情况和资料采集,从各岩组的岩石强度、岩体完整性、结构面性质、填充物特征以及风化程度等方面对坝址区岩体进行分析可得,岩体质量最好的为新近系大营组(N_d)辉石橄榄玄武岩,陈宅沟组(E_2)紫红色巨厚层砾岩、砂砾岩;马家河组(Pt_{2m})安山玢岩和辉绿岩岩体质量较好;最差的为断层带,其岩组的岩体质量一般。

第五章 工程岩体分级

工程岩体质量是工程设计和施工的基础,它不仅是正确评价工程岩体的稳定性、精确设计断面形状、施工方式和支护形式的重要依据,而且直接影响着整个工程的费用,并决定着工程的安全性和经济合理性。因此,采用合理的岩体质量分级方案,对前坪水库坝址区工程岩体进行准确分类,是亟待解决的关键问题。就目前已有的岩体质量分级方法而言,种类较多,但概括起来可以分为两大类。其一类为能够用于各类工程的通用分类,一般采用单一指标作为划分标准,比较简单,但针对性差,只能起到原则指导的作用,如 Der 的 RQD 分级法、弹性波速 V_p 法等。另一类是为某一类工程制定的专门性分类,所采用的划分依据一般为多指标的组合,如《水利水电工程地质勘察规范》(GB 50487—2008)的地下工程岩体分级法、挪威岩土工程研究所 Barton 等提出的岩体质量指标 Q 系统围岩分级分类等。但这些分级法均难以解决特殊的岩体,如碎裂结构岩体。

岩体质量主要受控于岩石性质、岩体结构、岩体的赋存环境等,由于地质问题的复杂性,如何综合考虑影响岩体质量的主要因素:岩体的完整程度、岩体的力学性质、平均节理裂隙间距、风化程度以及地下水状况等,采用定量方法评价工程岩体质量一直是工程地质界研究的重点之一。

第一节 工程岩体分级的人工神经网络法

岩体的分级结果由岩石强度、岩体完整度、结构面状态、地下水和主要结构面产状等方面因素决定,影响分级结果的各因素组成的数据库与其对应的岩体分级结果存在某种映射关系,采用非线性分析的方法可拟合它们之间的函数关系并构造特定网络,利用该网络在已知影响因素的情况下,可以预测其对应的岩体质量级别。

人工神经网络(artificial neural network,简称 ANN),以数学模型模拟神经元活动,是基于模仿大脑神经网络结构和功能而建立的一种信息处理系统。人工神经网络具有自学习、自组织、自适应以及很强的非线性函数逼近能力,拥有强大的容错性。它可以实现仿真、预测及模糊控制等功能,是处理非线性系统的有力工具。

一、方法简介

神经网络理论是大量信息并行处理和大规模并行计算的基础,神经网络既是高度非线性动力学系统,又是自适应组织系统,可用来描述认知、决策及控制的智能行为,它的中心问题是智能的认知和模拟。

神经网络是用自上而下的方法,从脑的神经系统结构出发来研究脑的功能,研究大量简单的神经元集团信息处理能力及其动态行为。现在神经网络对几十年来一直困扰计算机科学和符号处理的一些难题可以得到比较令人满意的解答,特别是对那些时空信息存储及进行搜索、自组织相联存储、时空数据统计描述的自组织,以及从一些相互关联的活动中自动获取知识等一般问题的求解,更显示出了其独特的能力。

它的产生和发展一方面受其他学科的影响,反过来又势必影响其他学科的发展。神经元网络从信息论角度看,它是另一种信息处理的工具,对它的研究将涉及许多学科和专业。现在不少学科都把这个课题作为它们的前沿进行研究,如数学、物理学、信息科学、心理学、神经生理学、认识科学、计算机科学、微电子学甚至哲学等。另一方面,直接应用现代科学的新理论和新方法,如信息论、系统论、控制论、协同学和耗散结构理论等对它进行研究,可同时为这些学科提出许多新问题,将会推动这些学科理论和其他方面的发展,研究它的发展过程和前沿问题,具有重要的理论意义。

二、BP 神经网络基本原理

现在人们提出的神经元模型有很多,其中最早提出并且影响较大的是 1943 年心理学家 McCullocl 和数学家 W. Pitts 在分析总结神经元基本特性的基础上首先提出的 MP 模型。该模型经过不断改进后,形成现在广泛应用的 BP 神经元模型。人工神经元模型是由大量处理单元广泛互连而成的网络,是人脑的抽象、简化、模拟,反映人脑的基本特性。一般来说,作为人工神经元模型应具备三个要素:

(1)具有一组突触或连接,常用 W_{ij} 表示神经元 i 和神经元 j 之间的连接强度,或称为权值。与人脑神经元不同,人工神经元权值的取值可在负值和正值之间。

(2)具有反映生物神经元时空整合功能的输入信号累加器。

(3)具有一个激励函数用于限制神经元输出。激励函数将输出信号限制在一个允许范围内,使其成为有限值,通常神经元输出的扩充范围在 $[0,1]$ 或 $[-1,1]$。

BP 神经网络模型是目前应用最为广泛和成功的神经网络之一。该模型是由 Dabid Runelhart,Geoffrey Hinton 和 Ronald Williams,David Parker 以及 Yann Le Cun 在 20 世纪 80 年代分别独立提出的。Rumelhert 和 McClelland(1986 年)领导的科学小组在《Parallel Distributed Processing》一书中,对具有非线性连续转移函数的多层前馈网络的误差反向传播算法进行了详尽的分析。BP 算法的基本思想是,学习过程由信号的正向传播与误差的反向传播两个过程组成。正向传播时,输入样本从输入层传入,经各隐含层处理后,传向输出层。若输出层的实际输出与期望的输出不符合要求,则转入误差的反向传播阶段。误差反向传播是将输出误差以某种形式通过隐含层向输入层逐层反向传播,并将误差分摊给各层的所有单元,从而获得各层单元的误差信号,此误差信号即作为修正各单元的依据。这种信号正向传播与误差反向传播的各层权值调整过程,是周而复始地进行的。权值不断调整的过程,也就是网络的学习训练过程。此过程一直进行到网络输出的误差减少到可接受的程度或进行到预先设定的学习次数。通过这 2 个过程的交替进行,在权向量空间执行误差函数梯度下降策略,动态迭代搜索一组权向量,使网络误差函数达到最小值,从而完成信息提取和记忆过程,如图 5-1 所示。

BP 网络与线性阈值单元组成的多层感知器网络结构完全相同,只是各隐节点的激活函数使用了 Sigmoid 函数。BP 网络输出节点的激活函数根据应用的不同而异,如果 BP 网络用于分类,则输出节点一般用 Sigmoid 函数或双曲正切函数;如果多层感知器用于函

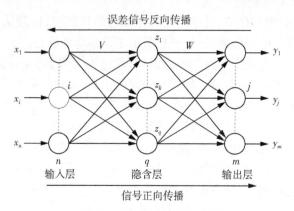

图 5-1 神经网络模型结构图

数逼近,则输出层节点用线性函数。

BP 网络的权值调整有两种模式:增量模式和批量模式。前者是指在每输入一个样本后,都回传误差一次并调整权值;后者是在所有的样本输入之后,计算网络的误差。

由于每个样本各个因素的观测值具有不同的数量级和不同的测量单位,为了保证网络的收敛性和高效性,必须对输入样本进行归一化预处理。得到无量纲数据,以消除其中的不合理现象,提高处理数据的精度。

归一化公式如下:

$$X_{ij}^{*} = \frac{X_{ij} - \min_{1 \leqslant j \leqslant n}(X_{ij})}{\max_{1 \leqslant j \leqslant n}(X_{ij}) - \min_{1 \leqslant j \leqslant n}(X_{ij})} \quad (i = 1,2,\cdots,m;\, j = 1,2,\cdots,n) \qquad (5-1)$$

式中:min 为原始数据中最小值,max 为原始数据中的最大值。

训练过程为:给网络提供一个含有输入 - 输出样本对的数据库,通过不断地训练该网络,使其调整、修正网络上各神经元的权值和阈值。输入给定训练样本后,若网络的输出能准确地逼近给定训练样本的输出,则该网络完成了训练过程。在训练过程中,不断修正网络权值和阈值的规则称为训练算法。

三、BP 神经网络的结构设计及参数选择

BP 神经网络的结构通常包括输入层、隐含层和输出层(魏海坤,2005 年)。因此,对 BP 神经网络结构设计就是对 BP 网络的输入层、隐含层和输出层的设计,可是在实际应用中,如何确定 BP 神经网络中隐含层和隐含层内神经元数,一直是确定 BP 神经网络结构的重点和难点,这也是一个十分复杂的问题。隐含层和隐含层内神经元数难以确定,也是 BP 网络在拓扑结构上的主要缺陷。

(一)BP 神经网络层数的确定

1988 年 Cybenko 指出,当各节点均采用 Sigmoid 型函数时,一个隐含层就足以实现任意的判决分类问题,两个隐含层则足以表示输入图形的任意输出函数。这个结论对 BP 网络隐含层数目的确定具有指导性意义。

隐含层起抽象的作用,即它能从输入提取特征。如果适当增加隐含层数量,可以增强网络的处理能力,提高网络的训练速度和网络的泛化能力;如果增加隐含层数量过大,会

导致训练过程的复杂化,网络对训练样本数目的需求会增加,网络训练时间会增长。在网络结构设计时,不应该只考虑用一个隐含层的三层神经网络模型,对于某个具体问题也许多个隐含层的神经网络模型的训练速率和精度会更高。

(二)BP 神经网络中节点数的确定

1. 输入层节点数的确定

输入层是把数据源加到网络上,起到缓冲存储器的作用。其节点数取决于数据源的维数和输入特征向量的维数。对于一个实际问题,特征向量的确定是十分重要的,因为在识别对象时它是唯一的依据。选择特征向量时,要考虑到应选的特征向量是否完全描述了事物的本质特征,如果特征向量不能有效地表达事物的特征,网络经训练后的输出可能与实际有较大的差异。当然,特征向量的选取应适当,并不是维数越多越好。输入特征向量维数的增多,将使网络的计算量指数增长,导致组合爆炸。所以,在选取特征向量时,应从实际出发。适当地选取最能表现事物本质的那些特征,最好的特征应该具有以下 4 个特点。

(1)可区别性。对不同类别的对象来说,它们的特征值应该具有明显的差异。

(2)可靠性。对同类的对象来说,它们的特征值应该比较相近。

(3)独立性。所用的各特征之间应彼此独立。

(4)数量少。不仅模式识别系统的复杂度随特征的个数迅速增长,而且用来训练网络的样本数量也随特征的数量呈指数关系增长,在某些情况下,甚至无法取得足够的样本来训练网络。

所以,确定输入层节点数时关键是弄清正确的数据源,选取适当的特征。如果数据源中有大量未处理的或虚假的信息数据,那必将妨碍对网络的正确训练,因此要删除那些无效的数据,确定数据源的合适数目。这大体上需要如下 4 个步骤:

(1)确定与应用有关的数据。

(2)删除那些在技术上不符合实际的数据源。

(3)删除那些不可靠的数据源。

(4)开发一个能组合或预处理数据的方法,使这些数据更具有实际意义。值得注意的是,神经网络只能处理表示成数值的输入数据,所以经常需要将外部信息变换。一般将输入数据限定在范围$[0,1]$或$[-1,1]$。例如,输入的外部信息是"打开"和"关闭",可用"1"和"0"表示。在确定了数据源之后,输入层所需节点的个数自然也就确定了。

2. 输出层节点数的确定

输出层节点数的确定,通常采用以下两种方法:

(1)当所需输出信息较少时,输出层节点数等于所需信息类别数,即 m 类的输出用 m 个输出单元。每个输出节点对应一个模式类别,即当某输出节点值为 1,其余输出节点值为 0 时,对应输入为某一特定模式类的样本。

(2)当所需输出信息较多时,用输出节点的编码表示各模式类别,即 m 类的输出只要用 $\log_2 m$ 个输出单元即可。

3. 隐含层节点数的确定

在 BP 神经网络中,采用适当的隐含层节点数是很重要的,可以说选用隐含层节点数往往是网络成败的关键。隐含层节点数太少,网络从样本中获取的信息能力就差,网络难以处理较复杂的问题;若隐含层节点数过多,将使网络训练时间急剧增加,而且过多的隐含层神经元容易使网络训练过度,也就是说网络具有过多的信息处理能力,甚至将训练样本中没有意义的信息也记住了,从而出现所谓的"过度拟合"问题,这样将会降低了泛化能力。此外,隐含层节点数太多还会增加训练时间。

设置隐含层节点的数量取决于训练样本数的多少、样本噪声的大小以及样本中蕴含规律的复杂程度。一般来说,波动次数多、幅度变化大的复杂非线性函数要求网络具有较多的隐节点来增强其映射能力。

确定最佳隐节点数的一个常用方法称为试凑法,可先设置较少的隐节点训练网络,然后逐渐增加隐节点数,用同一样本集进行训练,从中确定网络误差最小时对应的隐节点数。在用试凑法时,可用一些确定隐节点数的经验公式。这些公式计算出来的隐节点数只是一种粗略的估计值,可作为试凑法的初始值。

四、坝址区岩体分级

对安徽省宁绩高速公路虹龙、霞西、庄村、周湾、株岭、陶村、胡乐司等分离式隧道,丛山关连拱隧道和佛岭隧道共 9 座隧道施工期围岩现场快速分级工作展开研究。在以上隧道施工期间,任取 46 个一般性掌子面,通过现场的地质勘测,按现场测试方法采集岩体质量分级指标,依据国标 BQ 岩体质量分级方法确定隧道围岩的级别。

宁绩高速公路隧道、佛岭隧道施工期围岩分级结果如表 5-1 所示。

表 5-1　宁绩高速公路隧道、佛岭隧道施工期围岩分级

工程项目	序号	单轴抗压强度(MPa)	完整性系数	主要结构面倾角(°)	地下水外水压力折减系数	地应力(MPa)	围岩级别
宁绩高速公路隧道围岩	1	17.18	0.37	67	0.75	1	V
	2	24.0	0.54	70	0.5	1	IV
	3	21.36	0.46	66	0.5	1	V
	4	17.5	0.69	84	0.5	1	IV
	5	33.1	0.62	67	0.5	1	III
	6	28.6	0.70	22	0.5	1	III
	7	30.6	0.72	64	0	1	IV
	8	26.4	0.66	59	0	1	IV
	9	29.2	0.68	55	0	1	IV
	10	13.76	0.66	69	0.5	1	V
	11	17.56	0.58	87	0.5	1	V
	12	22.27	0.41	66	0.5	1	V
	13	27.48	0.69	38	0.75	1	IV
	14	25.07	0.64	54	0	1	IV
	15	22.1	0.37	85	0.75	1	V
	16	38.88	0.71	84	0.5	1	III
	17	19.2	0.36	51	0.5	1	V
	18	23.8	0.60	40	0	1	IV

续表5-1

工程项目	序号	单轴抗压强度（MPa）	完整性系数	主要结构面倾角（°）	地下水外水压力折减系数	地应力（MPa）	围岩级别
佛岭隧道围岩	19	21.36	0.43	66	0.5	0.5	V
	20	27.07	0.62	78	0.5	0.5	IV
	21	19.38	0.39	45	0.5	0.5	V
	22	23.75	0.71	63	0.5	1	IV
	23	33.1	0.72	67	0.5	0.5	III
	24	25.67	0.58	62	0.5	0	IV
	25	36.71	0.77	56	0.5	1	III
	26	33.2	0.71	67	0.5	0	IV
	27	35.76	0.63	48	0.5	1	III
	28	33.0	0.69	52	0.5	0	IV
	29	19.98	0.58	65	0.5	1	V
	30	26.32	0.72	36	0.5	1	IV
	31	18.19	0.55	51	0.5	1	V
	32	28.6	0.73	22	0.5	0	III
	33	30.35	0.61	33	0.5	1	IV
	34	32.93	0.70	23	0.5	1	III
	35	17.56	0.66	87	0.5	0.5	V
	36	21.32	0.65	34	0.5	1	IV
	37	30.11	0.75	60	0.5	1	IV
	38	20.32	0.64	60	0.5	0	V
	39	18.32	0.52	87	0.5	1	IV
	40	20.0	0.61	60	0.5	1	IV
	41	16.6	0.57	74	0.5	1	V
	42	31.24	0.59	35	0.5	1	IV
	43	38.88	0.69	84	0.5	0	III
	44	22.55	0.60	63	0.5	1	V
	45	22.1	0.32	85	0.5	0	V
	46	28.36	0.81	30	0.5	1	IV

将影响工程岩体分级的因素如单轴抗压强度、完整性系数、主要结构面倾角、地下水和地应力作为BP神经网络的输入样本集，将岩体质量级别值作为输出样本集，同时，把安徽省宁绩高速公路岩体质量分级数据库作为训练样本子集，将前坪水库坝址区6个岩组的岩体数据作为检验样本子集。

根据Kolmogorov's理论，按照下述参考公式进行最佳隐含层单元数目的选择。

$$m = 2n + 1 \tag{5-2}$$

式中：m 为隐含层单元的数量；n 为输入层单元的数量。本书中，$n=5$，所以 $m=11$。

由于隐含层单元数目设定较为复杂，因此本书选择10、11、12三组进行训练，从中挑取最好的一组。经检验，$m=11$ 时训练结果较好。

训练效果如图5-2、图5-3所示。

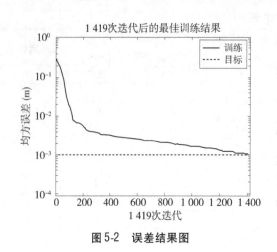

图 5-2　误差结果图

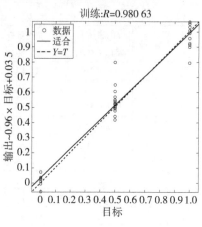

图 5-3　拟合曲线图

预测结果见图 5-2。由图 5-2 可看到:实际输出与预期输出的相对误差控制在 0.001 以内,说明经过训练后的神经网络模型具有较高的预测精度。

拟合曲线见图 5-3。由图 5-3 可知,拟合结果较好,训练后的神经网络模型具有较高的可靠性。

将归一化后的前坪水库岩性分组数据作为预测样本输入此网络模型,用此模型预测对应的岩体质量分级结果。由于神经网络预测结果为连续值,而岩体质量级别为离散值,因此预测结果不能用来直接表示岩体质量级别,因此在本书计算过程中,采用四舍五入的方式将连续数字转化为离散值来表示岩体质量的级别,例如,岩组①预测结果为 5.286 0,则其分级结果为Ⅴ类岩体。同理,将全部岩组输出结果汇总如表 5-2 所示。

表 5-2　前坪坝址区岩体神经网络预测分级

岩组	单轴抗压强度(MPa)	完整性系数	主要结构面倾角(°)	地下水外水压力折减系数	地应力(MPa)	预测结果	分级结果
①	37.0	0.35	75	0.2	1	5.286 0	Ⅴ
②	63.7	0.60	83	0.1	1	3.325 3	Ⅲ
③	32.63	0.50	77	0.2	1	4.296 5	Ⅳ
④	21.1	0.98	79	0.1	1	3.201 2	Ⅲ
⑤	37.6	0.37	80	0.1	1	4.271 1	Ⅳ
⑥	16.8	0.22	75	0.2	1	5.368 9	Ⅴ

第二节　工程岩体分级的模糊综合评判法

影响岩体质量分级结果的主要有岩石强度、岩体完整度、结构面状态、地下水和主要结构面产状等方面因素,其中结构面状态、结构面产状等因素存在信息的不确定和模糊性特征,这些特征决定了采用界限分明的定量数据描述岩体性质。换句话说,在对岩体质量评价的过程中,某些评价因子带有一定程度的模糊性,没有十分明确的界限和清楚的外延,不存在绝对的十分精确的肯定与否定。模糊综合评价即是基于评价过程中的模糊运算法则,对非线性的评价进行量化综合,从而得到可量化结果。

通过对所研究岩体质量的具体情况分析和可能得到的影响岩体质量分级因素收集,对每一个因素指标进行定量化,并建立其对应于岩体质量分级的隶属度函数、多因素隶属值的矩阵和各因素的权重系数矩阵,经过模糊变换运算得到相应的岩体质量级别的隶属度值矩阵,根据最大隶属度原则即可得到所求的岩体级别。对岩体质量采用模糊数学的方法进行综合评价,将更接近实际情况。

一、方法简介

模糊聚类分析是一门有着广泛应用的技术,它的目的是将一个数据集划分为不相连的,有相同属性的簇。从 20 世纪 70 年代以来聚类算法一直被深入的研究,在许多方面都有着重要的应用,因此利用模糊聚类分析就是用数学方法研究和处理具有"模糊性"现象的一门学科,能很好地用于工程岩体级别的判别。

人类在社会和各个科学领域中,所遇到的事物从量上大体上可以分成两大类:确定性的与不确定性的,其中不确定性又可分为随机性和模糊性。

模糊性是一种以"边界不清"为特征的非随机不确定性,描述和处理模糊性的理论与方法称为模糊数学。它是以客观世界中的模糊性现象为对象进行研究,从中找出数量规律,并以精确的数学方法进行数据处理的一门新的数学分支。它开发了继经典数学、统计数学之后一个新的发展方向,提供了一种简捷、有效的、研究精确数学难以描述的复杂问题的方法。数学的应用范围被统计数学从必然现象扩大到偶然现象领域,而模糊数学则又将其从精确现象扩大到模糊现象领域。

模糊数学与随机数学的不确定性差异在于,模糊数学的不确定性是因为事件本身是不确定的,具有模糊性,是由概念、语言的模糊性产生的;而随机数学的不确定性表现为事件是否发生不确定的,但事件本身是确定的。

模糊综合评价分析方法的基础是模糊数学,其方法就是把待考察的模糊对象以及反映模糊对象的模糊概念作为一定的模糊集合,建立适当的隶属函数,并通过模糊集合论的有关运算和变换,对模糊对象进行定量分析。模糊综合评判最早是由我国学者汪培庄提出的,这一应用方法深受广大科技工作者的欢迎和重视,并且得到广泛的应用。其优点是:数学模型简单,容易掌握,对多因素、多层次的复杂问题评判效果比较好,是其他数学分支和模型难以代替的方法。综合评判是对多种因素所影响的事物或现象做出总的评价,模糊数学是用数学的方法研究和处理客观存在的模糊现象,模糊综合评判就是借助模糊数学对多种因素所影响的事物或现象做出总的评价。

模糊综合评价法能较全面地汇总各评价主体的意见,综合反映被评对象的优劣程度。具体过程是:将评价目标看成是由多种因素组成的模糊集合,再设定这些因素所能选取的评审等级,组成评语的模糊集合,分别求出各单一因素对各个评审等级的归属程度,然后根据各个因素在评价目标中的权重分配,通过模糊矩阵合成,求出评价的定量解值。

确定隶属函数的基本思路如下:对应不同类型的不确定性,从模糊统计法、专家经验法、借助已有客观尺度法、二元对比排序法、因素加权总和法等中选出最适合的,初步确定隶属函数,然后结合实际情况对其进行学习修改与完善,以期得到最能精确实现不确定到确定转化的隶属函数。以上方法的选择条件为:

(1)模糊统计法。模糊集合反映的是一种社会一般意识,即是由可重复表达的大量的个别意识的结果平均值。

(2)专家经验法。模糊集合反映的是某段时间的个别经验、意识和判断。

(3)借助已有客观尺度法。模糊集合反映的模糊概念已有较成熟的相应指标,且长期实践检验证明此指标可信,被大家公认能够描述事物真实本质。

(4)二元对比排序法。对某些模糊概念,虽然直接给出其隶属面数比较困难,但却可以通过多个事物间两两对比来确定其在某种特征下的排序。

(5)因素加权总和法。若干个模糊因素复合而成一个模糊概念,可将单个因素模糊集的隶属函数进行综合,得到模糊概念的隶属函数。总之,隶属函数的确定,需要与实践检验相结合,利用信息反馈,进行不断调整、学习、完善,以达到相对稳定的状态。

二、模糊综合评判在岩体分级中的应用

近年来,在工程岩体质量分级领域,国内学者一般采用岩体质量系数和岩体质量指标的对比分析,对岩体质量进行评价,可用下式表示:

$$Z = I \cdot f \cdot S \tag{5-3}$$

式中:Z 为岩体质量系数;I 为岩体完整系数,无资料时可用 RQD(岩石质量指标)值代替;f 为结构面磨擦系数,即 $\tan\varphi$(φ 为影响稳定的主要结构内摩擦角);S 为岩石坚硬系数。其中:

$$S = R_c/100 \tag{5-4}$$

式中:R_c 为岩石饱和轴向抗压强度,MPa。

根据 Z 值的大小,按表5-3确定岩体质量的优劣。

表5-3 岩体质量分级(一)

岩体质量系数 Z	>3.5	2.4~3.5	0.3~2.5	0.1~0.3	<0.1
岩体质量等级	特好	好	一般	坏	极坏

岩体质量指标 M,可按近似式(5-5)粗略估算。

$$M = R_c/300 \cdot RQD \tag{5-5}$$

根据 M 值的大小,可由表5-4确定岩体的质量类别。

表5-4 岩体质量分级(二)

岩体分类	I	II	III	IV	V
岩体质量指标 M	>30	10~30	1.2~10	0.1~1.2	<0.1
岩体质量	优	良	中等	差	坏

由岩体质量系数 Z 和岩体质量指标 M 均可将岩体质量划分为5个等级。虽然它们有所区别,但可以近似地将它们看作是等价的。这与目前国内外一些有影响的岩体质量

分类方案也分为 5 个等级是吻合的。因此,进行模糊评判时给出的评语论域可记为:

$$V = \{V_1, V_2, V_3, V_4, V_5\} = \{I, II, III, IV, V\} \tag{5-6}$$

式(5-6)中各等级范围明确,是一个普通集合,但是作为等级的各个元素 V_i 具有模糊性。

为了尽可能客观地评判岩体质量类别,评定因子采用岩体质量系数 Z、岩体质量指标 M 及专家意见 P,可以表示为:

$$u = \{u_1, u_2, u_3,\} = \{Z, M, P\} \tag{5-7}$$

实质上,评定因子 Z、M 是根据实践经验和经过统计分析后作为岩体质量分级指标的。

也就是说,指标处于某一区间时,岩体质量大多数属于该等级,只有一小部分属于其他等级。因此,可以假定评定因子 Z、M 的隶属函数为正态型,即

$$u(x) = \exp[-(x-a)/b]^2 \tag{5-8}$$

式中:x 可以是岩体质量系数 Z,也可以是岩体质量指标 M;系数 a、b 可根据"当评定因子等于平均值时,其隶属函数等于1"及"当物理量范围的边界介于二者之间时,隶属度相等"的原则确定,见表5-5。

表5-5　评定因子的 a、b 值

岩体质量分级	岩体质量系数 Z		岩体质量指标 M	
	a	b	a	b
I	5.5	1.2	4	1.2
II	3.5	1.2	2	1.2
III	1.4	1.32	0.56	1.06
IV	0.2	0.12	0.07	0.07
V	0.05	0.06	0.005	0.006

以上评定因子对评定对象所起作用的模糊子集可表示为:

$$A = \frac{a_1}{Z} + \frac{a_2}{M} + \frac{a_3}{P} \tag{5-9}$$

式中:a_1, a_2, a_3 分别为 Z、M、P 对 A 的隶属度,可以看作是权数,其值要视每个评定因子的重要性和资料可靠性,根据具体情况具体分析给予适当的数值。一般来讲,当数据可靠时,a_1 的权重应大于其他两个,取 $A = (0.4, 0.35, 0.25)$ 或 $A = (0.45, 0.30, 0.25)$;若有些数据是粗估(如结构面摩擦系数 f),则 a_1 的权重相对小些,取 $A = (0.35, 0.35, 0.3)$ 或按等权 $A = (0.34, 0.353, 0.33)$ 处理等。

设评语论域 V 上岩体质量等级的模糊子集为:

$$B = \frac{b_1}{I} + \frac{b_2}{II} + \frac{b_3}{III} + \frac{b_4}{IV} + \frac{b_5}{V} \tag{5-10}$$

其模糊向量可由式(5-11)求出:

$$B = A \cdot R \tag{5-11}$$

$$R = \begin{bmatrix} r_{11} & r_{12} & r_{13} & r_{14} & r_{15} \\ r_{21} & r_{22} & r_{23} & r_{24} & r_{25} \\ r_{31} & r_{32} & r_{33} & r_{34} & r_{35} \end{bmatrix} \tag{5-12}$$

式中：r_{1j}、$r_{2j}(j=1\sim5)$ 可由相应岩体质量分级规范求出，$r_{3j}(j=1\sim5)$ 由专家给出。

当 A 表示各评定因子重要性的权向量时，式(5-9)右端取普通矩阵乘法较为合理，即按加权平均法进行求解，这时

$$b_j = \sum_{i=1}^{3} a_i = 1 \quad (j=1\sim5) \tag{5-13}$$

式中：权系数和为 $\sum_{i=1}^{3} a_i = 1$。

三、坝址区岩体分级

在坝址区采用岩体质量系数和岩体质量指标相结合的对比分析，对岩体质量进行评价，将坝址区岩体完整系数、岩体完整系数、岩石坚硬系数、岩石饱和轴向抗压强度、RQD等数据输入模糊系统中，建立多因素隶属值的矩阵和各因素的权重系数矩阵。经过模糊变换运算得到相应的岩体质量级别的隶属度值矩阵，根据最大隶属度原则即可得到所对应的岩体级别，结果如表5-6所示。坝址区的岩组共分为①、②、③、④、⑤、⑥组，在参考国内相关规程规范的基础上，结合室内试验确定的坝址区试验数据、岩体的物理力学性质参数取值应符合的规定，给出了各岩组的各项指标的具体数值。以岩组①为例，岩体完整性系数 I 为 0.35，结构面摩擦系数 f 为 0.8，岩体饱和轴向抗压强度 R_c 为 37 MPa，岩石质量指标 RQD 为 11.89%，岩石坚硬系数 s 为 0.37，岩体质量系数 Z 为 0.104，岩体质量指标 M 为 1.166，基于以上各参数确定岩组①岩体为Ⅳ级岩体；同理可得其他岩组的岩体级别，岩组②、③、④、⑤、⑥分别为Ⅲ级岩体、Ⅲ级岩体、Ⅲ级岩体、Ⅳ级岩体和Ⅳ级岩体。

表5-6　坝址区分级结果

岩性分组	①	②	③	④	⑤	⑥
I	0.35	0.6	0.5	0.98	0.37	0.22
$f(\tan\varphi)$	0.8	0.87	0.82	0.89	0.87	0.8
$R_c(\mathrm{MPa})$	37	63.7	32.63	21.1	37.6	16.8
$RQD(\%)$	11.89	13.62	13.73	55.4	9.1	11
s	0.37	0.647	0.326	0.211	0.976	0.168
Z	0.104	0.338	0.134	0.184	0.314	0.029
M	1.166	3.153	1.493	3.896	1.14	0.616
岩体级别	Ⅳ	Ⅲ	Ⅲ	Ⅲ	Ⅳ	Ⅳ

第三节　工程岩体分级的灰色聚类法

岩体质量分级是评定岩体的性质、判断岩体稳定性、选择施工方法及支护参数的前提。然而，目前由于地下工程地质条件的复杂性及受地质勘察手段所限，大多数情况下同

时获取所有影响岩体质量各因素的全部数据变得非常困难,岩体质量级别判别也就只能靠经验的、定性的方法。灰色系统理论是针对既无经验、数据又少的不确定性问题,即"少数据不确定性"问题提出的专用方法。它可以对某个岩体质量系统进行主次因素、发展趋势等方面的分析,基于不同灰类白化函数,将每种岩体作为聚类对象的实际样本统一到数字量(灰聚类权),根据此数字量将对象按灰类聚集,以判断每个聚类对象的类别归属,达到岩体质量分级的目的。

一、方法简介

灰色聚类是将聚类对象对于不同聚类指标所拥有的白化数,按几个灰类进行归纳,以判断该聚类对象属于哪一类。

1982 年,灰色系统理论由邓聚龙教授创立。由于在控制论中人们常用颜色的深浅来形容系统信息的多少,故一个系统中,描述系统因素、因素关系、系统结构、作用原理等方面信息的全部、完整与否可以用以下三种颜色来表示。信息缺乏、内部特征等完全未知用"黑"表示;信息完全充足、具有明显的发展变化规律、清晰的结构框架等用"白"表示;而灰色系统则被用来表示信息不充分、不完全的系统,其系统内部结构、特征等信息部分已知、部分未知。灰色系统理论认为系统的"本"是灰性,灰色系统理论的宗旨是承认灰性,研究灰性;"灰"的引申含义较多,"非唯一性"是其中之一。"非唯一性"原则在优化对策时常被人们使用,通过各种有效途径的探讨以获取最佳效果。

灰色系统理论自 1982 年《灰色系统的控制问题》于国外发表标志诞生之后,经过近 30 年的不断发展,已经形成了比较健全的结构体系。其主要内容包括 5 大体系,分别是理论体系、分析体系、方法体系、模型体系、技术体系。理论体系以灰色朦胧集为基础,包括灰色朦胧集、灰色代数系统、灰色矩阵;分析体系以灰色关联空间为依托;方法体系以灰色序列生成为基础,包括灰色序列生成、灰色统计、灰色聚类等;模型体系以灰色模型(GM)为核心,包括灰色方程、灰色模型;技术体系以系统分析、评估、建模、预测、决策、控制、优化为主体。其研究内容大致可分为如下几个方面。

(一)灰色系统分析

灰色系统分析本质上是对某个系统进行主次因素、发展趋势等的分析。灰色聚类分析,是基于不同灰类白化函数,将每个聚类对象的实际样本统一到数字量(灰聚类权),根据此数字量将对象按灰类聚集,以判断每个聚类对象类别归属的分析方法。灰色关联度分析则是衡量因素间关联程度的分析,其依据为样本因子与标准因子之间发展趋势的相似或相异程度,其中的自关联矩阵可以用来分析样本因子之间的相关程度。应用灰色模型还可进行经济技术分析、投资分析以及发展趋势与动态分析等。灰色系统分析包括所有这些分析,本书采用灰色系统分析中的灰色聚类分析。

(二)灰色系统模型的建立

根据灰色系统理论,以社会、生态、环境等系统的行为特征数据为基础,找出因素间或因素本身的数学关系称为灰色系统建模,其建立的模型称灰色模型。灰色序列是灰色建模的基础。灰色序列生成基本思路为:在已知数据序列基础上,运用数据处理方法,得到新序列,基于新序列的规律性去挖掘原数据序列的内在规律。灰色序列生成方法有累加生成和累减生成、均值生成、级比生成、插值生成等,其中累加生成是最常用的灰色序列生成方法。

(三)灰色系统预测

灰色理论认为,客观系统虽然表现复杂,数据离乱无规律,但总是潜藏着某种内在且有序的规律。而灰色理论在建模时常常采用累加处理方法,将这种规律挖掘出来,使之变成有序数列,后进行建模并进行预测的。目前,根据灰色预测的功用和特征,将其分为5类,即

(1)数列预测。指对某个灰色系统发展变化的程度与时间所做的预测。

(2)灾变预测。指对灰色系统异常值的预测,或者是对给定灰数发生时刻的预测,如根据大气污染物监测值,进行数据处理分析,预测大气污染。

(3)季节灾变预测。即指发生在某一年内某个特定时区的灾变预测,与灾变预测区别就在于此,其他时区内没有意义。

(4)拓扑预测。指整体预测,也称波形预测。它是用灰色模型 GM 对未来发展变化的整个波形进行预测,其关键在于选择合适的拓扑结构。

(5)系统预测。指对系统中多个变量一起进行预测,预测变量之间发展变化的相互关系及系统中占主导地位的变量作用。

(四)灰色决策

应对某一个事件的发生,选定一个合适的对策,以便取得最佳效果称为决策。若采用的是灰色理论去解决,那么这个决策就称为灰色决策。

(五)灰色控制

灰色控制指基于 GM 模型的预测控制。比如,由于某城市环境空气质量已发生严重污染,如何根据 GM 模型减少排污量,以达到减轻污染的目的,这就是灰色控制。灰色控制所采用的方法主要是五步建模法。第一步到第五步分别是语言模型、网络模型、量化模型、动态量化模型、优化模型。

二、灰色聚类法在岩体分级中的应用

对于岩体稳定性评价,把所要考虑的工程岩体作为灰色聚类的对象,用 i 表示($i=1,2,3,\cdots,n$);把表征岩体稳定性的主要因素作为聚类指标,用 j 表示($j=1,2,3,\cdots,m$),即为 RQD、R_c、K_v、K_f、W;把岩体稳定性划分为 5 级,即稳定、基本稳定、稳定性差、不稳定及极不稳定作为灰类,用 K 表示($K=1,2,3,4,5$)。

其计算步骤如下:

(1)由于参与评价的各因素的量纲不同,所以须进行白化数处理,以保证各指标间具有可比性和等效性。本书采用 0~100 的数值作为各指标的白化数,令

$$d_{ij} = \frac{x_{ij} - a_{1j}}{a_{(n+1)j} - a_{1j}} \times 100 \tag{5-14}$$

式中:a_{1j}、$a_{(n+1)j}$ 为第 j 种评价因素的上限值与下限值;x_{ij} 为第 i 段岩体第 j 种评价因素的实测值(或标准的区间界限值)。

(2)由稳定性等级标准的白化数区间,计算各单因素在各等级中的中值,即

$$\lambda_{kj} = \frac{1}{2}(a_{kj} + a_{(k+1)j}) \tag{5-15}$$

式中：λ_{kj} 为第 j 种因素第 k 等级的中心，可以看作各单因素在评价等级中的典型样品。

（3）确定白化权函数。

（4）求算定聚类权 η_{kj}。

$$\eta_{kj} = \lambda_{kj} / \sum_{i=1}^{n} \lambda_{ij} \tag{5-16}$$

（5）求聚类系数 σ_{ik}。根据白化权函数进行计算。

$$\sigma_{ik} = \sum_{i=1}^{n} f_{kj}(d_{ij}) \eta_{kj} \tag{5-17}$$

式中：$f_{kj}(d_{ij})$ 为实测值白化数在权函数中的函数值。

（6）聚类。求出每一聚类对象在灰类中的最大值作为该聚类对象所对应的类别。

岩体稳定性是岩体质量分级的主要依据，影响岩体稳定性的因素有：岩体的岩性、完整性、岩体强度、均质性以及地应力状态和地下水的影响等。根据各影响因素的强弱大小将岩体稳定性分为 5 种状态：Ⅰ稳定、Ⅱ基本稳定、Ⅲ稳定性差、Ⅳ不稳定、Ⅴ极不稳定，5 种不同的岩体稳定性对应 5 种不同的岩体质量分级。基于岩石质量指标 RQD、湿抗压强度 R_c、完整性系数 K_v、结构面强度系数 K_f、地下水渗水量 W 的各项指标值，以规范规程为判断标准可以对坝址区岩体质量进行分级。岩体稳定性单因素分类标准见表5-7。

表5-7　岩体稳定性单因素分类标准

评价因素		Ⅰ 稳定	Ⅱ 基本稳定	Ⅲ 稳定性差	Ⅳ 不稳定	Ⅴ 极不稳定
岩石质量指标 RQD（%）	原标准	100 ~ 90	90 ~ 75	73 ~ 50	50 ~ 25	23 ~ 0
	白化数	100 ~ 90	90 ~ 75	73 ~ 50	50 ~ 25	23 ~ 0
湿抗压强度 R_c（MPa）	原标准	200 ~ 120	120 ~ 60	60 ~ 30	30 ~ 15	13 ~ 0
	白化数	100 ~ 60	60 ~ 30	30 ~ 15	13 ~ 7.5	7.3 ~ 0
完整性系数 K_v	原标准	1.0 ~ 0.75	0.73 ~ 0.45	0.43 ~ 0.30	0.30 ~ 0.20	0.2 ~ 0
	白化数	100 ~ 75	73 ~ 45	43 ~ 30	30 ~ 20	20 ~ 0
结构面强度系数 K_f	原标准	1.0 ~ 0.8	0.8 ~ 0.6	0.5 ~ 0.4	0.3 ~ 0.2	0.2 ~ 0
	白化数	100 ~ 80	80 ~ 60	60 ~ 40	40 ~ 20	20 ~ 0
地下水渗水量 W（L·min/10 m）	原标准	0 ~ 5	3 ~ 10	10 ~ 25	23 ~ 125	123 ~ 300
	白化数	100 ~ 98.3	98.3 ~ 96.7	96.6 ~ 91.7	91.6 ~ 58.3	58.3 ~ 0

注：地下水渗水量为反序排列，所以用 300 减去各值后进行白化处理。

三、坝址区岩体分级

把前坪坝址区六岩组作为灰色聚类的对象，用 i 表示（$i = 1, 2, 3, \cdots, 6$）；把表征岩体稳定性的主要因素作为聚类指标，用 j 表示（$j = 1, 2, 3 \cdots$），即为 RQD、R_c、K_v、K_f、W；把岩体稳定性划分为5级,即稳定、基本稳定、稳定性差、不稳定及极不稳定作为灰类,用 K 表示 ($K=1,2,3,4,5$)。依据上述原理,结合坝址区试验数据,求出每一聚类对象在灰类中的最大值作为该聚类对象所对应的类别,结果如表5-8所示。

坝址区的岩层共有陈宅沟组(E_2)、马家河组(Pt_{2m})、大营组(N_d)和断层带,其中陈宅沟组(E_2)包含岩组①,马家河组(Pt_{2m})包含岩组②、③、④,大营组(N_d)包含岩组⑤,断层带包含岩组⑥。结合坝址区试验资料,得到岩石质量指标 RQD、湿抗压强度 R_c、完整性系数 K_v、结构面强度系数 K_f、地下水渗水量 W 等评价指标的具体数值。按照灰色聚类法的岩体分级法对坝址区各岩组进行分类,具体分类结果为岩组①为Ⅴ类,岩组②、③、④分别为Ⅲ级岩体、Ⅳ级岩体、Ⅲ级岩体,岩组⑤为Ⅳ级岩体,岩组⑥为Ⅴ级岩体,见表5-8。

表5-8 不同岩组岩体稳定性评价因素指标

岩组		陈宅沟组(E_2)	马家河组(Pt_{2m})			大营组(N_d)	断层带
		①	②	③	④	⑤	⑥
岩性		紫红色巨厚层砾岩、砂砾岩,底部为黏土岩、黏土质砂岩	紫灰色英安岩和紫红色、灰紫色安山玢岩	灰色、浅红色或杂色凝灰岩	辉绿岩,矿物成分以辉石和斜长石为主	深灰色辉石橄榄玄武岩	浅紫红色角砾岩和碎块岩为主
评价因素	$RQD(\%)$	11.89	13.62	13.73	55.4	9.1	11
	$R_c(MPa)$	37.0	63.7	32.63	21.1	37.6	16.8
	K_v	0.35	0.6	0.5	0.98	0.37	0.22
	K_f	0.35	0.5	0.4	0.6	0.8	0.2
	$W(L \cdot min/10\ m)$	10	15	10	20	5	15
岩体分级及描述		Ⅴ	Ⅲ	Ⅳ	Ⅲ	Ⅳ	Ⅴ

第四节 工程岩体分级的规程规范法

一、水利水电岩体分类

(一)方法简介

《水利水电工程地质勘察规范》(GB 50487—2008)地下工程岩体分类标准中,以控制岩体稳定的岩石强度、岩体完整度、结构面状态、地下水和主要结构面产状5项因素之和的总评分为基本依据,以围岩强度应力比作为限定判据,对岩体质量进行分类,具体评判依据见表5-9。

表5-9　水利水电工程岩体质量工程地质分类

围岩类别	围岩稳定性	围岩总评分 T	围岩强度应力比 S	支护类型
I	稳定。围岩可长期稳定,一般无不稳定体	$T>85$	>4	不支护或局部锚杆或局部喷薄层混凝土。大跨度时,喷混凝土、系统锚杆加钢筋网
II	基本稳定。围岩整体稳定,不会产生塑性变形,局部可能产生掉块	$85 \geqslant T>65$	>4	
III	局部稳定性差。围岩强度不足,局部会产生塑性变形,不支护可能产生塌方或变形破坏。完整的较软岩,可能暂时稳定	$65 \geqslant T>45$	>2	喷混凝土,系统锚杆加钢筋网。跨度为 20~25 m 时,浇筑混凝土衬砌
IV	不稳定。围岩自稳时间很短,规模较大的各种变形和破坏可能发生	$45 \geqslant T>25$	>2	喷混凝土、系统锚杆加钢筋网,并浇筑混凝土衬砌
V	极不稳定。围岩不能自稳,变形破坏严重	$T \leqslant 25$		

表5-9中围岩强度应力比 S 可根据下式求得:

$$S = \frac{R_c \times K_v}{\sigma_m} \tag{5-18}$$

式中:R_c 为岩石饱和单轴抗压强度,MPa;K_v 为岩体完整性系数;σ_m 为围岩的最大主应力,MPa。

表5-9中围岩工程地质分类中5项因素的评分应符合下列标准。

(1)岩石强度评分应符合表5-10的规定。

表5-10　岩石强度评分

岩质类型	硬质岩		软质岩	
	坚硬岩	中硬岩	较软岩	软岩
饱和单轴抗压强度 R_c(MPa)	$R_c>60$	$60 \geqslant R_c>30$	$30 \geqslant R_c>15$	$15 \geqslant R_c>5$
岩石强度评分 A	30~20	20~10	10~5	5~0

注:1.岩石饱和单轴抗压强度大于100 MPa时,岩石强度的评分为30。

2.当岩体完整程度与结构面状态评分之和小于5时,岩石强度评分大于20的按20评分。

(2)岩体完整程度评分应符合表5-11的规定。

表5-11　岩体完整程度评分

岩体完整程度		完整	较完整	完整性差	较破碎	破碎
岩体完整性系数 K_v		$K_v>0.75$	$0.75 \geqslant K_v>0.55$	$0.55 \geqslant K_v>0.35$	$0.35 \geqslant K_v>0.15$	$K_v \geqslant 0.15$
岩体完整性评分	硬质岩	40~30	30~22	22~14	14~6	<6
	软质岩	25~19	19~14	14~9	9~4	<4

注:1.当 $60 \geqslant R_c>30$ MPa,岩体完整程度与结构面状态评分之和>65时,按65评分;

2.当 $30 \geqslant R_c>15$ MPa,岩体完整程度与结构面状态评分之和>55时,按55评分;

3.当 $15 \geqslant R_c>5$ MPa,岩体完整程度与结构面状态评分之和>40时,按40评分;

4.当 $R_c \leqslant 5$ MPa,属特软岩,岩体完整程度与结构面状态不参加评分。

（3）结构面状态的评分应符合表 5-12 的规定。

表 5-12　结构面状态评分

结构面状态	张开度(mm)	闭合 W<0.5		微张 0.5≤W<5.0									张开 W≥5.0	
	充填物	—		无填充			岩屑			泥岩			岩屑	泥质
	起伏粗糙状况	起伏粗糙	平直光滑	起伏粗糙	起伏光滑或平直粗糙	平直光滑	起伏粗糙	起伏光滑或平直粗糙	平直光滑	起伏粗糙	起伏光滑或平直粗糙	平直光滑	—	—
结构面状态评分 C	硬质岩	7	1	4	21	5	1	17	2	5	12	9	2	6
	软质岩	7	1	4	21	5	1	17	2	5	12	9	2	6
	软岩	8	4	7	14	8	4	11	8	0	8	8	8	4

注:1. 结构面的延伸长度小于 3 m 时,硬质岩、较软岩的结构面状态评分另加 3 分,软岩加 2 分;结构面延伸长度大于 1 m 时,硬质岩、较软岩减 3 分,软岩减 2 分;

　　2. 当结构面张开度大于 10 mm、无充填时,结构面状态的评分为零。

（4）地下水状态的评分应符合表 5-13 的规定。

表 5-13　地下水评分

活动状态		干燥到渗水水滴	线状流水	涌水
水量 q(L/min·10 m 洞长)或压力水头 H(m)		$q≤25$ 或 $H≤10$	$25<q≤125$ $10<H≤100$	$q>125$ 或 $H>100$
基本因素评分 T'	$100≥T'>85$	地下水评分 D	0	$-2\sim0$	$-6\sim-2$
	$85≥T'>65$		$-2\sim0$	$-6\sim-2$	$-10\sim-6$
	$65≥T'>45$		$-6\sim-2$	$-10\sim-6$	$-14\sim-10$
	$45≥T'>25$		$-10\sim-6$	$-14\sim-10$	$-18\sim-14$
	$T'≤25$		$-14\sim-10$	$-18\sim-14$	$-20\sim-18$

注:基本因素评分 T' 是前述岩石强度评分 A、岩体完整性评分 B 和结构面状态评分 C 的和。

（5）主要结构面产状的评分应符合表 5-14 规定。

表 5-14　主要结构面产状评分

结构面走向与洞轴线夹角		90°~60°				60°~30°				<30°			
结构面夹角		>70°	70°~45°	45°~20°	≤20°	>70°	70°~45°	45°~20°	≤0°	>70°	70°~45°	45°~20°	≤20°
结构面产状评分 E	顶	0	-2	-5	-10	-2	-5	-10	-12	-5	-10	-12	-12
	墙	-2	-5	-2	0	-5	-10	-2	0	-10	-12	-5	0

注:按岩体完整程度分级为完整性差、较破碎和破碎的围岩不进行主要结构面产状评分的修正。

（二）坝址区岩体分级

依据上述评分方法,结合坝址区试验数据,将坝址区 6 个岩组的岩石强度、岩体完整度、结构面状态、地下水和主要结构面产状数据对应评分,得到总评分,最终得出该岩组的岩体质量级别,分级结果如表 5-15 所示。以岩组①为例,岩石饱和单轴抗压强度 R_c 为 37 MPa,评分为 10,岩体完整性系数 K_v 为 0.35,评分为 14,结构面状态评分为 11,地下水评分为 -10,主要结构面产状评分为 0,总评分为 25,最终确定岩体为 V 岩体质量。同理,岩组②、③、④、⑤、⑥分别为Ⅲ级岩体、Ⅳ级岩体、Ⅳ级岩体、Ⅳ级岩体和 V 级岩体。

表 5-15　坝址区分级结果

岩性分组	①		②		③		④		⑤		⑥	
R_c(MPa)	37	10	63.7	21	32.63	8	21.1	7	37.6	10	16.8	6
K_v	0.35	14	0.6	27	0.5	19	0.98	0	0.37	14	0.22	1
结构面状态	11		15		15		12		15		12	
地下水评分	-10		-2		-10		-6		-2		-6	
主要结构面产状	0		0		0		0		0		0	
总评分	25		61		32		43		37		23	
岩体级别	V		Ⅲ		Ⅳ		Ⅳ		Ⅳ		V	

二、铁路隧道岩体质量分级

(一)方法简介

《铁路隧道设计规范》(TB 10003—2016)中关于隧道岩体质量的分类标准规定,岩体质量基本分级应由岩石坚硬程度和岩体完整程度两个因素确定,岩石坚硬程度和岩体完整程度,应采用定性划分和定量指标两种方法综合确定。依据该规范及岩体质量的主要工程地质条件,可将岩体质量分级为 6 个级别,具体可按表 5-16 进行分级。

表 5-16　铁路隧道岩体质量分级

围岩级别	围岩主要工程地质条件		围岩开挖后的稳定状态(单线)	围岩弹性纵波速度 v_p(km/s)
	主要工程地质特征	结构特征和完整状态		
Ⅰ	极硬岩(单轴饱和抗压强度 $R_c>60$ MPa):受地质构造影响轻微,节理不发育,无软弱面(或夹层);层状岩层为巨厚层或厚层,层间接合良好,岩体完整	呈巨块状整体结构	围岩稳定,无坍塌,可能产生岩爆	>4.5
Ⅱ	硬质岩($R_c>30$ MPa):受地质构造影响较重,节理较发育,有少量软弱面(或夹层)和贯通微张节理,但其产状及组合关系不致产生滑动;层状岩层为中厚层或厚层,层间接合一般,很少有分离现象,或为硬质岩石,偶夹软质岩石	呈巨块或大块状结构	暴露时间长,可能会出现局部小坍塌;侧壁稳定,层间接合差的平缓岩层,顶板易塌落	3.5~4.5

续表5-16

围岩级别	围岩主要工程地质条件		围岩开挖后的稳定状态(单线)	围岩弹性纵波速度 v_p(km/s)
	主要工程地质特征	结构特征和完整状态		
Ⅲ	硬质岩($R_c>30$ MPa):受地质构造影响严重,节理发育,有层状软弱面(或夹层),但其产状及组合关系不致产生滑动;层状岩层为薄层或中厚层,层间接合差,多有分离现象,硬质、软质岩石互层	呈块(石)碎(石)状镶嵌结构	拱部无支护时可能产生小坍塌;侧壁基本稳定,爆破震动过大易塌	2.5~4.0
	较软岩($R_c=15~30$ MPa):受地质构造影响较重,节理较发育,层状岩层为薄层、中厚层、厚层,层间接合一般	呈大块状结构		
Ⅳ	硬质岩($R_c>30$ MPa):受地质构造影响极严重,节理很发育,层状软弱面(或夹层)已基本破坏	呈碎石状压碎结构	拱部无支护时可能产生较大坍塌;侧壁有时失去稳定	1.5~3.0
	软质岩($R_c≈5~30$ MPa):受地质构造影响严重,节理发育	呈块(石)碎(石)状镶嵌结构		
	土体: 1. 具压密或成岩作用的黏性土、粉土及砂类土; 2. 黄土(Q_1、Q_2); 3. 一般钙质、铁质胶结的碎石土、卵石土、大块石土	1和2呈大块状压密结构,3呈巨块状整体结构		
	土体:软塑状黏性土,饱和的粉土、砂类土等			
Ⅴ	岩体:软岩,岩体破碎至极碎;全部极软岩及全部极破碎岩(包括受构造影响严重的破碎带)	呈角砾碎石状松散结构	围岩易坍塌,处理不当会出现大坍塌,侧壁经常小坍塌;浅埋时易出现地表下沉(陷)或塌至地表	1.5~3.0
	土体:一般第四系坚硬、硬塑黏性土,稍密及以上、稍湿或潮湿的碎石土、卵石土、圆砾土、角砾土、粉土及黄土(Q_3、Q_4)	非黏性土呈松散结构,黏性土及黄土呈松软结构		
Ⅵ	岩体:受构造影响严重呈破碎、角砾及粉末、泥土状的断层带	黏性土呈易蠕动的松软结构,砂性土呈潮湿松散结构	围岩极易坍塌变形,有水时土砂常与水一起涌出;浅埋时易塌至地表	<1.0(饱和状态的土<1.5)
	土体:软塑状黏性土,饱和的粉土、砂类土等			

注:1. 表中"围岩级别"和"围岩主要工程地质条件"栏,不包括膨胀性围岩、多年冻土等特殊;

2. 关于隧道围岩分级的基本因素和围岩基本分级及其修正,可按《铁路隧道设计规划》(TB 10003—2016)附录A的方法确定。

其中,岩石坚硬程度可按表 5-17 划分。

表 5-17 岩石坚硬程度的划分

围岩类别		单轴饱和抗压强度 R_c(MPa)	定性鉴定	代表性岩石
硬质岩	极硬岩	$R_c > 60$	锤击声清脆,锤击有回弹,震手,难击碎,浸水后大多无吸水反应	未风化或微风化的花岗岩、片麻岩、闪长岩、石英岩、硅质灰岩、硅质胶结的砂岩或砾岩等
	硬岩	$30 < R_c \leqslant 60$	锤击声较清脆,锤击有轻微的回弹,稍震手,较难击碎,浸水后有轻微的吸水反应	弱风化的极硬岩;未风化或微风化的溶结凝灰岩、大理岩、板岩、白云岩、灰岩、钙质胶结的砂岩、结晶颗粒较粗的岩浆岩等
软质岩	较软岩	$15 < R_c \leqslant 30$	锤击声不清脆,锤击无回弹,较易击碎,吸水明显,浸水后指甲可划出痕迹	强风化的极硬岩;弱风化的硬岩;未风化或微风化的千枚岩、云母片岩、砂质泥岩、钙泥质胶结的粉砂岩和砾岩、泥灰岩、页岩、凝灰岩等
	软岩	$5 < R_c \leqslant 15$	锤击声哑,锤击无回弹,有凹痕,易击碎,浸水后手可掰开	强风化的极硬岩;弱风化—强风化的硬岩;弱风化的较软岩和未风化或微风化的泥质岩类;泥岩、煤、泥质胶结的砂岩和砾岩等
	极软岩	$R_c \leqslant 5$	锤击声哑,锤击无回弹,有较深的凹痕,手可掰开,浸水后可捏成团或捻碎	全风化的各类岩石和成岩作用差的岩石

岩体完整程度可按表 5-18 划分,岩体质量基本分级可按表 5-19 确定。

表 5-18 岩体完整程度的划分

完整程度	结构面特征	结构类型	岩体完整性指数 K_v
完整	结构面有 1～2 组,以构造型节理或层面为主,呈密闭型	巨块状整体结构	$K_v > 0.75$
较完整	结构面有 2～3 组,以构造型节理、层面为主,裂隙多为密闭型,部分微张开,少有填充物	块状结构	$0.75 \geqslant K_v > 0.55$
较破碎	结构面一般为 3 组,不规则,以节理及风化裂隙为主,在断层附近受构造影响较大,裂隙以微张型和张开型为主,多有填充物	层状结构,块、碎石结构	$0.55 \geqslant K_v > 0.35$
破碎	结构面多于 3 组,多以风化型裂隙为主,在断层附近受构造作用影响大,裂隙以张开型为主,多有填充物	碎石角砾状结构	$0.35 \geqslant K_v > 0.15$
极破碎	结构面杂乱无序,在断层附近受构造作用影响较大,宽张裂隙全为泥质或泥夹岩屑充填,充填物厚度大	散体状结构	$K_v \leqslant 0.15$

表5-19 岩体质量基本分级

级别	岩体特征	土体特征	围岩弹性纵波速度 v_p (km/s)
I	极硬岩,岩体完整		>4.5
II	极硬岩,岩体较完整; 硬岩,岩体完整		3.5~4.5
III	极硬岩,岩体较破碎; 硬岩或软硬岩互层,岩体较完整; 较软岩,岩体完整		2.5~4.0
IV	极硬岩,岩体破碎; 硬岩,岩体较破碎或破碎; 较软岩或软硬岩互层,且以软岩为主,岩体较完整或较破碎; 软岩,岩体完整或较完整	具压密或成岩作用的黏性土、粉土及砂类土,一般钙质、铁质胶结的粗角砾土、粗圆砾土、碎石土、卵石土、大块石土、黄土(Q_1、Q_2)	1.5~3.0
V	软岩,岩体破碎至极破碎; 全部极软岩及全部极破碎岩(包括受构造影响严重的破碎带)	一般第四系坚硬、硬塑黏性土,稍密及以上、稍湿、潮湿的碎石土、卵石土、粗圆砾土、细圆砾土、粗角砾土、细角砾土、粉土及黄土(Q_3、Q_4)	1.0~2.0
VI	受构造影响很严重呈碎石、角砾及粉末、泥土状的断层带	软塑状黏性土,饱和的粉土、砂类土等	<1.0(饱和状态的土<1.5)

以上各表中的标准或等级的划分或确定可参照表5-20~表5-27。

表5-20 层状岩层的层厚划分

名称	巨厚层	厚层	中厚层	薄层
层厚 h(m)	$h>1.0$	$1.0 \geq h > 0.5$	$0.5 \geq h > 0.1$	$h \leq 0.1$

表5-21 结构面发育程度分级

名称	结构面发育程度		
	结构面组数及平均间距	主要结构面的类型	岩体结构类型
不发育	1~2组,平均间距超过1.0 m	规则,为构造型,密闭	巨块状结构
较发育	2~3组,平均间距超过0.4 m	呈X形,较规则,以构造型为主,多数密闭,部分微张,少有填充	大块状结构
发育	3组以上,平均间距不超过0.4 m	不规则,呈X形或米字形,以构造型或风化型为主,大部分张开,部分有填充物	碎石状结构
极发育	3组以上,杂乱,平均间距不超过0.2 m	以构造型或风化型为主,均有填充物	碎石状结构

表 5-22　岩体受地质构造影响的分级

受地质构造影响程度	地质构造作用特征
轻微	地质构造变动小,结构面不发育
较重	地质构造变动大,位于断裂(层)或褶曲轴的邻近地段,可有小断层,结构面发育
严重	地质构造变动强烈,位于褶曲部或断裂影响带内,软岩多见扭曲及拖拉现象,结构面发育
极严重	位于断裂破碎带内,岩体破碎呈块石、碎石、角砾状,有的甚至呈粉末泥土状,结构面极发育

表 5-23　结构面接合程度的划分

名称	结构面特征
接合好	张开度小于 1 mm,无填充物; 张开度在 1~3 mm,为硅质或铁质胶结; 张开度大于 3 mm,结构面粗糙,为硅质胶结
接合一般	张开度在 1~3 mm,为钙质或泥质胶结; 张开度大于 3 mm,结构面粗糙,为铁质或钙质胶结
接合差	张开度在 1~3 mm,结构面平直,为泥质或钙质和泥质胶结; 张开度大于 3 mm,多为泥质和岩屑充填
接合很差	泥质充填或泥加岩屑充填,充填物的厚度大于结构面的起伏差

表 5-24　岩体按节理宽度分级

名称	节理宽度 b(mm)
密闭节理	$b<1$
微张节理	$1 \leqslant b < 3$
张开节理	$3 \leqslant b < 5$
宽张节理	$b \geqslant 5$

表 5-25　岩体完整性指数与定性划分的岩体完整程度的对应关系

J_v(条/m³)	<3	3~10	10~20	20~35	>35
K_v	>0.75	0.75~0.55	0.55~0.35	0.35~0.15	<0.15
完整程度	完整	较完整	较破碎	破碎	极破碎

表5-26　岩体结构与块度尺寸的关系

岩体结构类型	块度尺寸(以结构面平均间距表示,m)	
	国标锚喷岩体分级	铁路隧道岩体分级
整块状	>0.8	>1.0
块状	0.4~0.8	0.4~1.0(大块状)
层状	0.2~0.4	0.2~0.4
碎裂状	0.2~0.4	(块石碎石状)
散体状	<0.2	<0.2(碎石状)

表5-27　岩石风化程度分带

风化程度分带	野外鉴定特征				风化程度参数指标		
	岩石矿物颜色	结构	破碎程度	坚硬程度	风化系数 K_f	波速比 K_p	纵波速度 v_p(m/s)
未风化	岩石、矿物及其胶结物颜色新鲜,保持原有颜色	保持岩体原有结构	除构造裂隙外,肉眼见不到其他裂隙,整体性好	除泥质岩可用大锤击碎外,其余岩类不易击开,放炮才能掘进	$K_f>0.9$	$K_p>0.9$	硬质岩 $v_p>5000$ 软质岩 $v_p>4000$
微风化	岩石、矿物颜色较暗淡,节理面附近有部分矿物变色	岩体结构未破坏,仅沿节理面有风化现象或有水锈	有少量风化裂隙,裂隙间距多数大于0.4 m,整体性仍较好	要用大锤和楔子才能剖开,泥质岩用大锤可以击碎,放炮才能掘进	硬质岩 $0.8<K_f≤0.9$ 软质岩 $0.8<K_f≤0.9$	硬质岩 $0.8<K_p≤0.9$ 软质岩 $0.8<K_p≤0.9$	硬质岩 $4000<v_p≤5000$ 软质岩 $3000<v_p≤4000$
弱风化	岩石、矿物失去光泽,颜色暗淡,部分易风化矿物已经变色,黑云母失去弹性	岩体结构已部分破坏,裂隙可能出现风化夹层,一般呈块状或球状结构	风化裂隙发育,裂隙间距多数为0.2~0.4 m,整体性差	可用大锤击碎,用手锤不易击碎,大部分需放炮掘进,岩芯钻方可钻进	硬质岩 $0.4<K_f≤0.8$ 软质岩 $0.3<K_f≤0.8$	硬质岩 $0.6<K_p≤0.8$ 软质岩 $0.5<K_p≤0.8$	硬质岩 $2000<v_p≤4000$ 软质岩 $1500<v_p≤3000$
强风化	岩石及大部分矿物变色,形成次生矿物	岩体结构已大部分破坏,形成碎块状或球状结构	风化裂隙很发育,岩体破碎,风化物呈碎石状或碎石含砂状,裂隙间距小于0.2 m,完整性很差	用手锤可击碎,用镐可以掘进,用锹则很困难,干钻方可钻进	硬质岩 $K_f≤0.4$ 软质岩 $K_f≤0.3$	硬质岩 $0.4<K_p≤0.6$ 软质岩 $0.3<K_p≤0.5$	硬质岩 $1000<v_p≤2000$ 软质岩 $700<v_p≤1500$
全风化	岩石、矿物已完全变色,大部分发生变异,除石英外大部分风化成土状	岩体结构已完全破坏,仅外观保持原岩特征,矿物晶体失去连接,石英松散呈粒状	风化破碎呈碎屑状、土状或砂状	用手可捏碎,用锹就可掘进,干钻轻易钻进	—	硬质岩 $K_p≤0.4$ 软质岩 $K_p≤0.3$	硬质岩 $500<v_p≤1000$ 软质岩 $300<v_p≤700$

注:1. K_f是同一岩体中风化岩石的单轴饱和抗压强度与未风化岩石的单轴饱和抗压强度的比值;

　　2. K_p是同一岩体中风化岩体的纵波速与未风化岩体的纵波速的比值。

(二)坝址区岩体分级

依据《铁路隧道设计规范》(TB 10003—2016)中关于隧道岩体的分类标准规定,结合坝址区岩石坚硬程度、岩体完整程度以及岩体的风化程度等因素,采用定性划分和定量指标两种方法对照规范的规定,综合确定了坝址区岩组所对应的岩体质量级别,结果如表5-28所示。以岩组①为例,岩块单轴抗压强度 R_c 为 37 MPa,岩体完整性系数 K_v 为 0.35,风化分带为强—全风化,最终确定岩体为 V 级岩体。同理,岩组②、③、④、⑤、⑥分别为Ⅲ级岩体、Ⅳ级岩体、Ⅳ级岩体、Ⅳ级岩体和Ⅳ级岩体。

表5-28　坝址区分级结果

岩性分组	①	②	③	④	⑤	⑥
R_c(MPa)	37	63.7	32.63	21.1	37.6	16.8
K_v	0.35	0.6	0.5	0.98	0.37	0.22
风化分带	强—全风化	弱风化	弱风化	弱风化	弱风化	强—全风化
岩体级别	V	Ⅲ	Ⅳ	Ⅳ	Ⅳ	Ⅳ

三、国标 BQ 分类(2014)

(一)方法简介

1994 年颁布的国标《工程岩体分级标准》(GB 50218—1994),2014 年进行了修订,2015 年 5 月 1 日实施。它是在总结国内外各种岩石分级经验的基础上,采用分两步进行的工程岩体分级方法:首先按岩石坚硬程度和岩体完整程度这两个因素决定的工程岩体性质定义为"岩体基本质量";然后针对各类型工程岩体的特点,分别考虑其他因素,并对已经给出的岩体基本质量进行修正;最后确定工程岩体的级别。在《工程岩体分级标准》(GB 50218—2014)中,分级因素的选择紧紧围绕岩体稳定性分级这一主题,采用定性和定量相结合、经验判断和测试计算相结合的方法进行。

岩石坚硬程度和岩石完整程度采用定性和定量两种方法确定,岩石坚硬程度的定量指标采用岩石单轴抗压强度 R_c 的实测值。当无条件取得实测值时,也可采用实测的岩石点荷载强度指数 $[I_{s(50)}]$ 的换算值,并按下式换算:

$$R_c = 22.82 I_{s(50)}^{0.75} \qquad (5-19)$$

岩石饱和单轴抗压强度 R_c 与定性划分的岩石坚硬程度之间的对应关系可按表5-29确定。岩体完整程度的定量指标采用岩体完整性系数 K_v 的实测值。当无条件取得实测值时,也可采用岩体体积节理数(J_v),按表5-30确定对应的 K_v 值。岩石完整性指数 K_v 与定性划分的对应关系可按表5-31确定。

表5-29　R_c 与定性划分的岩石坚硬程度之间的对应关系

R_c(MPa)	>60	60～30	30～15	15～5	<5
坚硬程度	坚硬岩	较坚硬岩	较软岩	软岩	极软岩

表 5-30 J_v 与 K_v 对照

J_v(条/m^2)	< 3	3 ~ 10	10 ~ 20	20 ~ 35	> 35
K_v	> 0.75	0.75 ~ 0.55	0.55 ~ 0.35	0.35 ~ 0.15	< 0.15

表 5-31 K_v 与定性划分的岩体完整程度之间的对应关系

完整程度	完整	较完整	较破碎	破碎	极破碎
K_v	> 0.75	0.75 ~ 0.55	0.55 ~ 0.35	0.35 ~ 0.15	< 0.15

在岩体基本质量的基础上,结合不同类型的工程特点,考虑地下水状态、初始应力状态、工程轴线或走向线的方位与主要软弱结构面产状的组合关系等进行必要修正,最后对工程岩体质量进行定级。《工程岩体分级标准》(GB 50218—2014)中,对地下水状态修正系数 K_1 有如表 5-32 所示的规定。当岩体包含规模较大、贯通性较好、对岩体结构起控制性作用的软弱结构面时,规定了产状影响修正系数 K_2 的取值参见表 5-33。对初始应力状态影响修正系数 K_3 有如表 5-34 所示的规定。

表 5-32 地下水影响修正系数 K_1

出水状态	> 450	450 ~ 351	350 ~ 251	< 250
潮湿或点滴状出水	0	0.1	0.2 ~ 0.3	0.4 ~ 0.6
淋雨状或涌流状出水,水压 < 0.1 MPa 单位出水量 < 10 L/(min·m)	0.1	0.2 ~ 0.3	0.4 ~ 0.6	0.7 ~ 0.9
淋雨状或涌流状出水,水压 > 0.1 MPa,单位出水量 > 10 L/(min·m)	0.2	0.4 ~ 0.6	0.7 ~ 0.9	1.0

表 5-33 产状影响修正系数 K_2

结构面产状及其与洞轴线的组合关系	结构面走向与洞轴线夹角 < 30°;结构面倾角 30° ~ 75°	结构面走向与洞轴线夹角 > 60°;结构面倾角 > 75°	其他组合
K_2	0.4 ~ 0.6	0 ~ 0.2	0.2 ~ 0.4

表 5-34 初始应力状态影响修正系数 K_3

初始应力状态	> 550	550 ~ 451	450 ~ 351	350 ~ 251	≤ 250
极高应力区	1.0	1.0	1.0 ~ 1.5	1.0 ~ 1.5	1.0
高应力区	0.5	0.5	0.5	0.5 ~ 1.0	0.5 ~ 1.0

工程岩体质量分级标准见表5-35。

表5-35　工程岩体质量分级标准

基本质量级别	岩体基本质量的定性特征	岩体基本质量(BQ)
I	坚硬岩，岩体完整	>550
II	坚硬岩，岩体较完整； 较坚硬岩，岩体完整	550~451
III	坚硬岩，岩体较破碎； 较坚硬岩或软硬岩互层，岩体较完整； 较软岩，岩体完整	450~351
IV	坚硬岩，岩体破碎较坚硬岩，岩体较破碎—破碎；较软岩或软硬互层，且以软岩为主，岩体较完整—破碎	350~251
V	较软岩，岩体破碎； 软岩，岩体较破碎—破碎； 全部极软岩及全部极破碎岩	≤250

在对上述各因素分别进行评价后，利用如下的公式：

$$BQ = (100 + 3R_c + 250K_v) - 100(K_1 + K_2 + K_3) \tag{5-20}$$

对工程岩体进行详细定级。

（二）坝址区岩体分级

依据国标《工程岩体分级标准》（GB 50218—2014），岩石坚硬程度和岩石完整程度采用定性和定量两种方法确定。岩石坚硬程度的定量指标采用岩块单轴抗压强度R_c的实测值，将坝址区岩体的岩块饱和单轴抗压强度、完整性系数等按照规范要求进行评分，根据该岩体所处环境确定修正系数K_1、K_2和K_3，依据式（5-20），得出BQ值，确定该岩体级别，分级结果如表5-36所示。以岩组①为例，岩块单轴抗压强度R_c为37 MPa，岩体完整性系数K_v为0.35，岩体所处环境确定修正系数K_1、K_2和K_3分别为0.4、0、0，BQ值为248.5，最终确定岩体为V级岩体。同理，岩组②、③、④、⑤、⑥分别为III级岩体、IV级岩体、IV级岩体、IV级岩体、IV级岩体和V级岩体。

表5-36　坝址区工程岩体分级

岩性分组	①	②	③	④	⑤	⑥
R_c(MPa)	37	63.7	32.63	21.1	37.6	16.8
K_v	0.35	0.6	0.5	0.98	0.37	0.22
K_1	0.4	0.1	0.2	0.1	0.1	0.2
K_2	0	0	0	0	0	0
K_3	0	0	0	0	0	0
BQ值	248.5	423.1	292.89	268.3	285.3	175.4
岩体级别	V	III	IV	IV	IV	V

第五节　工程岩体分级的统计分析法

一、岩体 *RMR* 分类

(一)方法简介

比尼奥斯基(Bieniwaski)的地质力学分类方法是采用多因素评分,求其代数和(*RMR* 值)来评价岩体质量。主要采用了 5 个分类因素:岩石单轴抗压强度、岩石质量指标 *RQD*、裂面间距、裂面特征及地下水状态,其具体的评分标准如表 5-37 所列。根据评分结果与表 5-38 进行工程岩体分级。需要说明的是:

表 5-37　岩体质量评判标准

	参数		评分标准						
1	岩石强度(MPa)	点荷载	>8	4～8	2～4	1～2	—		
		单轴抗压强度	>200	100～200	50～100	25～50	10～25	3～10	<3
	评分		15	12	7	4	2	1	0
2	岩石质量指标 *RQD*(%)		90～100	75～90	50～75	25～50	<25		
	评分		20	17	13	8	3		
3	裂面间距(cm)		>200	60～200	20～60	6～20	<6		
	评分		20	15	10	8	5		
4	裂面特征	粗糙度	很粗糙	微粗糙	微粗糙	光滑	—		
		张开度	未张开	<1 mm	<1 mm	1～5 mm	>5 mm		
		连续性	不连续	弱连续	弱连续	连续	连续		
		岩石风化程度	未风化	微风化	弱风化下段	弱风化上段	强风化		
		胶结度	好	较好	中等	差	极差		
	评分		25	20	12	6	0		
5	地下水		干燥	湿润	潮湿	渗水—滴水	涌水		
	评分		15	10	7	4	0		

(1)根据已有单轴抗压强度试验数据,以及点荷载强度、回弹值等资料,结合地下厂房区不同的岩性和风化状况,对各个洞室中的岩石均进行取值。

(2)*RQD* 的取值一般以施工阶段现场实测统计数据为准,在某一段岩体中,如有 *n* 个 *RQD* 值,则其值为:

$$RQD = \sum_{i=1}^{n} (RQD_i)/n \tag{5-21}$$

(3)裂隙间距以野外实测及室内分析相结合,综合得出其取值范围。

（4）裂面特征。裂面粗糙度以整段的平均特征来定义,局部情况不予考虑。张开度主要考虑卸荷状况和平硐实测的情况;裂面胶结度主要结合充填物的性状考虑;结构面的连续性,对错动带和挤压带,其延伸长度是主要的,而对基体裂隙则主要考虑其连通率。裂面风化程度主要根据野外的划分确定。

（5）地下水状态按干燥、湿润、潮湿、渗水—滴水、涌水等级别划分,并给予相应的权值和得分。

表 5-38　RMR 工程岩体分级评分标准

RMR 总评分	100 ~ 81	80 ~ 61	60 ~ 41	40 ~ 21	< 20
岩体级别	I	II	III	IV	V
评价	优	良	中	差	劣

（二）坝址区岩体分级

依据 RMR 工程岩体分级法,基于 5 个分类因素:岩石单轴抗压强度、岩石质量指标 RQD、裂面间距、裂面特征及地下水状态,将前坪水库坝址区岩体的分类指标量化,给出各因素评分,并将评分结果相加得到 RMR 值,查看 RMR 值所在范围,确定坝址区岩组所对应的岩体质量级别,结果如表 5-39 所示。坝址区的岩组共分为①、②、③、④、⑤、⑥组,在参考国内相关规程规范的基础上,结合室内试验确定的坝址区试验数据、岩体的物理力学性质参数取值应符合的规定,给出了各岩组、各项指标的具体数值。以岩组①为例,岩块单轴抗压强度为 37 MPa,得分为 4;岩石质量指标 RQD 为 11.89% ,得分为 3;结构面间距为 0.06 m,得分为 5;结构面性状为强风化,以泥质胶结为主,分离度 <1 mm,得分为 16;地下水条件得分 2;RMR 评分 20;基于各指标得分,最终确定岩组①的岩体分级为 V 级。同理,岩组②、③、④、⑤、⑥对应的岩体级别分别为 III 级岩体、IV 级岩体、III 级岩体、IV 级岩体和 V 级岩体。

二、岩体质量指标 Q 系统分类

（一）方法简介

Barton 的 Q 系统分类考虑的因素与 Bieniwaski 的 RMR 分类方法考虑因素比较接近,但它采用的得分计算方法是乘积法,即对 6 个因素进行如下的计算:

$$Q = \left(\frac{RQD}{J_n}\right)\left(\frac{J_r}{J_a}\right)\left(\frac{J_w}{SRF}\right) \tag{5-22}$$

式中:RQD 为岩石质量指标;J_n 为节理组数系数;J_r 为节理粗糙度系数 J_a 为节理蚀变度（变异）系数;J_w 为节理水折减系数;SRF 为应力折减系数。其中 RQD 与 J_n 的比值可粗略表示岩石的块度,J_r 与 J_a 的比表示嵌合岩块的抗剪强度,J_w/SRF 的比值反映岩石的主动应力。根据本区的情况,其具体的取值如下:

（1）RQD 取值。与前面所述方法相同。

（2）J_n 取值。据野外实测与室内分析确定,具体取值如表 5-40 所列。

表 5-39　坝址区工程岩体分组

岩组	陈宅沟组(E_2) ① 特征	① 得分	马家河组(Pt_{2m}) ② 特征	② 得分	③ 特征	③ 得分	④ 特征	④ 得分	大营组(Nd) ⑤ 特征	⑤ 得分	断层带 ⑥ 特征	⑥ 得分
岩组	紫红色巨厚层砾岩,砂砾岩,底部为黏土岩,黏土质砂岩		紫灰色英安岩和紫红色、灰紫色安山玢岩		灰色,浅红色或杂色凝灰岩		辉绿岩,矿物成分以辉石和斜长石为主		深灰色辉石橄榄玄武岩		浅紫红色角砾岩和碎块状岩为主	
岩块强度　点荷载强度												
岩块强度　单轴抗压强度(MPa)	37	4	63.7	7	32.63	4	21.1	2	37.6	4	16.8	2
RQD(%)	11.89	3	13.62	3	13.73	3	55.4	9	9.1	3	11	3
结构面间距(m)	0.06	5	1.4	15	0.2	8	0.32	10	0.2	8	0.05	5
结构面性状	强风化,泥质胶结为主,分离度<1mm	6	岩体呈弱风化,节理裂隙发育,连通性差,多为半充填,充填宽度0.5~1.5 mm,裂隙延伸长度一般为1~3m,局部达5 m以上,弱透水性,弱胶结为主,次为钙质胶结,软化系数0.78	12	较光滑,有泥质充填	15	弱风化,裂隙发育,多呈碎裂结构,完整性较差,充填物为泥质和铁锰质薄膜	15	隐晶质结构,块状构造,具气孔和杏仁构造,完整性一般	15	见碎棱岩,断层泥,角砾岩多为泥质胶结,部分为铁硅质胶结,呈全风化—强风化,其余部分为泥,砂充填	6
地下水条件	渗水	2	潮湿	7	很湿	6	潮湿	7	潮湿	7	渗水—滴水	4
RMR评分	20		44		36		43		37		20	
岩体分级及描述	V很差		III一般		IV差		III一般		IV差		V很差	

表 5-40　J_n 取值

节理组数	J_n 值
a. 裂隙较少且发散,或只有少量隐裂隙	0.5 ~ 1
b. 1 组或 1 组加零散裂隙	2 ~ 3
c. 2 组或 2 组加零散裂隙	4 ~ 6
d. 3 组或 3 组加零散裂隙	9 ~ 12
e. 4 组或 4 组以上加零散裂隙	12 ~ 15

(3)J_r 取值。节理粗糙度系数取值标准如表 5-41 所列。

表 5-41　J_r 的取值情况

节理粗糙度系数	J_r 值
a. 不连续分布的裂面	4
b. 波状粗糙或不规则	3 ~ 4
c. 波状光滑	2 ~ 3
d. 平直粗糙	1.5 ~ 2
e. 平直光滑	1 ~ 1.5
f. 镜面	0.5

(4)J_a 取值。节理蚀变度系数取值标准如表 5-42 所列。

表 5-42　J_a 的取值

节理蚀变程度	J_a 值
a. 裂面闭合,充填物为石英或绿帘石等坚硬,不软化、不透水矿物	0.75 ~ 1
b. 裂面仅有微蚀变痕迹	1 ~ 2
c. 裂面微蚀变,不含软化矿物薄膜、岩砾及无黏土岩屑等	2 ~ 3
d. 裂面壁有岩屑及未软化的黏土矿物等	3 ~ 4
e. 裂面有软化或低抗剪强度的泥膜(如高岭土,石英等)	4

(5)J_w 取值。本区节理水折减系数 J_w 值根据不同情况,一般可取 0.8 ~ 1.0。

(6)SRF 取值。应力折减系数 SRF 结合本区的情况,确定其具体取值如表 5-43 所列。

表 5-43　应力折减系数的取值

应力折减因素			SRF
应力高低情况	σ_c/σ_1	σ_t/σ_1	
a. 靠近地表,低应力	>200	>13	2.5
b. 中应力	200 ~ 10	13 ~ 0.66	1 ~ 2
c. 高应力	10 ~ 5	0.66 ~ 0.33	0.5 ~ 2
d. 中等岩爆	5 ~ 2.5	0.33 ~ 0.16	5 ~ 10

(二)坝址区岩体分级

采用 Barton 的 Q 系统分类,将坝址区岩体的 RQD 值、J_n(节理组数系数)、J_r(节理粗糙度系数)、J_a[节理蚀变度(变异)系数]、J_w(节理水折减系数)和 SRF(应力折减系数)数据进行收集和整理,采用乘积法的计算得分,即 Q 值,由 Q 值确定其对应的岩体级别。依据上述原理,结合坝址区试验数据,坝址区 6 个岩组分级如表 5-44 所示。坝址区的岩组共分为①、②、③、④、⑤、⑥组,在参考国内相关规程规范的基础上,结合室内试验确定的坝址区试验数据、岩体的物理力学性质参数取值应符合的规定,给出了各岩组、各项指标的具体数值。以岩组①为例,岩石质量指标 RQD 为 11.89%,J_n(节理组数系数)为 8、J_r(节理粗糙度系数)为 2、J_a[节理蚀变度(变异)系数]为 1、J_w(节理水折减系数)为 1 和 SRF(应力折减系数)为 2.5,基于各指标数值得到 Q 值为 0.09,最终确定岩组①的岩体为 V 级岩体。同理,岩组②、③、④、⑤、⑥分别为Ⅲ级岩体、Ⅳ级岩体、Ⅳ级岩体、Ⅳ级岩体和 V 级岩体。

表 5-44　坝址区工程岩体分级

岩性分组	①	②	③	④	⑤	⑥
RQD(%)	11.89	13.62	13.73	55.4	9.1	11
J_n	8	2	3.7	5	2	12
J_r	2	2.7	2.1	1.1	1	0.5
J_a	1	2	3.3	5	5	2
J_w	1	1	1	1	1	1
SRF	2.5	2.5	2.5	2.5	2.5	2.5
Q 值	0.09	3.95	0.94	0.98	0.36	0.09
岩体级别	V	Ⅲ	Ⅳ	Ⅳ	Ⅳ	V

第六节　坝址区工程岩体综合分级

坝址区砾岩夹黏土岩(E_2),以泥质弱胶结为主,成岩程度较差;马家河组(Pt_{2m})安山玢岩,岩块强度较大,岩体呈弱风化,岩体裂隙发育,岩体裂隙频率 8~9 条/m^2,裂隙以微张为主,延伸不远,为半—全充填,充填物为钙质、泥质及铁锰质薄膜,完整性一般;凝灰岩裂隙微张,内侧较光滑,有泥质充填;弱风化辉绿岩,受构造影响,岩体多呈碎裂结构,完整性较差,抗冲刷能力差,存在抗冲刷稳定问题;新近系大营组(N_d)辉石橄榄玄武岩,深灰色,隐晶质结构,块状构造,具气孔和杏仁构造,底部有厚 1~2 m 的棕红色黏土岩或泥灰岩,地表呈弱—强风化状,岩块强度大,岩体完整性一般;断层带内物质组成以角砾岩和碎块岩为主,浅紫红色,见糜棱岩、断层泥,角砾岩多泥质胶结,部分为铁硅质胶结,呈全风化—强风化,角砾岩含量在 50% 左右,其余部分为泥、砂充填。擦痕面上有黑色铁、锰质薄膜,透水率差异较大。

综合以上各种方法,坝址区各岩组分级结果汇总如表 5-45 所示。需要说明的是:①采用不同方法对同一岩组进行分级时,取其质量较低的为最后岩体分级;②不同方法对于同一岩体分区结果不一致的原因主要是所考虑的因素不同;③以上岩体分级为弱风化工程岩体分级,若岩体风化程度较强,则相应的岩体级别应下降一个等级。

表 5-45　各方法岩体分级结果汇总

岩性分组与分级方法	①	②	③	④	⑤	⑥
水利水电	V	III	IV	IV	IV	V
隧道围岩	V	III	IV	IV	IV	IV
BQ	V	III	IV	IV	IV	IV
RMR	V	III	IV	III	IV	IV
Q	V	III	IV	IV	IV	V
神经网络	V	III	IV	III	IV	V
模糊评判	IV	III	III	III	IV	IV
灰色聚类	V	III	IV	III	IV	V
最终判定	V	III	IV	IV	IV	V

由表 5-45 可知,模糊评判法对于第①岩组和第③岩组的岩体级别判定较其他方法偏高,是因为模糊评判法考虑了岩块的性质和结构面特征,未考虑地下水对于岩体分级的影响,导致分级结果有误差;规程规范法中对于结构面产状和完整性的确定一般采用定性分析,经验判断和描述的不准确性导致结果有一定误差;断层带的各区域性质差异较大,而各岩体分级方法的级别判定标准不一致,为安全起见,将其级别判定为各方法判定结果中较低的级别。通过对比分析可得,非线性分析的分级结果基本准确。

综上所述,岩体质量最好的为在坝址区广泛分布的马家河组(Pt_{2m})安山玢岩,虽裂隙发育,但多为碎裂结构,岩体质量一般,可达到 III 级;最差的为砾岩和断层带,为 V 级岩体;其余岩体质量较差,为 IV 类岩体。

第六章　节理岩体力学参数折减分析

　　节理岩体是由结构面分割的并赋存于一定的地质环境中岩块的集合体,为各种结构面所切割,在地表的岩层中广泛分布。裂隙岩体结构面的存在,使得裂隙岩体材料各向异性、力学性质各向异性,而在内部的地质作用及外部的风化作用下,裂隙岩体中结构面延伸扩展,成为岩体失稳破坏的主要原因。故结构面是影响岩体强度的重要因素,要充分考虑结构面各方面的状况对裂隙岩体强度的影响。

　　结构面是岩体中原生、次生不连续面的总称,包括岩层层理、断裂面,节理面等不连续面。岩体结构面的存在是工程岩体及岩石边坡失稳的主要地质原因之一,岩体结构面的抗剪强度及其物理力学指标是设计人员关心的主要地质问题之一,经常影响到设计方案、工程投资和施工工期。由于被结构面切割,裂隙岩体存在明显的不连续性,所以进行裂隙岩体力学参数分析时,有必要先进行结构面各参数的分析研究。但是,结构面的成因及形态的复杂多样,致使岩体抗剪强度的确定十分困难。

第一节　结构面抗剪强度研究现状

　　国内外的学者研究结构面的力学性质主要通过室内外岩体力学试验(包括野外直剪试验、室内剪切试验及岩石的三轴试验),结合工程地质勘测资料综合分析得到。近年来,许多学者将结构面简化为理想模型,进行了室内模拟试验研究,并采用数学和力学的方法进行计算分析,得到了结构面抗剪强度的经验公式。

一、平直、无充填结构面的抗剪强度

　　Coulomb(1773 年)通过研究两块光滑平面之间的摩擦行为,提出了第一个抗剪强度准则:

$$\tau = c_j + \sigma\tan\varphi_j \tag{6-1}$$

式中:c_j 为结构面黏聚力;φ_j 为结构面摩擦角;σ 为法向正应力;τ 为抗剪强度。

二、不规则、无充填结构面的抗剪强度

　　Patton(1966 年)用石膏模拟锯齿形结构面的爬坡效应,提出了双曲线形抗剪强度公式:

$$\left.\begin{array}{l} \tau = \sigma_n\tan(\varphi_b + i) \\ \tau = c_p + \sigma_n\tan\varphi_b \end{array}\right\} \tag{6-2}$$

式中:c_p 为结构面岩壁的黏聚力;φ_b 为硬质结构面的摩擦角;σ_n 为法向正应力;i 为剪胀角;τ 为抗剪强度。

　　但是,在应用该公式进行结构面抗剪强度估算时,须先确定结构面凸起的平均爬坡角

或剪胀角 i。然而实际工作中,结构面的粗糙角在其滑动前无法准确测量。于是,1976年,Schneider等开始探索人工材料模拟结构面的表面形态,通过直剪试验研究,确定了理论公式,但是其材料系数 K_i 的取值及确定方法没有明确。

三、充填结构面的抗剪强度

(一)充填物性质对抗剪强度的影响

孙广忠(1988年)通过对已有资料分析汇总,得到不同充填物对结构面抗剪强度的影响规律,见表6-1。

表6-1　夹层物质成分对结构面抗剪强度影响(孙广忠)

软弱夹层物质成分	摩擦系数	黏聚力(MPa)
泥化夹层和夹泥层	0.15~0.25	0.005~0.02
破碎夹泥层	0.3~0.4	0.02~0.04
破碎夹层	0.5~0.6	0~0.1
含铁锰质角砾破碎夹层	0.65~0.85	0.03~0.15

郭志(1982年)通过试验得到的夹层物质成分对抗剪强度的影响,见图6-1。

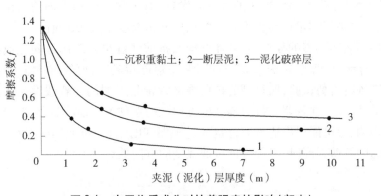

图6-1　夹层物质成分对抗剪强度的影响(郭志)

这两者的研究结果表明:随着夹层物质粒径的增大,结构面的抗剪强度增加。

(二)夹泥层厚度对抗剪强度的影响

国内外许多学者先后对夹泥厚度影响抗剪强度的规律性进行了细致的研究。R. E. Goodman(1966年)在人造锯齿结构面之间放入不同厚度的碎云母充填物进行抗剪切试验,试验结果见图6-2。孙广忠(1988年)汇总分析了软弱夹层厚度与结构面抗剪强度之间关系的试验资料,总结其关系见图6-3。

通过分析上述研究结果可知,当裂隙的充填度小于1.0时,结构面的起伏情况和充填物本身的抗剪强度对结构面的抗剪强度起控制作用;当裂隙的充填度大于1.0时,主要由充填物的抗剪强度对结构面的抗剪强度起控制作用;当裂隙的充填度大于 2.0 时,结构面的抗剪强度接近于充填物的抗剪强度并趋于稳定。

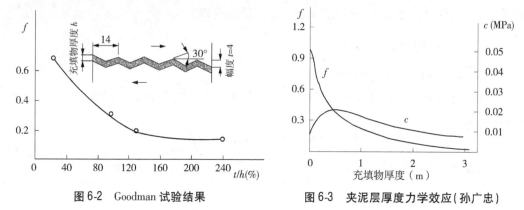

图 6-2　Goodman 试验结果　　　　图 6-3　夹泥层厚度力学效应(孙广忠)

但是,目前充填厚度对抗剪强度的影响研究基本是基于规则起伏角,对于具有不规则起伏角结构面的抗剪强度研究较少。

四、结构面抗剪强度的各向异性分析

陆文等通过特制混凝土试块对岩石结构面进行了模拟,通过不同方向的加载试验,证明了不同粗糙度系数的岩石其节理面的抗剪强度具有较为明显的方向性。杜时贵等通过大量野外实际岩体结构面表面形态的调查后发现,对于同一结构面即使采用相同的采样长度,沿不同方向进行测量也会得到不同的结构面粗糙度系数 JRC 值。

由于结构面表面形态的复杂性,致使结构面抗剪强度也表现出方向性或称为各向异性。如图 6-4 所示,某情况下,从不同方向量测虽然能得到相同的 JRC 值,但是此时若从左右两侧分别进行直剪试验,所得到的抗剪强度肯定是不同的。若假设此结构面刚好位于某边坡的滑动面上,在忽略其抗剪强度的方向性的条件下,仅仅采用经验公式进行结构面抗剪强度预测,很可能得出边坡不稳定或过于保守的结论,进而影响最终判别。因此,在计算结构面的抗剪强度时,必须考虑抗剪强度的方向性。

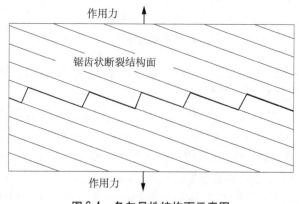

图 6-4　各向异性结构面示意图

第二节 节理岩体各向异性研究

由于岩体中结构面的普遍存在,致使岩体表现出明显的各向异性特征,而岩体的破坏力学行为往往受到岩体的各向异性特性的控制,因此国内外学者一直非常关注对岩体的各向异性研究这一热点问题。

Jaeger(1960年)在假定完整岩石和结构面的抗剪强度特征均满足 Mohr-Coulomb 直线型强度准则的基础上,提出了单节理岩体的抗剪强度公式。同时认为结构面的外法线与最大主应力的夹角决定了单节理岩体试件的破坏形式。因此,岩体的抗剪强度也必然位于结构面的抗剪强度和完整岩石的抗剪强度之间。

在简化的理想模型基础上,含一组结构面岩体的抗剪强度多可最终归结到 Jaeger 的单弱面理论。Masure 对含一组结构面的页岩进行了室内试验,试验结果见图 6-5,试验结果证明了含一组结构面岩体具有明显的各向异性特征。

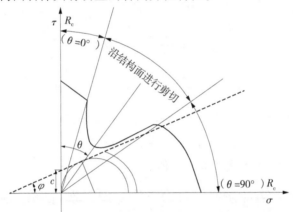

图 6-5 含一组结构面页岩抗剪强度试验结果

对含有两组以上结构面的岩体抗剪强度,目前工程界大多运用单弱面理论对各组结构面的破坏形式依次进行分析研究,最终决定节理岩体沿哪组结构面破坏。Hork 与 Brown 建议当岩体中含有多组节理面时,可根据单个节理面力学效应叠加后取低值的方法来确定岩体的强度。但是,当岩体中具有两组或多组相交节理时,受节理之间的相互影响,岩体破坏模式一般不服从简单各组结构面的叠加效应。

一、单节理岩体各向异性特征

单节理岩体中,一般假设岩体中有一个与最大主应力平面的外法线呈 β 角的节理,此时其极限应力状态可采用摩尔应力圆表示,见图 6-6。根据结构面的强度线与极限应力圆的几何关系,推导出用最大和最小主应力 σ_1、σ_3 表示的结构面强度公式:

$$\frac{\dfrac{\sigma_1 - \sigma_3}{2}}{\sin\varphi_j} = \frac{\dfrac{\sigma_1 + \sigma_3}{2} + \dfrac{c_j}{\tan\varphi_j}}{\sin(2\beta - \varphi_j)} \tag{6-3}$$

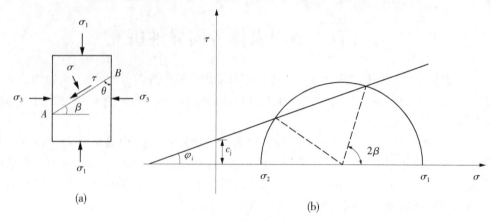

图 6-6　节理面力学分析

同时,根据极限摩尔圆岩体受力分析,可得到结构面受到的法向应力和切向应力,分别为:

$$\tau_\beta = \frac{\sigma_1 - \sigma_3}{2}\sin2\beta \tag{6-4}$$

$$\sigma_\beta = \frac{\sigma_1 + \sigma_3}{2} + \frac{\sigma_1 - \sigma_3}{2}\cos2\beta \tag{6-5}$$

若假定结构面的破坏满足直线型 Mohr-Coulomb 准则,则有:

$$\tau_\beta = c_j + \sigma_\beta \tan\varphi_j \tag{6-6}$$

将式(6-4)、式(6-5)代入式(6-6),则有:

$$\frac{\sigma_1 - \sigma_3}{2}\sin2\beta = c_j + \left(\frac{\sigma_1 + \sigma_3}{2} + \frac{\sigma_1 - \sigma_3}{2}\cos2\beta\right)\tan\varphi_j \tag{6-7}$$

经整理后可得:

$$\sigma_1 - \sigma_3 = \frac{2\sigma_3\tan\varphi_j + 2c_j}{(1 - \tan\varphi_j\cot\beta)\sin2\beta} \tag{6-8}$$

由式(6-8)可知,岩体强度随结构面倾角 β 的变化而变化。当 $\beta \to 90°$ 或 $\beta \to \varphi$ 时,岩体结构面强度趋于无穷大,岩体将发生穿切结构面的岩块破坏。只有当 $\beta_1 \leqslant \beta \leqslant \beta_2$ 时,岩体将沿结构面破坏。

此时,令 $\sigma_3 = 0$,即可得到岩体的抗剪强度:

$$\sigma_1 = \frac{2c_j}{(1 - \tan\varphi_j\cot\beta)\sin2\beta} \tag{6-9}$$

二、多节理岩体各向异性特征

多组结构面岩体力学参数的研究目前较少,刘勇等进行了多条节理岩体强度的各向异性特征模拟研究,分别建立了含 2 ~ 10 条结构面的数值计算模型。模拟时,其结构面的分布采取角度平分的方法,360°按照结构面的组数平分出结构面的倾角。根据其研究结果,随结构面条数的增加,岩体抗压强度的各向异性特征减弱。当结构面条数大于 4 条时,岩体的抗压强度基本不再降低,说明结构面条数的再增加对岩体抗压强度影响不大,此时岩体可等效为散体结构。

第三节　岩体力学参数分布特征

在传统的岩体稳定性分析中,地下水分布状态、岩体结构参数、地震效应等都看作确定值,采用的是定值分析法,计算出的安全系数亦为确定值。但是自然界中的实际岩土体是非均质的、非连续的、各向异性的地质体,岩体力学参数受结构面控制,岩体结构参数是"测不准"的。所以整个边坡的状态就具有随机性、不确定性,它是在一定范围内变化的随机变量的函数。

可靠性分析一个关键性的问题是参数随机场的处理,由于岩土体是非均质的、不连续的、各向异性的地质体,岩土参数的选取就非常困难,原有的确定性方法把岩土体的抗剪强度参数看作是确定值,存在很大的局限性。而可靠性方法把抗剪强度指标看作是一个函数分布,可以说是很大的进步,但岩土体是非均质的、非连续的、各向异性的地质体,仅仅把它假设为某种分布还是不科学的,不严谨的。对于这些非均质的、不连续的现象,采用数学上参数统计的方法,可以从理论上给出一个比较合理的解释。

采用大量的室内和室外岩土体试验数据,选取 2 000 ~ 2 850 组数据进行统计分析,得出岩土抗剪强度分布规律。

一、参数统计研究的主要方法

参数统计常用的方法是直方图。直方图适用于总体样本未知,用样本对总体分布进行非参数推断。主要实现途径是:设 $X_1, X_2, \cdots, X_n$ 是总体 X 的一个样本,又设总体具有概率密度 f。将实轴划分为若干小区间,记下诸观察值 X_i 落在每个小区间中的个数,根据大数定律中频率近似概率的原理,从这些个数来推断总体在每一小区间上的密度。具体做法如下:

(1)找出 $X_{(1)} = \min\limits_{1 \leqslant i \leqslant n} X_i, X_{(n)} = \max\limits_{1 \leqslant i \leqslant n} X_i$,取 a 略小于 $X_{(1)}$,b 略大于 $X_{(n)}$。

(2)将 $[a,b]$ 分成 m 个小区间,$m < n$,小区间长度可以不等,设分点为:

$$a = t_0 < t_1 < \cdots < t_m = b$$

在分小区间时,注意每个小区间中都要有若干观察值,而且观察值不要落在分点上。

(3)记 n_j = 落在小区间 $(t_{j-1}, t_j]$ 中观察值的个数(频数),计算频率 $f_j = \dfrac{n_j}{n}$,列表分别记下各小区间的频数、频率。

(4)在直角坐标系的横轴上,标出 $t_0, t_1, \cdots, t_m$ 各点,分别以 $(t_{j-1}, t_j]$ 为底边,做高为 $\dfrac{f_j}{\Delta t_j}$ 的矩形,$\Delta t_j = t_j - t_{j-1}$,$j = 1, 2, \cdots, m$,即得直方图。

二、非参数检验

得到参数的分布类型后,只能直观地反应参数的分布形态,并没有真正的理论依据,还需进行假设检验来验证所得出的结论。常用的参数检验方法有:Anderson-Darling 检验、χ^2 检验、Kolmogorov-Smirnov 检验。

(一)Anderson-Darling 检验

优度拟合的 Anderson-Darling 检验用于寻找分布末端的不连续性。对于许多可替代分布,它比 Kolmogorov-Smirno 检验更强大。Anderson-Darling 检验定义为:

$$A_n^2 = n \int_{-\infty}^{+\infty} \left[F_n(x) - \hat{F}(x) \right]^2 \psi(x) \hat{f}(x) \mathrm{d}x \tag{6-10}$$

式中:n 为数据点的总数;$\hat{f}(x)$ 为假设的密度函数;$\hat{F}(x)$ 为假设的累积分布函数。

$$\psi^2 = \frac{1}{\hat{F}(x) \left[1 - \hat{F}(x) \right]}$$

$$F_n(x) = \frac{N_x}{n}$$

(二)χ^2 检验

优度拟合的 χ^2 检验是验证抽样数据怎样拟合假设概率密度函数的一种方法。χ^2 检验定义为:

$$\chi^2 = \sum_{i=1}^{k} \frac{(N_i - E_i)^2}{E_i} \tag{6-11}$$

式中:k 为频数;N_i 为第 i 频的抽样值观察数;E_i 为第 i 频抽样的期望数。

χ^2 检验的一个弱点是对于选取的数目和频的位置没有明确的说明。在一些情况下,能从同样的数据得到不同的结论,主要根据指定的频数而定。

(三)Kolmogorov-Smirnov 检验

优度拟合的 Kolmogorov-Smirnov 检验(简称 K—S 检验)原理是通过一个试验性的分布函数与假设函数的分布相比较。这个检验并不需要成群的数据。

对于有多种分布的检验比 χ^2 检验更实用,其定义为:

$$D_n = \sup \left[F_n(x) - \hat{F}(x) \right] \tag{6-12}$$

式中:n 为数据点的总数;$\hat{F}(x)$ 为拟合的累积分布函数;$F_n(x) = \frac{N_x}{n}$;$N_x = X'_i s$ 的数目,小于 x。

K—S 检验不需要频数,这比 χ^2 分布更自由。其缺点是 K—S 检验不能分辨末端的不连续。

三、参数分布规律研究

2 000 组数据中黏聚力的统计分布见图 6-7。统计结果表明,黏聚力服从 $N(31.786,18.578)$ 的正态分布。参数的范围主要集中在 $0 \sim 100$ kPa,在均值 31.786 附近值最多,而距均值越远,参数出现的次数越少。参数在 $1.2 \sim 62.3$ 的概率为 90.0%。

从偏差分布图 6-8 分析,黏聚力的偏差主要发生在 0 ~ 100 kPa,在 0 ~ 40,值偏差最大,为均值的 1%;在 40 ~ 100,均值的偏差最大略大于 1%。

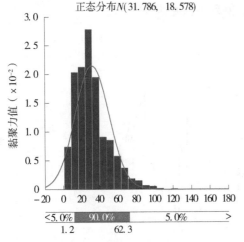

图 6-7　2 000 组数据黏聚力的统计分布

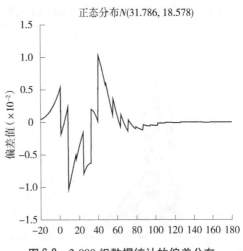

图 6-8　2 000 组数据统计的偏差分布

P—P 曲线(概率—概率):绘出输入数据分布相对结果分布。如果图形接近线性,P—P 曲线对于抽样数据拟合是有效的。根据图 6-9 分析,该图形为两条近似的直线,表明拟合效果较好。

Q—Q 图像(见图 6-10):描绘的是输入值的百分点对于结果值的百分点。如果拟合效果好,图形将接近线性。Q—Q 图像在中间部位为分段近似直线,表明在 0 ~ 100 kPa,其分段抽样如 0 ~ 20 kPa、20 ~ 40 kPa 是有效的。

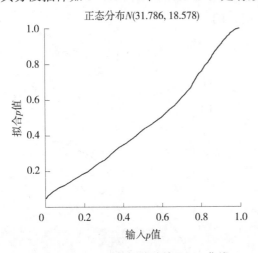

图 6-9　2 000 组数据统计的 P—P 曲线

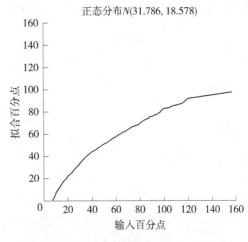

图 6-10　2 000 组数据统计的 Q—Q 图像

2 800 组统计结果见图 6-11。统计结果表明,黏聚力服从 $N(32.332,18.887)$ 的正态分布。参数的范围主要集中在 0 ~ 100 kPa,在均值 32.332 kPa 附近值最多,而距均值越远,参数出现的次数越少。参数在 1.3 ~ 63.4 kPa 的概率为 90.0% 。

从偏差分布图 6-12 分析,黏聚力的偏差主要发生在 0 ~ 100 kPa,在 0 ~ 40 kPa,值偏差最大,为均值的 1% ;在 40 ~ 100 kPa,均值的偏差最大略大于 1% 。

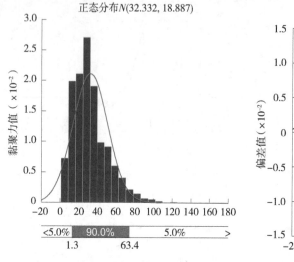

图 6-11　2 800 组数据黏聚力统计分布

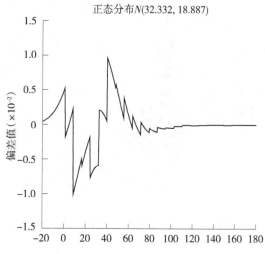

图 6-12　2 800 组数据统计的偏差分布

P—P 曲线(概率—概率):绘出输入数据分布图(见图 6-13)。该图形接近两段直线,表明抽样数据拟合有效。

Q—Q 图像(见图 6-14):描绘的是输入值的百分点对于结果值的百分点。如果拟合效果好,图形将接近线性。Q—Q 图像在中间部位为分段近似直线,表明在 0 ~ 100 kPa 范围内,其分段抽样如 0 ~ 20 kPa、20 ~ 40 kPa 是有效的。

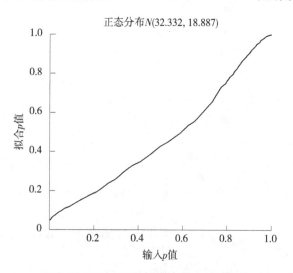

图 6-13　2 800 组数据统计的 P—P 曲线

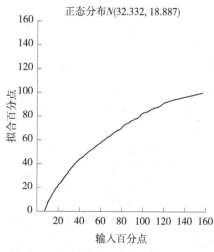

图 6-14　2 800 组数据统计的 Q—Q 图像

从 2 000 组数据的统计结果和 2 800 组数据的统计结果分析,拟合图像越来越来接近正态分布,均值由 31. 786 kPa 变为 32. 332 kPa,均值变化不大,增加值仅为 0. 546 kPa,而标准差变化更小,仅由 18. 578 kPa 变为 18. 887 kPa,仅增加了 0. 309 kPa。从 $P—P$ 曲线和 $Q—Q$ 图像看,其图形越来越接近线性,说明拟合效果越来越理想。据此分析,随着数据的增加,黏聚力用正态分布来拟合效果会更好,所以在以后的计算中把黏聚力视为正态分布。

四、内摩擦角分布规律研究

2 000 组数据统计的结果见图 6-15。统计结果表明,内摩擦角服从 N(17. 830, 11. 615)的正态分布。参数的范围主要集中在 0° ~ 50°,在均值 17. 830° 附近参数值出现频率最大,而距均值越远,参数出现的次数越少。参数在 0° ~ 36. 9° 的概率为 90. 0%。

从偏差分布图 6-16 分析,黏聚力的偏差主要发生在 0° ~ 100°,在 0° ~ 25°,值偏差最大,为均值的 1%;在 25° ~ 50°,均值的偏差最大,略大于 1%。

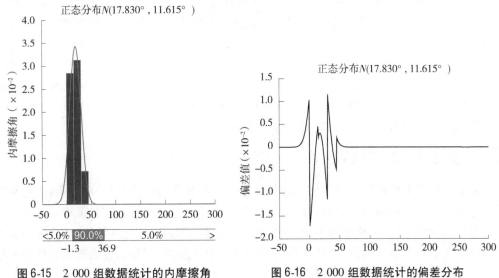

图 6-15 2 000 组数据统计的内摩擦角 　　　图 6-16 2 000 组数据统计的偏差分布
　　　　的统计分布

$P—P$ 曲线(概率—概率):绘出输入数据分布结果(见图 6-17)。结果表明,利用该数据的得到摩擦角在 0° ~ 25° 抽样是合理的。

从图 6-18 看,图形明显分为两个部分,从 0° ~ 25°,图形分段表现为线性,说明在该区间,内摩擦角呈正态分布,偏差较大。在 50° 之后,从图形看,内摩擦角明显呈正态分布,而实际土的内摩擦角一般都小于 50°,50° 之后一段的实际意义不大。把内摩擦角看作正态分布,也有一定的合理性,但其偏差较大,对结果会造成一定的影响。

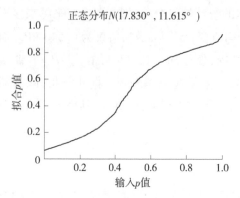

图 6-17　2 000 组数据统计的 *P—P* 曲线

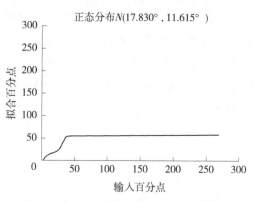

图 6-18　2 000 组数据统计的 *Q—Q* 图像

第四节　节理岩体力学参数弱化

节理岩体力学参数弱化主要是由于岩体中节理等结构面的存在,特别是碎裂结构岩体中存在大量非贯通裂隙。因此,在研究碎裂结构岩体力学参数时,考虑裂隙等对岩体的损伤就不可避免。损伤的概念最早由 Kachanov(1958 年)提出,后经 Lemaitre(1981 年)等学者努力,建立了损伤力学这一新的分支。近年来,损伤力学开始应用到裂隙岩体力学的研究中。其基本思想是:将非贯通裂隙视为岩体的损伤,于是只需分别研究和描述完整岩石的力学特性和非贯通裂隙(损伤)的几何特征、物理特征及其力学响应,即可应用损伤力学的观点、理论和方法获得非贯通裂隙岩体的力学特征。

一、岩体力学参数取值方法

大中型水利工程必须对其岩体力学特性进行现场和室内试验,以获取合理的、可靠的用于建筑物变形问题和稳定性评价的力学参数。工程建设涉及的岩体是工程区地质体的组成部分,它存在于一定地质环境中,其形成和发展经受过地质历史期各种内、外动力地质作用的改造和影响。因此,岩体条件和力学性质十分复杂,其复杂性表现在岩体的不连续性、非均质性、各向异性及赋存环境的差异性。而这些特性又随着时间和空间条件的变化而变化,并以不同方式组成各种模式,构成岩体工程的特殊性和复杂性。由于岩体是地质历史的产物,它的力学特性在空间上随机变异较大,尽管有时试验资料很多,但如何选取有代表性的力学参数用于工程设计一直是参数选取中的一项难题。

如果所选参数代表性不强,如取试验数据的小值平均值,偏于安全(如用于大坝稳定性验算的 c、f 值),工程投资增加,施工期加长;反之,如取试验数据的大值平均值,工程投资下降,施工期缩短,但工程安全风险性增大,一旦发生事故,将是灾难性的。

某大型水电站大坝设计计算的沉降量是大坝建成后观测值的 34 倍,而一些大坝不同部位监测位移与理论计算位移也不一致,有的部位监测值比计算值大,而有的部位监测值却比计算值小。从现代计算方法或计算理论看,大坝的尺寸、荷载和计算模型等都是可以确定的,而且可以获得较为可信、精度较高的计算成果,理论计算位移与实际变形之所以差异较大,其根本的原因之一就是岩体变形参数取值不准或不合理造成的。

据有关资料显示,国际上大坝失事近50%是由岩基力学参数选取不合理造成的。在地下洞室和边坡方面因岩体力学参数选取不当、支护措施不利引发的灾难事故也屡见不鲜。

随着大型水利工程的兴建,如何合理地确定岩体力学参数显得尤为重要,将直接影响到工程的投资和安全可靠性。在岩土工程中经常需要进行稳定性分析、应力场和位移场计算及结构变形预测,而在分析和计算中迫切需要解决的问题是合理并切合实际地选取工程所涉及的岩体力学参数(弹性模量、泊松比)及强度参数(黏聚力和内摩擦角)等。

(一)岩土体力学参数取值研究现状

地质工程和岩土工程师从多年的工程实践中,提出多种岩体力学参数取值方法,研究的总趋势是由经验、半经验、精度较差的分析方法向计算复杂、精度较高数值分析方法发展。

日本强调岩体工程质量分级对选取抗剪强度指标的重要性,把试验成果严格建立在岩体质量分级的基础上,并对各类岩体首先确定摩擦系数 f,求出相应的黏聚力的上、下限值,然后根据经验确定抗剪强度参数值。

Barton 等(1977年)通过试验研究提出了估算岩体结构面抗剪强度的 JRC-JCS 模型经验公式:

$$\tau = \sigma \tan \left[JRC \lg \left(\frac{JCS}{\sigma} \right) + \varphi_b \right] \tag{6-13}$$

式中:τ 为结构面峰值抗剪强度;σ 为法向应力;JRC 为结构面粗糙度系数;JCS 为结构面岩壁的强度;φ_b 为结构面的基本摩擦角。

Barton 提出的 JRC – JCS 模型引入了 JRC 和 JCS 两个参数,在确定结构面抗剪强度及其参数的应用中,值得加以深入的研究及推广应用。JRC – JCS 模型的优点在于 JRC – JCS 模型是在大量岩体结构面的直剪试验基础上提出的,其三个指标的物理意义明确,符合结构面的表面状态的力学特性,确定的方法相对比较简单、快捷,适用于结构面的抗剪强度预估。由于考虑了结构面的尺寸效应,其不仅适用于室内结构面试样的抗剪强度估算,也适用于野外大尺度结构面的抗剪强度估算,因此特别适用于工程实践的应用。

在实际应用 JRC – JCS 模型时,需特别注意:JRC – JCS 模型只适用于无充填或少充填的硬性结构面;在估算结构面峰值抗剪强度时,最适合的应力范围为:$0.01 < \sigma/JCS < 0.3$;JRC – JCS 模型最大的摩擦角(包括基本摩擦角和剪胀角)不应大于70°。

Hoek 等(1997年)通过大量的岩石三轴试验和现场岩体强度试验,在综合考虑了岩体结构、岩块强度和应力状态等诸多影响因素的基础上,提出了适合岩体的 Hoek-Brown 非线性破坏准则。该破坏准则适用于低应力区和拉应力区各向同性的均质岩基,包括完整岩基、含4组或4组以上结构面的破碎岩基、强度较低的软弱岩基。该破坏准则的表达式为:

$$\sigma_1 = \sigma_3 + \sqrt{m \sigma_c \sigma_3 + S \sigma_c^2} \tag{6-14}$$

式中:σ_1、σ_3 为最大与最小有效主应力;σ_c 为完整岩石单轴抗压强度;m、S 为与岩体的完整性相关的常数。

若给定 σ_3，则式(6-14)以 σ_1 为纵轴，以 σ_3 为横轴的切线方程如图 6-19 所示。

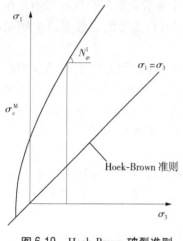

**图 6-19　Hoek-Brown 破裂准则
包络线及其切线**

依据大量岩体抛物线型包络线，得出岩体破坏的经验判据后，分不同情况根据应力大小选取抗剪强度参数值。

$$\varphi = 2\tan^{-1}\sqrt{N_\varphi^1} - 90°$$
$$c = \sigma_c^M / (2\sqrt{N_\varphi^1}) \qquad (6\text{-}15)$$

式中：N_φ^1 为斜率；σ_c^M 为在 σ_1 纵轴上的截距，代表岩体的单轴抗压强度。

依据式(6-15)可以计算出任意给定应力水平下的与 Hoek-Brown 非线性破坏准则相对应的岩体的等量摩擦角 φ 和等量黏聚力 c，也称为瞬时内摩擦角和瞬时黏聚力。

李华晔等(1997 年)分析了 600 多组岩体抗剪强度试验成果，用最小二乘法建立了优选 c、φ 值的计算公式和随机模糊分析法；黄志全等(1999 年)研究了岩体力学参数随机模糊概率分布形式，提出置信阈值的概念和置信度分析模型，并应用于水利工程实践；成都勘测设计院改进了优定斜率法，并在二滩、溪洛渡等工程中用于 c、f 值的选取。

国内外岩体力学参数的各种取值方法各有特点，且在工程实践中均普遍采用，但具体对某些大型水电工程而言，必要的经验判断是需要的，以使取值过程中尽可能排除人为因素影响，使所得结果尽量反映现场客观实际。由于工程规模大，勘探试验工作量多且深入，因此选用何种取值方法使所得参数既准确又合理、既能反映野外地质特点又能将所有野外试验成果尽可能利用，是一件具有理论和实际意义的研究课题。

（二）工程类比方法

中小型水利水电工程地质勘察，由于建设规模小，工程等级低，且受多种条件的限制，根据勘察规范要求，不能像大型工程那样能使用各种勘探手段和测试方法详细地进行各项工作，只能以适当的工作量完成地质勘察和岩体力学试验任务，最后进行工程地质评价和结论。因此，中小型水利工程多采用工程类比法选取岩体力学参数。工程类比法包括经验估算法和工程地质类比法等。

经验估算法是利用已推导的经验公式对岩体力学参数进行计算取值，随着工程实践的不断运用，该法得到不断的完善。其显著优点是在估算过程中可以充分考虑地质和工程环境，而且费用低、速度快、简便易行，适合进行统计分析，较好地解决了试样的代表性问题。

Hoek(2007 年)根据 Bieniawski 提供的数据，建立了完整岩体的变形模量 E 与岩体分级指标 RMR 的关系式：

$$E = 2RMR - 100 \qquad (6\text{-}16)$$

也有学者建议采用下面关系式，预测裂隙岩体的变形模量：

$$E = \frac{RMR - 10}{4} \tag{6-17}$$

利用岩体分级指标 RMR 预测岩体变形模量,对于在开挖过程中发生扰动的岩体如边坡和岩基较为合理。对开挖中变形受到限制的岩体,如洞室,所得变形模量值偏低。

工程地质类比法是根据研究大量已建工程的实践经验、统计数据和观测成果,结合具体工程地质条件,在分析、判断的基础上为工程设计提供岩体力学参数。同时,在施工过程中,根据工程实际进展情况和出现的问题,特别是根据现场观测结果,对设计参数进行必要的调整和修改。在应用工程地质类比法时,一般应考虑以下因素。

岩性须基本相同或类同。岩体的岩性是复杂的,同一种岩体其性质有时相差甚远,尤其是碎屑沉积岩。如砂岩,因其成分、胶结物、胶结程度、胶结的形式、颗粒粗细、内部构造等的不同,使物理力学特性不一;又如软弱夹层的成分对岩体力学特性有较大影响。

岩体的边界条件应相似。边界条件亦是影响岩体质量的一个主要因素,如岩体的完整程度、结构面(主要是裂隙)的分布状况、张开程度、裂面粗糙度或充填物质、有无地下水活动、在地形上是否存在临空面、人工斜坡的高度等,各种边界条件应该相似或相近,才能进行类比。

建筑物类型应一致。不同的建筑物有不同的功能、不同的条件和状况,只能进行同类型建筑物才能进行类比。

(三) 依据试验成果确定方法

根据现场或室内试验资料来确定岩体力学参数,可根据以下原则进行。

1. 分析试验资料的代表性和内在规律

试验成果的可靠程度受试验方法、试验设备、环境因素(如含水量、温度、荷载大小和加载速率、试件尺寸)等多种因素影响。根据试验成果,借助数理统计,可消除一些偶然误差,如用 Grubbs 准则剔除异常值。在工程实践中,将岩体物理力学参数用散点图舍去离散度较大的点也是一种很好的办法。但由于试验成果主要受岩体力学性质控制,故分析整理资料前应对各种地质因素进行分析和归类,其步骤如下:

(1)将试验成果按工程地质单元分类,如按岩体风化程度的分类,岩体质量 RMR 分级等,以此为依据编制单项试验成果和多项试验成果汇总表,用数学计算方法进行研究和计算,以得到有代表性的参数。

(2)研究各项试验成果内在规律和相关关系,如溪洛渡电站坝址区岩体变形模量和声波速度之间有如下关系式:

$$E_0 = 0.05 + 0.183V_p^{4.392} \tag{6-18}$$

(3)在试验资料整理时要重视资料的合理性,要了解试验点的试件条件,成果的取舍要注意到试验点的地质结构。在选取试验指标时更要注意到相关指标的对应。如采用莫尔库仑准则选取抗剪参数,应注意摩擦系数、黏聚力是两个独立的值,它们随风化程度、含水量状态不同而敏感性不一样。一般来说,摩擦系数值较稳定,黏聚力值变化较大。

2. 确定岩体分类与岩体力学参数之间的相关关系

岩体往往是岩块和结构面的组合体,即使对夹层也往往是不连续的,对这种组合岩体抗剪强度参数计算有如下几种方法。

（1）面积加权平均法。计算公式为：

$$f = \frac{\sum f_i A_i}{\sum A_i} \tag{6-19}$$

$$c = \frac{\sum c_i A_i}{\sum A_i} \tag{6-20}$$

式中：f、c 为岩体综合摩擦系数和黏聚力；f_i、c_i 为单元 i 的摩擦系数和黏聚力；A_i 为单元 i 的面积。

（2）应力面积加权平均法。该方法把应力和面积两种因素作权，求出滑动面的综合抗剪强度，计算公式有以下两种。

正应力面积加权法：

$$\left.\begin{array}{l} f = \dfrac{\sum f_i \sigma_i A_i}{\sum \sigma_i A_i} \\[4mm] c = \dfrac{\sum c_i A_i}{\sum A_i} \end{array}\right\} \tag{6-21}$$

剪应力面积加权法：

$$\left.\begin{array}{l} f = \dfrac{\sum f_i \tau_i A_i}{\sum \tau_i A_i} \\[4mm] c = \dfrac{\sum c_i A_i}{\sum A_i} \end{array}\right\} \tag{6-22}$$

式中：σ_i、τ_i 分别为 i 单元上正应力和剪应力。

3. 变形相容法

假设边坡沿滑动面滑动时具有相同的位移，但各类岩体和结构面抗剪力发挥水平不一样。在各类岩体和结构面剪应力—位移曲线上，选取同一种位移值（一般取各类岩石和结构面峰值和屈服值的位移）所对应的剪应力和正应力，然后采用面积加权法或应力面积加权法求它们的综合抗剪强度。

二、岩土参数空间变异性

从岩土体的不确定性和赋存环境的随机性出发，采用可靠性分析方法，研究岩土体抗剪参数 c、φ 的空间变异性和相关性对可靠指标 β 的影响。从而更加合理地分析评价地基、边坡稳定性，为设计、加固处理及标准化的建设提供理论依据。

（一）抗剪强度参数随机性

采用刚体极限平衡法进行地基、边坡稳定性分析，抗剪强度参数 c、φ 是影响地基、边坡稳定性的关键性指标。不同岩土体介质间的物理力学性质差别较大，参数间相互独立，因此假定 c、φ 为随机变量且相互独立，其他参数为常数，则状态函数 Z 为随机变量 c、φ 的函数，即 $Z = g(c、\varphi)$。

把功能函数 Z 定义为稳定性系数,随机地从随机变量 c、φ 全体中抽取同分布变量 c、φ,则可由功能函数 Z 求得一个稳定性系数 Z_i。如此重复,直到达到预期精度的次数 N,便可得到 N 个相对独立的稳定性系数 Z_1,Z_2,$\cdots$,Z_n。如果取表征极限状态的稳定性系数 $Z=1$,则可产生一个随机变量 y,设在 N 次试验中,出现 $y \leqslant 1$ 的次数为 m 次,则边坡的破坏概率为:

$$P_f = \frac{m}{N}$$

此式为直接蒙特卡洛模拟法计算破坏概率公式。

显然,当 N 足够大时,Z_1,Z_2,$\cdots$,Z_n 可以比较精确地计算其均值和标准差。

(二)抗剪强度参数空间变异性

1. 抗剪强度参数的随机场理论

国内外许多学者对抗剪参数的变异性、相关性问题进行了大量深入细致的研究,大量成果研究了条分法计算稳定性的可靠度分析方法,也考虑了抗剪强度参数自相关性的影响,同时讨论了考虑相关性对可靠度指标 β 计算的影响,提出了采用随机场理论分析岩土体空间平均特性的数学工具。简捷地用一个折减系数 Γ 把岩土体的"点"变异性与空间变异性联系在一起,使岩土体的"点"统计参数转换成空间平均性质的统计参数。其一维随机场理论的主要计算公式为:

$$V[u]_E = \Gamma^2 \cdot V[u] \tag{6-23}$$

式中:$V[u]$ 为"点"方差,即按常规统计方法所得到的抗剪参数的方差;$V[u]_E$ 为空间平均的方差;Γ 为折减系数,其方差 Γ^2 为方差函数。

方差函数 Γ^2 与岩土体的自相关性和土性平均化范围有关。对一维随机场的近似表达为:

$$\Gamma^2 = \begin{cases} 1, r \leqslant L_r \\ \dfrac{L_r}{r}, r \geqslant L_r \end{cases} \tag{6-24}$$

若 $\lim\limits_{r \to \infty} r \cdot \Gamma^2(r)$ 存在,则 $L_r = \lim\limits_{r \to \infty} r \cdot \Gamma^2(r)$;式中 L_r 为相关距离(又称为波动幅度)。

2. 可靠指标

在工程建设中,稳定性刚体极限平衡安全系数计算公式是相同的。

$$F_S = \frac{\sum(Nf + cA)}{\sum T} \tag{6-25}$$

令 $m_R = \sum(N_f + cA)$ 为抗力部分,$m_S = \sum T$ 为荷载作用部分,那么从可靠性理论出发,安全系数就是抗力与荷载效应均值的比值。

$$F_S = \frac{m_R}{m_S} \tag{6-26}$$

当仅作用效应和结构抗力两个基本变量均按正态分布时,可靠指标为:

$$\beta = \frac{m_R - m_S}{\sqrt{\sigma_R^2 + \sigma_S^2}} \tag{6-27}$$

式中:β 为可靠指标;m_S、σ_S 为作用效应的平均值和标准差;m_R、σ_R 为抗力的平均值和标准差。

设抗力和荷载部分各随机变量为正态分布,由式(6-26)和式(6-27)可求出稳定可靠指标:

$$\beta = \frac{F_S - 1}{\sqrt{F_S^2 V_R^2 + V_S^2}}$$ (6-28)

式中:V_R、V_S 为抗力和荷载参数的变异系数。

常规的可靠度分析中采用式(6-28)计算可靠度指标 β 时,V_R、V_S 代表的是土性的点变异性;当考虑了土性参数的空间变异性之后,V_R、V_S 代表的是土性的空间变异性。根据 Vanmarcke 的随机场理论,变异系数 V_R、V_S 要变小,可靠指标 β 就要增大。

(三)抗剪强度参数的互相关性

c、φ 的互相关性通常用相关系数来表示,相关系数就是两个参数之间相关性的相对程度。对于大范围变化的土层进行试验测定,结果表明抗剪强度参数 c 和 φ 通常是负相关的,相关系数变化范围为 $-0.72 \sim 0.35$。抗剪强度参数的相关性影响工程的概率分布。因而,在可靠度分析中应该对 c、φ 相关性予以考虑。

相关系数通常在 -1 和 1 之间。相关系数为正值时,c 和 φ 是正相关的,将意味着 c 值增大时,φ 值也类似地增加;相类似,当相关系数是负值时,c 和 φ 是负相关的,反映在当 c 值增大时,φ 值有减小的趋势。相关系数为0,表明 c 和 φ 是相互独立的参数。

由于抗剪指标 c、φ 通常存在负相关性,因而实际应用时忽略变量间互相关性的影响是偏于安全的。若在实际工程中能取得准确的相关系数值,则应在计算中考虑其影响。

常规的可靠度分析仅把抗剪指标 c、φ 作为简单的随机变量来考虑,而 c、φ 是具有空间变异性的,因此引入随机场理论,采用抽样法考虑其空间变异性计算的可靠指标更加接近实际工程。

三、裂隙岩体强度的经验估算

目前,研究岩体强度常用的方法,仍然是建立在岩体强度与地质条件某些因素之间的经验关系进行岩体强度估算。这方面国内外有不少学者做出了许多有益的探索与研究,提出了许多经验方程。

Hoek 等(1997年)根据岩体性质的理论与实践经验,用试验法导出了岩块和岩体破坏时主应力之间的关系为:

$$\sigma_1 = \sigma_3 + \sqrt{m\sigma_c\sigma_3 + S\sigma_c^2}$$ (6-29)

式中:σ_1、σ_3 为破坏主应力;σ_c 为岩块的单轴抗压强度;m、S 为与岩性及结构面情况有关的常数。

由式(6-29),令 $\sigma_3 = 0$,可得岩体的单轴抗压强度 σ_{mc}:

$$\sigma_{mc} = \sqrt{S}\sigma_c$$ (6-30)

对于完整岩块来说 $S = 1$,则 $\sigma_{mc} = \sigma_c$,即为岩块的抗压强度;对于裂隙岩体来说,必有 $S < 1$。

令 $\sigma_1 = 0$，从式(6-29)可得岩体的单轴抗压强度 σ_{mt}：

$$\sigma_{mt} = \frac{\sigma_c(m - \sqrt{m^2 + 4S})}{2} \tag{6-31}$$

另外，式(6-29)的剪应力表达式为：

$$\tau = A\sigma_c\left(\frac{\sigma}{\sigma_c} - T\right)^B \tag{6-32}$$

式中：τ 为岩体的剪切强度；σ 为法向应力；A、B 为常数；$T = \frac{1}{2}(m - \sqrt{m^2 + 4S})$。

利用式(6-29)~式(6-31)可对裂隙化岩体的三轴压缩强度 σ_{1m}、单轴抗压强度 σ_{mc} 及单轴抗拉强度 σ_{mt} 进行估算，同时还可做出岩体的剪切强度包络线并求得其剪切强度参数 c_m、φ_m 值。进行估算时，需先通过工程地质调查，得出工程所在部位的岩体质量指标（RMR 和 Q 值）、岩石类型及岩块单轴抗压强度 σ_c。

四、裂隙岩体考虑损伤的强度估算

（一）损伤定义

根据等效应变假设，并考虑非贯通裂隙岩体损伤的宏观力学效应，其损伤变量可定义为：

$$\omega = 1 - E_d/E_1 \tag{6-33}$$

式中：E_d 为非贯通裂隙岩体（损伤岩体）的杨氏模量；E_1 为同类完整岩石的杨氏模量。

为反映岩体损伤的各向异性，引入损伤张量 Ω：

$$\Omega = \omega N \tag{6-34}$$

式中：N 为二阶对称张量，求算如下：

（1）对于含单组非贯通裂隙的岩体，设该组裂隙的单位法向矢量为 n，则有

$$N = n \otimes n \tag{6-35}$$

（2）对于含两组以上非贯通裂隙的岩体，则 N 的计算方法可表示为：

设岩体中有 M 组非贯通裂隙，其单位法向矢量分别为 $n^{(m)}(m = 1, 2, \cdots, M)$，故而：

$$N^{(m)} = n^{(m)} \otimes n^{(m)} \tag{6-36}$$

由于式(6-33)已经是各组裂隙损伤力学效应的总体反映，故 N 中各元素可由下式求算：

$$N_{ij} = \frac{1}{M}\sum_{m=1}^{M} N_{ij}^{(m)} \quad (i,j = 1,2,3,\cdots) \tag{6-37}$$

因 $N_{ij}^m \leqslant 1$，所以式(6-37)求出的 $N_{ij} \leqslant 1$，故而，含有多组裂隙的岩体按式(6-37)和式(6-34)求损伤张量时，必有 $\Omega_{ij} \leqslant 1(i,j = 1,2,3,\cdots)$。

（二）考虑损伤的强度准则

根据损伤力学理论中有效应力的思想，在得到无损材料的强度准则 $f(\sigma) = 0$ 以后，则只需用有效应力 σ^* 替代式中的名义应力 σ，即可得到损伤体的强度准则，且其表达形式不变，即

$$f(\sigma^*) = 0 \tag{6-38}$$

式中

$$\sigma^* = \sigma(1 - \Omega)^{-1} \tag{6-39}$$

但是,根据相关研究,非贯通裂隙岩体具有明显的损伤局部性,因此在建立其考虑损伤的强度准则时必须充分考虑这一因素。为此,在研究非贯通裂隙岩体强度时有必要引入局部损伤修正系数 K_c,即

$$f(K_c \sigma^*) = 0 \tag{6-40}$$

根据钱惠国、凌建明等研究,考虑中间应力影响时,完整岩石三轴压缩应力状态下的强度准则的具体表现形式为:

$$\frac{\sigma_1 - \sigma_3}{\sigma_{IC}} = 1 + B_0 \left(\frac{\sigma_2 + \sigma_3}{\sigma_{IC}} \right)^{0.65} \tag{6-41}$$

式中:σ_{IC} 为完整岩块的单轴抗压强度;B_0 为与岩性有关的参数,一般需试验确定。但是,对于裂隙岩体而言,在考虑其裂隙损伤时,其强度准则表达式可描述为:

$$\frac{K_c(\sigma_1^* - \sigma_3^*)}{\sigma_{IC}} = 1 + B_0 \left(\frac{\sigma_2^* + \sigma_3^*}{\sigma_{IC}} \right)^{0.65} \tag{6-42}$$

第七章 工程岩体力学参数取值

在工程建设中,岩体力学参数的确定一直是主要研究课题之一,岩体质量分级的差异直接影响岩体力学参数的选择,不同的力学参数计算的结果存在差异,不当的力学参数还会对工程设计与施工起误导作用,许多工程地质问题的发生都源于传统岩体参数估算的偏差,而工程岩体稳定性预测的关键在于符合工程实际的岩体力学参数选取。

前坪水库工程坝址区主要岩性为安山玢岩,属碎裂结构型坚硬岩,具"硬、脆、碎"特征。其结构面发育,但结构面短小、延展差、结构面闭合,属典型的非贯通节理,根据前述分析,其岩体中裂隙具有各向异性,裂隙的存在对岩体的强度具有一定的损伤。但安山玢岩岩体中微裂隙发育,现场取样困难,难以开展室内外试验。为较为准确地确定岩体力学参数,结合现场实际情况,采用基于因子分析的 BP 神经网络法、Hoek-Brown 强度准则及规程规范方法综合论证碎裂结构安山玢岩等岩体力学参数。

第一节 基于因子分析的非线性方法

一、方法概述

在工程实践中,首先需要了解工程岩体的力学参数,开展工程岩体变形与稳定性计算。力学参数的合理确定在岩石力学的研究和发展过程中始终是难题之一。然而,影响岩体力学参数的因素众多,岩块的物理力学性质、结构面的性状以及岩体所处环境都会影响岩体力学参数的大小。前坪坝址区的相关岩体力学参数包括岩体变形模量、黏聚力、内摩擦角、岩体单轴抗压强度、单轴抗拉强度等,要准确分析出各影响因素和岩体力学参数的映射关系,需要大量的数据分析和计算过程。

基于因子分析法的 BP 神经网络方法采用因子分析法,对影响岩体力学参数确定的多个指标进行简化降维,克服了采用粗糙集进行指标约简时可能会忽略一些重要指标的缺点。因子分析不仅可以简化数据达到降维的目的,而且能够比较全面的反映原有数据的信息,对于 BP 神经网络,其结构简单、可塑性强,对数据分布没有太多要求,能够有效地解决非正态分布、非线性问题,具有信息的分布存储、自学习能力以及并行处理等特点,具有很强的容错能力和一定的泛化能力。基于上述原因,本书提出了因子分析与 BP 神经网络相结合的方法用于岩体力学参数估算。

二、因子分析法

(一)因子分析法的基本思想

因子分析法(factor analysis)是主成分分析的推广,也是利用降维的思想,由研究原始变量相关矩阵内部的依赖关系出发,把一些聚集有错综复杂关系的变量归结为少数几个综合因子的一种多变量统计分析方法。

因子分析根据相关性大小把原始变量分组,使得同组内的变量之间相关性较高,而不同组的变量相关性较低。原始变量就可以分解为两部分之和的形式,一部分是少数几个不可测的所谓公共因子的线性函数,另一部分是与公共因子无关的特殊因子。根据这一点,可通过对原始变量相关矩阵内部结构的研究,找出影响某一过程的几个综合指标。综合指标不仅保留了原始变量的主要信息,彼此之间不相关,避免信息重叠,同时,又比原始变量具有某些优越性质,使得在研究复杂问题时更加容易。

本书将影响岩体力学参数确定的岩块变形模量、纵波波速、单轴抗压强度、密度、吸水率和泊松比作为普通变量,输入数学计算软件,通过因子分析,确定综合因子。再将综合因子作为 BP 神经网络的输入样本集进行网络训练,达到降维目的。

(二)因子分析的几何意义

为了方便,本书选择在二维空间中讨论因子分析的几何模型。设有 n 个样品,每个样品中有 p 个观测量,这 p 个指标之间有较强的相关性,为了便于研究,并消除由观测量纲的差异及数量级不同所造成的影响,要先将样本观测数据进行标准化处理,使标准化后的变量均值为 0,方差为 1。为方便,把原始变量及标准化后的变量向量均用 X 表示,用 f_1,f_2,$\cdots$,$f_m(m<p)$ 表示标准化的公共因子。

一般地,设 p 个可观测变量 $(x_1,x_2,\cdots,x_p)$ 与 q 个公共因子(其中 $q\leqslant p$)满足:

$$X_i = a_{i1}f_1 + a_{i2}f_2 + \cdots + a_{iq}f_q + \varepsilon_i \quad (i = 1,2,\cdots,p) \tag{7-1}$$

此模型就称为因子分析模型,若记:

$$\left.\begin{array}{l} X = \begin{pmatrix} x_1 \\ x_2 \\ \vdots \\ x_p \end{pmatrix}, A = \begin{pmatrix} a_{11} & a_{21} & \cdots & a_{1p} \\ a_{21} & a_{22} & \cdots & a_{2p} \\ \vdots & \vdots & \cdots & \vdots \\ a_{p1} & a_{p2} & \cdots & a_{pp} \end{pmatrix} \\ f = \begin{pmatrix} f_1 \\ f_2 \\ \vdots \\ f_q \end{pmatrix}, \varepsilon = \begin{pmatrix} \varepsilon_1 \\ \varepsilon_2 \\ \vdots \\ \varepsilon_q \end{pmatrix} \end{array}\right\} \tag{7-2}$$

则因子分析模型的向量矩阵形式为:

$$X = Af + \varepsilon \tag{7-3}$$

式中:矩阵 A 为公因子荷载矩阵;a_{iq} 为因子载荷;f 为公共因子向量;x 为原变量向量;ε 为随机误差。

为了确定因子分析模型,也就是估计载荷矩阵 A,对可观测变量 $(x_1,x_2,\cdots,x_p)$ 必须获得一个观测样本 $(x_{i1},x_{i2},\cdots,x_{ip})$,$i=1,2,\cdots,n$,以此样本出发估算载荷矩阵 A 的估算方法有多种,如主成分法、极大似然法、主因子法等,本书用的是主成分法。

计算 $(x_1,x_2,\cdots,x_p)$ 相关系数矩阵 $R = (r_{ij})_{p\times p}$,式中:

$$r_{ij} = \frac{1}{n-1}\sum_{k=1}^{n}(X_{ki} - \bar{X}_i)(X_{ki} - \bar{X}_j) \quad (i,j = 1,2,\cdots,p) \tag{7-4}$$

其中，$\bar{X}_i = \dfrac{1}{n}\sum\limits_{k=1}^{n} X_{ki}$

计算相关系数矩阵 R 的特征根，记为：$\lambda_1 \geqslant \lambda_2 \geqslant \cdots \geqslant \lambda_p \geqslant 0$。

确定公因子个数 q 的值，常见的方法有两种。一是以特征值大于或等于 1 为原则选取公因子个数；二是以前 q 个特征值的累积百分数大于或等于 80% 选取公因子个数。本书采用第二种方法确定公因子。

计算特征根对应的单位特征向量 $\lambda_1, \lambda_2, \cdots, \lambda_q$，记为 $\gamma_1, \gamma_2, \cdots, \gamma_q$。

对特征向量进行规格化，即

$$a_{ij} = \sqrt{\lambda_j}\gamma_{ji} \quad (i=1,2,\cdots,p, j=1,2,\cdots,q) \tag{7-5}$$

写出载荷矩阵 A，即 $A = (a_1, a_2, \cdots, a_q) = (a_{ij})_{p \times q}$，至此得到因子分析模型。

因子得分模型为 $f = Bx + \varepsilon$，即

$$f_i = b_{i1}x_1 + b_{i2}x_2 + \cdots + b_{ip}x_p + \varepsilon_i \quad (i=1,2,\cdots,q) \tag{7-6}$$

如何估计 $B = (b_{ij})_{p \times q}$ 是因子分析的关键问题。利用统计软件提供回归法计算因子得分。

三、数据预处理

(一)相关性分析

首先利用相关软件包进行相关性分析。原始变量输入因素为岩块变形模量、纵波波速、单轴抗压强度、密度、吸水率、泊松比；输出因素为岩体力学各项参数，包括岩体变形模量、内摩擦角、黏聚力、岩体抗压强度、岩体抗拉强度。

其次收集已有工程岩体力学参数进行数据分析，用于构建 BP 神经网络样本集。岩体力学参数见表 7-1。

表 7-1　坝址区岩体力学参数

编号	岩块变形模量(GPa)	纵波波速(m/s)	单轴抗压强度(MPa)	密度(g/cm³)	吸水率(%)	泊松比	岩体变形模量(GPa)	c_m(MPa)	f(tanφ)	抗拉强度(MPa)	抗压强度(MPa)
1	36.1	4 212	69.0	2.65	0.44	0.23	17.07*	0.71	0.27	0.05	3.32
2	47.3	5 030	82.4	2.68	0.28	0.21	20.2*	1.06	0.41	0.08	4.98
3	51.6	5 390	64.7	2.64	0.22	0.27	21.98*	1.20	0.46	0.09	5.62
4	25.8	3 915	85.1	2.84	0.27	0.22	13.32*	0.58	0.22	0.04	2.71
5	48.4	5 010	59.6	2.58	0.26	0.26	21.58*	1.11	0.43	0.08	5.18
6	42.2	4 700	132.5	2.60	0.47	0.29	21.57*	0.92	0.36	0.07	4.32
7	38.7	4 577	31.2	2.59	1.63	0.25	18.2*	0.80	0.31	0.06	3.75
8	36.9	4 512	36.1	2.71	0.79	0.56	17.63*	0.77	0.30	0.06	3.60
9	22.5	3 926	25.5	2.68	0.88	0.27	9.06*	0.55	0.21	0.04	2.56
10	66.5	5 905	65.8	2.71	0.23	0.28	24.38*	1.35	0.52	0.10	6.34
11	34.8	4 225	46.1	2.70	0.45	0.31	17.07	0.69	0.27	0.05	3.26
12	27.1	3 950	75.8	2.67	0.28	0.28	14.06	0.60	0.23	0.04	2.83
13	36.8	4 472	41.4	2.64	0.95	0.24	17.63	0.75	0.29	0.06	3.53
14	71.7	5 950	170.0	3.00	0.52	0.18	25.32*	1.18	1.01	0.25	7.04

续表 7-1

编号	岩块变形模量（GPa）	纵波波速（m/s）	单轴抗压强度（MPa）	密度（g/cm³）	吸水率（%）	泊松比	岩体变形模量（GPa）	c_m（MPa）	f（tanφ）	抗拉强度（MPa）	抗压强度（MPa）
15	29.5	4 106	162.0	2.54	0.46	0.17	16.44*	0.63	0.24	0.05	2.94
16	40.4	4 565	134.7	2.75	0.37	0.30	18.31*	0.87	0.33	0.06	4.07
17	78.3	6 100	120.5	2.57	0.53	0.31	29.81*	1.20	1.04	0.26	7.18
18	50.7	5 380	79.3	2.64	0.47	0.22	21.66	1.17	0.45	0.09	5.51
19	59.9	5 530	83.5	2.61	0.44	0.28	22.49	1.30	0.50	0.10	6.09
20	48.4	5 140	98.8	2.68	0.24	0.25	21.58	1.13	0.44	0.08	5.29
21	25.5	3 900	82.6	2.55	0.66	0.26	12.58*	0.57	0.22	0.04	2.66
22	34.2	4 220	116.7	2.56	0.74	0.19	16.49*	0.68	0.26	0.05	3.19
23	41.1	4 665	65.8	2.57	0.58	0.22	18.35*	0.89	0.34	0.07	4.15
24	56.1	5 460	101.0	2.61	0.40	0.21	22.45*	1.25	0.48	0.09	5.85
25	40.0	4 512	73.3	2.61	0.68	0.20	18.28*	0.83	0.32	0.06	3.91
26	70.7	5 834	129.9	2.81	0.17	0.23	25.32	1.15	0.97	0.25	6.90
27	44.4	4 835	76.6	2.56	0.53	0.21	19.57	0.96	0.37	0.07	4.50
28	22.4	3 828	70.0	2.52	0.90	0.17	4.36*	0.53	0.21	0.04	2.50
29	25.3	3 870	93.3	2.58	0.61	0.20	12.58*	0.56	0.22	0.04	2.61
30	30.1	4 013	116.8	2.60	0.51	0.17	16.17*	0.65	0.25	0.05	3.06
31	46.4	5 115	115.2	2.62	0.47	0.21	20.13*	1.02	0.39	0.08	4.78
32	33.3	4 050	138.3	2.77	0.25	0.17	16.45*	0.67	0.26	0.05	3.13
33	26.2	4 026	51.4	2.68	0.73	0.20	13.68*	0.59	0.23	0.04	2.77
34	16.7	3 618	68.7	2.56	0.48	0.19	0.36	0.52	0.20	0.04	2.45
35	29.6	4 010	99.5	2.59	0.54	0.16	15.59	0.64	0.25	0.05	3.00
36	52	5 445	69.5	2.57	0.33	0.20	22.27	1.22	0.47	0.09	5.73
37	69.3	5 700	111.4	2.55	0.40	0.21	24.62	1.38	0.53	0.10	6.47
38	44.7	4 750	99.7	2.73	0.24	0.24	19.57*	0.98	0.38	0.07	4.59
39	50.3	5 364	127.1	2.58	0.27	0.29	21.66	1.15	0.44	0.09	5.40
40	43.6	4 722	95.5	2.60	0.19	0.29	19.26*	0.94	0.36	0.07	4.41
41	62.2	5 561	161.9	2.70	0.32	0.30	22.87*	1.33	0.51	0.10	6.22
42	40.2	4 520	110.0	2.42	0.64	0.20	18.31	0.85	0.33	0.06	3.98
43	37.3	4 407	79.1	2.67	0.60	0.31	17.85	0.78	0.30	0.06	3.68
44	48.0	5 012	223.8	2.53	0.30	0.14	21.21*	1.08	0.42	0.08	5.08
45	36.3	4 310	131.3	2.78	0.30	0.17	17.11*	0.72	0.28	0.05	3.39
46	59.8	5 475	245.5	2.56	0.31	0.14	22.49*	1.27	0.49	0.09	5.97
47	27.7	4 003	75.2	2.62	0.29	0.17	14.67	0.62	0.24	0.05	2.88
48	39.7	4 509	159.4	2.69	0.27	0.12	18.28*	0.82	0.32	0.06	3.83
49	36.5	4 450	43.6	2.64	1.10	0.21	17.11	0.74	0.28	0.05	3.46
50	45.3	5 005	69.6	2.67	0.27	0.17	19.59*	1.00	0.39	0.07	4.68
51	41.8	4 718	38.9	2.57	0.29	0.22	19.6*	0.90	0.35	0.07	4.23
52	46.6	5 018	79.9	2.60	0.36	0.11	20.27*	1.04	0.40	0.08	4.88

注：表中标"*"为原位变形试验所测岩体变形模量，其余变形模量数值根据参数估算所得。

相关系数采用 Pearson,即皮尔思相关。各指标的 Pearson 相关系数及显著性水平矩阵,见表 7-2。

表 7-2　相关系数及显著性水平矩阵

相关矩阵							
	项目	岩块变形模量(GPa)	纵波波速(m/s)	单轴抗压强度	密度	吸水率	泊松比
相关系数	岩块变形模量	1.000	0.979	0.359	0.905	0.175	0.104
	纵波波速	0.979	1.000	0.299	0.884	0.138	0.113
	单轴抗压强度	0.359	0.299	1.000	0.340	0.065	−0.357
	密度	0.905	0.884	0.340	1.000	0.158	0.139
	吸水率	0.175	0.138	0.065	0.158	1.000	0.149
	泊松比	0.104	0.113	−0.357	0.139	0.149	1.000
Sig.(单侧)	岩块变形模量		0	0.004	0	0.107	0.232
	纵波波速	0		0.016	0	0.164	0.212
	单轴抗压强度	0.004	0.016		0.007	0.322	0.005
	密度	0	0	0.007		0.131	0.162
	吸水率	0.107	0.164	0.322	0.131		0.146
	泊松比	0.232	0.212	0.005	0.162	0.146	

从表 7-2 可以看出,输入因素有几个因素彼此之间具有明显的相关性,这必然会对 BP 神经网络预测模型的计算效率以及计算精度造成影响。因此,有必要对输入数据进行因子分析。

(二)因子分析

将表 7-1 中的数据输入相关统计软件,利用统计软件中的因子分析功能进行数据分析。分析结果如下:

(1)由图 7-1 所示的成分碎石图可知:因子 1 与因子 2、因子 2 与因子 3 的特征值之差比较大,相对而言其他因子之间的特征值差值较小,可以初步得出提取前 3 个因子能概括绝大部分原始数据信息。

(2)表 7-3 为各成分方差贡献率及累计贡献率。从表 7-3 可知:前 3 个因子累计解释总方差的 89.21% 以上,符合主成分方差占总方差 75% ~85% 以上的要求,所以,3 个公共因子可以基本概括原始数据信息。此结果与碎石图显示的信息相吻合。

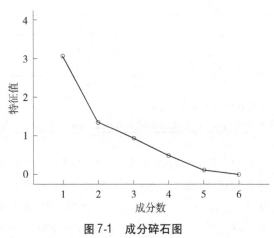

图 7-1　成分碎石图

表 7-3　各成分方差贡献率及累计贡献率

解释的总方差

成分	初始特征值			提取平方和载入			旋转平方和载入		
	合计	方差（%）	累计（%）	合计	方差（%）	累计（%）	合计	方差（%）	累计（%）
1	3.056	50.929	50.929	3.056	50.929	50.929	2.965	49.414	49.414
2	1.353	22.555	73.484	1.353	22.555	73.484	1.354	22.559	71.973
3	0.944	15.729	89.213	0.944	15.729	89.213	1.034	17.240	89.213
4	0.498	8.298	97.511						
5	0.132	2.200	99.711						
6	0.017	0.289	100.000						

提取方法:主成分分析法

（3）成分矩阵,即因子荷载矩阵,见表 7-4。它是用标准化后的主成分（公共因子）近似表示标准化原始变量的系数矩阵。用 F_1、F_2、F_3 表示各公共因子,以岩块变形模量为例,即有:岩块变形模量* $\approx 0.979 \times F_1 + 0.033 \times F_2 - 0.092 \times F_3$（岩块变形模量 * 表示标准化后的岩块变形模量）。

（4）由表 7-4 可见,因子 1 在岩块变形模量、纵波波速、密度上有较高荷载,说明此三种因素具有较高相关性,可以归为一组,作为一个公共因子;因子 2 在泊松比和单轴抗压强度上有较大荷载;因子 3 在吸水率上有较大荷载,最终形成三个公共因子,用来表示标准化后的原始变量。

表 7-4　成分矩阵

成分矩阵[a]

项目	成分		
	1	2	3
岩块变形模量	0.979*	0.033	−0.092
纵波波速	0.961*	0.061	−0.143
密度	0.945*	0.059	−0.103
泊松比	0.105	0.880*	−0.104
单轴抗压强度	0.457	−0.689*	0.251
吸水率	0.243	0.310	0.911*

提取方法:主成分分析法

已提取了 3 个成分。* 所示荷载超过 0.6 的因子荷载

（5）表 7-5 为成分得分系数矩阵,它是用原始变量表示标准化的主成分（公共因子）的系数矩阵,以 F_1 为例,它与原始变量之间具有如下关系:$F_1 = 0.334 \times$ 岩块变形模量* $+ 0.341 \times$ 纵波波速* $+ 0.056 \times$ 单轴抗压强度* $+ 0.327 \times$ 密度* $- 0.095 \times$ 吸水率* $+ 0.104 \times$ 泊松比*（* 表示标准化后的原始变量）。

表7-5　成分得分系数矩阵

成分得分系数矩阵

项目	成分		
	1	2	3
岩块变形模量	0.334	−0.008	−0.031
纵波波速	0.341	−0.042	−0.078
单轴抗压强度	0.056	0.574	0.140
密度	0.327	−0.031	−0.040
吸水率	−0.095	0.033	0.990
泊松比	0.104	−0.647	0.078

提取方法:主成分分析法

旋转法:具有 Kaiser 标准化的正交旋转法

　　(6)由表7-4、表7-5通过回归计算可得转换后的公共因子矩阵,如表7-6所示。该表中的公共因子即为去除冗杂信息后保留主要信息的综合因子,可代替原数据作为 BP 神经网络的输入变量。

表7-6　公共因子矩阵

编号	F_1	F_2	F_3
1	−0.554 85	−0.307 35	0.136 59
2	0.305 11	−0.020 16	0.321 68
3	0.821 70	−0.854 07	−0.152 31
4	−1.389 65	0.106 42	2.254 75
5	0.558 36	−0.818 01	−0.751 89
6	0.360 93	−0.139 86	−0.232 60
7	−0.183 63	−1.027 12	−0.645 22
8	0.049 85	−3.794 96	0.989 25
9	−1.582 13	−1.144 08	0.489 81
10	1.553 42	−0.965 59	0.481 32
11	−0.538 21	−1.324 23	0.680 37
12	−1.043 32	−0.637 36	0.498 49
13	−0.374 12	−0.775 34	−0.079 52
14	1.452 81	1.378 46	3.705 84
15	−0.675 23	1.407 46	−0.763 36
16	−0.099 89	−0.121 32	1.403 34
17	2.548 34	−0.652 99	−0.876 53
18	0.717 21	−0.200 66	−0.157 21

续表 7-6

编号	F_1	F_2	F_3
19	1. 196 03	− 0. 735 99	− 0. 437 03
20	0. 559 75	− 0. 200 14	0. 390 22
21	− 1. 106 68	− 0. 394 09	− 0. 738 93
22	− 0. 545 31	0. 642 73	− 0. 695 96
23	− 0. 052 14	− 0. 323 90	− 0. 798 60
24	0. 982 62	0. 143 99	− 0. 443 76
25	− 0. 223 90	− 0. 017 50	− 0. 357 17
26	1. 583 30	0. 345 13	1. 662 98
27	0. 204 80	− 0. 117 99	− 0. 918 74
28	− 1. 879 23	0. 330 08	− 1. 111 59
29	− 1. 233 50	0. 312 24	− 0. 454 35
30	− 0. 842 98	0. 861 97	− 0. 262 15
31	0. 423 82	0. 370 66	− 0. 213 47
32	− 0. 871 91	1. 189 29	1. 571 77
33	− 1. 194 57	− 0. 295 15	0. 445 86
34	− 2. 401 03	0. 184 05	− 0. 604 34
35	− 0. 920 92	0. 735 75	− 0. 425 39
36	0. 850 75	− 0. 172 89	− 0. 958 85
37	1. 640 97	0. 217 85	− 1. 116 13
38	0. 070 60	− 0. 037 80	0. 976 96
39	0. 922 51	− 0. 264 10	− 0. 557 58
40	0. 208 57	− 0. 597 56	− 0. 334 24
41	1. 328 85	0. 100 16	0. 758 44
42	0. 022 36	0. 380 54	− 2. 236 54
43	− 0. 260 88	− 0. 933 90	0. 434 17
44	0. 598 77	2. 367 94	− 0. 899 18
45	− 0. 638 91	1. 081 06	1. 611 72
46	1. 205 60	2. 609 12	− 0. 610 15
47	− 1. 075 77	0. 352 11	− 0. 162 47
48	− 0. 325 97	1. 848 55	0. 658 77
49	− 0. 469 08	− 0. 463 65	− 0. 098 72
50	0. 138 44	0. 192 14	0. 145 14
51	− 0. 031 49	− 0. 670 36	− 0. 890 69
52	0. 209 84	0. 850 43	− 0. 632 79

四、BP 人工神经网络基本原理

BP 神经网络算法,作为目前应用最广、发展最成熟的一种模型,它是按层次结构构造的,包括一个输入层、一个输出层和一个或多个隐含层,一层内的节点(神经元)只和与该层紧邻的下一层的各节点连接。正向传播时,传播方向为:输入层→隐含层→输出层。若在输出层得不到期望的输出,则转向误差信号的反向传播流程。通过这两个过程的交替进行,在权向量空间执行误差函数梯度下降策略,动态迭代搜索一组权向量,使网络误差函数达到最小值,从而完成信息提取和记忆过程,如图 7-2 所示。

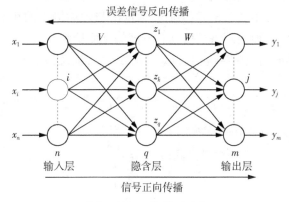

图 7-2 神经网络模型结构图

由于每个样本各个因素的观测值具有不同的数量级和不同的测量单位,为了保证网络的收敛性和高效性,必须对输入样本进行归一化预处理。得到无量纲数据,以消除其中的不合理现象,提高处理数据的精度。

归一化公式如下:

$$X_{ij}^* = \frac{X_{ij} - \min_{1 \leqslant j \leqslant n}(X_{ij})}{\max_{1 \leqslant j \leqslant n}(X_{ij}) - \min_{1 \leqslant j \leqslant n}(X_{ij})} \quad (i = 1, 2, \cdots, m; j = 1, 2, \cdots, n) \quad (7\text{-}7)$$

式中:X_{ij}^* 为标准化后的数据;X_{ij} 为原始数据;min 为原始数据中最小值;max 为原始数据中的最大值。

训练过程为:给网络提供一个含有输入—输出样本对的数据库,通过不断地训练该网络,使其调整、修正网络上各神经元的权值和阈值。输入给定训练样本后,若网络的输出能准确地逼近给定训练样本的输出,则该网络完成了训练过程。

五、基于因子分析的 BP 神经网络

(一)训练过程

考虑到现有的利用 BP 网络对岩体力学参数进行预测的方法中存在输入数据相关、输入数据过多、收敛速度慢、训练时间长的缺陷,采用 BP 网络与因子分析法结合对岩体力学参数进行优选。

将表 7-6 中的公共因子矩阵作为神经网络的输入样本集,将表 7-1 中的岩体力学参

数值作为输出样本集,利用相关软件,根据 Kolmogorov's 理论,按照下述参考公式进行最佳隐含层单元数目的选择。

$$m = 2 \times n + 1 \tag{7-8}$$

式中:m 为隐含层单元的数量;n 为输入层单元的数量。

本书中,$n = 3$,所以 $m = 7$。

由于隐含层单元数目设定较为复杂,因此本书选择 8、9、10 三组进行训练,从中挑取最好的一组。经检验,$m = 8$ 时训练结果较好。

训练效果如图 7-3、图 7-4 所示。

误差结果见 7-3。由图 7-3 可看到:实际输出与预期输出的相对误差控制在 0.001 以内,说明经过训练后的神经网络模型具有较高的预测精度。

拟合曲线见图 7-4。由图 7-4 可知,拟合结果较好,训练后的神经网络模型具有较高的可靠性。

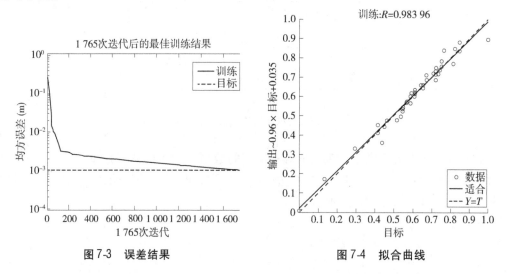

图 7-3　误差结果　　　　　　　　图 7-4　拟合曲线

(二)预测过程

将前坪坝址区经因子分析后的各岩组影响岩体力学参数估算的公共因子输入上述 BP 神经网络模型,即可得到各岩组岩体的预测力学参数值,结果如表 7-7 所示。

表 7-7　各岩组岩体力学参数预测

岩组	岩体变形模量 (GPa)	c_m (MPa)	$f(\tan\varphi)$	岩体抗拉强度 σ_{mt} (MPa)	岩体抗压强度 σ_{mc} (MPa)
①	0.68	0.29	0.49	0.02	3.22
②	5.42	0.90	0.82	0.03	15.48
③	2.48	0.40	0.52	0.02	4.69
④	2.76	0.689	0.61	0.02	3.99
⑤	2.11	0.67	0.69	0.03	3.60
⑥	0.27	0.10	0.50	0.002	2.04

第二节　Hoek-Brown 强度准则

一、Hoek-Brown 估算法基本原理

Hock-Brown 提出岩块和岩体破坏时的主应力之间的关系为：

$$\sigma_1 = \sigma_3 + \sigma_c (m \frac{\sigma_3}{\sigma_c} + s)^{0.5} \tag{7-9}$$

式中：σ_1、σ_3 为破坏时主应力；σ_c 为岩块的单轴抗压强度；m、s 为与岩性和结构面情况有关的常数，对于扰动岩体和未扰动岩体，Hoek 提出如下计算公式。

对于扰动岩体：

$$m = m_i \times e^{\frac{GSI-100}{14}} \tag{7-10}$$

$$s = e^{\frac{GSI-100}{6}} \tag{7-11}$$

对于未扰动岩体：

$$m = m_i \times e^{\frac{GSI-100}{28}} \tag{7-12}$$

$$s = e^{\frac{GSI-100}{6}} \tag{7-13}$$

根据式(7-9)，令 $\sigma_3 = 0$，可得岩体的抗压强度 σ_{mc}：

$$\sigma_{mc} = \sqrt{s} \sigma_c \tag{7-14}$$

对于完整岩块来说，$s = 1$，则 $\sigma_{mc} = \sigma_c$，即为岩块的抗压强度。

若 $\sigma_1 = 0$，由式(7-9)可得出岩体的抗拉强度 σ_{mt}：

$$\sigma_{mt} = \frac{\sigma_c (m - \sqrt{m^2 + 4s})}{2} \tag{7-15}$$

式(7-9)的剪应力表达式为：

$$\tau = A \tau_c (\frac{\sigma}{\sigma_c} - T)^B \tag{7-16}$$

式中：τ 为岩体的抗剪强度；$\tau = \frac{(m - \sqrt{m^2 + 4s})}{2}$；$A$、$B$ 为常数，可以通过查表获得。T 亦为常数，可以通过查表或计算获得。

Hoek-Brown 准则确定岩体力学参数的计算公式如下：

$$c_m = A \sigma_c (\sigma/\sigma_c - T)^B - \sigma \left[AB (\frac{\sigma}{\sigma_c} - T)^{B-1} \right] \tag{7-17}$$

$$\varphi_m = \arctan \left[AB (\frac{\sigma}{\sigma_c} - T)^{B-1} \right] \tag{7-18}$$

二、岩体力学参数的敏感性分析

岩体是一个复杂的地质体，它由结构体和结构面组成。岩体的力学性质为结构体和构面力学性质及岩体中水、空气等介质影响的综合表现。由于岩体的矿物构造和地质结

构极其复杂,岩体的力学性质具有很大的空间变异性,这给参数的选取带来很大的困难,即使是通过试验或经验选取也存在较大的随机性。岩体力学参数的选取往往不是孤立的,某一项参数的确定通常受到其他一项或者多项参数的影响,参数与参数之间表现出很高的相关性。理论与实践表明,岩体的抗剪强度指标 c、φ,抗拉强度 σ_t,抗压强度 σ_c 以及变形模量 E 主要受到岩块变形模量、岩块单轴抗压强度以及地质强度指标 GSI 三方面的综合影响,分析岩体参数随该三项综合指标取值变化的敏感性具有重要意义。

岩体力学参数随岩块变形模量、岩块单轴抗压强度以及地质强度指标 GSI 变化的敏感性分析具体过程是以岩体的抗剪强度指标 c、φ,抗拉强度 σ_t,抗压强度 σ_c 以及变形模量 E 为因变量,控制三项综合指标中的两项不变,而仅改变其中一项的数值,分析该项数值改变对岩体参数影响的变化规律,从而得知岩体参数随岩块变形模量、岩块单轴抗压强度以及地质强度指标 GSI 变化的敏感性强弱。

以坝址区出露最多的第②岩组即安山玢岩为例,进行单因素敏感性分析,首先固定岩块变形模量值和单轴抗压强度值,将 GSI 值分别取原 GSI 值 -10、原 GSI 值 -5、原 GSI 值、原 GSI 值 $+5$、原 GSI 值 $+10$,统计由此得出的岩体力学各参数值,结果如图 7-5 所示。由图 7-5 可知,在其他因素不变的情况下,随 GSI 值的增大,岩体的各项力学参数都随之增大,其中 GSI 值的变化对岩体单轴抗拉强度和岩体变形模量的影响最大。

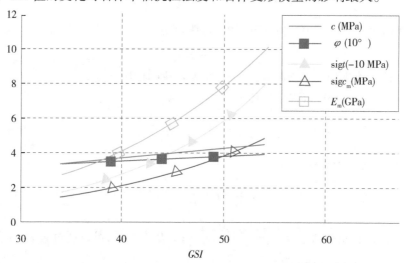

图 7-5 岩体参数随 GSI 变化的敏感性分析

第二步固定岩块变形模量值和 GSI 值,将单轴抗压强度值(σ_c)分别取原 σ_c 值 -10、原 σ_c 值 -5、原 σ_c 值、原 σ_c 值 $+5$、原 σ_c 值 $+10$,统计由此得出的岩体力学各参数值,结果如图 7-6 所示。由图 7-6 可知,在其他因素不变的情况下,随 σ_c 值的增大,岩体抗压强度、岩体抗拉强度和 c 值随之增大,岩体变形模量和内摩擦角随之变化较小。

最后固定单轴抗压强度值和 GSI 值,将岩块变形模量(E)分别取原 E 值 -4、原 E 值 -2、原 E 值、原 E 值 $+2$、原 E 值 $+4$,统计由此得出的岩体力学各参数值,结果如图 7-7 所示。由图 7-7 可知,在其他因素不变的情况下,随 E 值的增大,岩体抗压强度、岩体抗拉

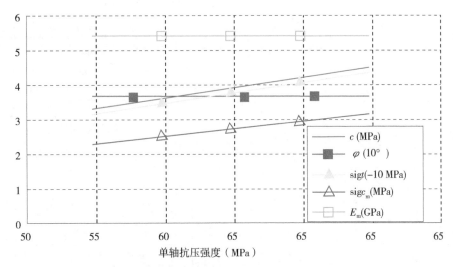

图 7-6　岩体参数随 σ_c 变化的敏感性分析

强度和 c 值随之增大,岩体变形模量和内摩擦角随之变化较小。

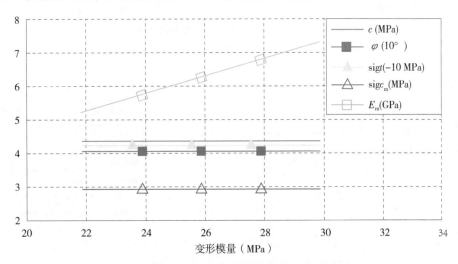

图 7-7　岩体参数随变形模量变化的敏感性分析

　　综上所述,GSI 值与岩体各项力学参数相关,它的变动直接影响岩体各项力学参数的大小。

三、岩体力学参数估算

　　将坝址区岩性、风化程度、GSI 值、单轴抗压强度等因素输入分析软件中,软件依据 Hock-Brown 强度准则可计算出岩体的相关参数,各岩组的剪切—法向和主应力空间强度包络线如图 7-8 ~ 图 7-13 所示。各岩组力学参数估算值见表 7-8。

基于岩组数据的岩土强度分析

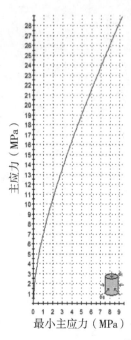

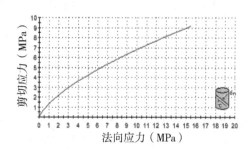

Hoek-Brown Classification
intact uniaxial comp. strength (sigci) = 37 MPa
GSI = 21   mi = 21   Disturbance factor = 0
intact modulus (Ei) = 12950 MPa
modulus ratio (MR) = 350

Hoek-Brown Criterion
mb = 1.250   s = 0.0002   a = 0.541

Mohr-Coulomb Fit
cohesion = 1.393 MPa   friction angle = 27.97 deg

Rock Mass Parameters
tensile strength = -0.005 MPa
uniaxial compressive strength = 0.321 MPa
global strength = 4.635 MPa
modulus of deformation = 622.20 MPa

图 7-8　岩组①剪切—法向和主应力空间强度包络线

基于岩组数据的岩土强度分析

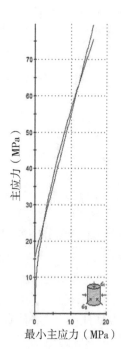

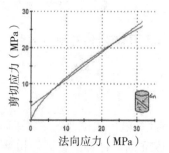

Hoek-Brown Classification
intact uniaxial comp. strength (sigci) = 64.7 MPa
GSI = 44   mi = 25   Disturbance factor = 0
intact modulus (Ei) = 25880 MPa
modulus ratio (MR) = 400

Hoek-Brown Criterion
mb = 3.383   s = 0.0020   a = 0.509

Mohr-Coulomb Fit
cohesion = 3.910 MPa   friction angle = 36.63 deg

Rock Mass Parameters
tensile strength = -0.038 MPa
uniaxial compressive strength = 2.731 MPa
global strength = 15.558 MPa
modulus of deformation = 5416.76 MPa

图 7-9　岩组②剪切—法向和主应力空间强度包络线

基于岩组数据的岩土强度分析

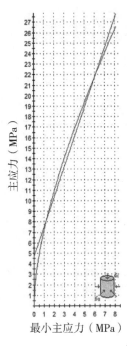

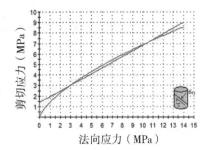

Hoek-Brown Classification
intact uniaxial comp. strength (sigci) = 32.63 MPa
GSI = 36   mi = 13   Disturbance factor = 0
intact modulus (Ei) = 9789 MPa
modulus ratio (MR) = 300

Hoek-Brown Criterion
mb = 1.322   s = 0.0008   a = 0.515

Mohr-Coulomb Fit
cohesion = 1.409 MPa   friction angle = 28.56 deg

Rock Mass Parameters
tensile strength = -0.020 MPa
uniaxial compressive strength = 0.838 MPa
global strength = 4.742 MPa
modulus of deformation = 1188.34 MPa

图 7-10　岩组③剪切—法向和主应力空间强度包络线

基于岩组数据的岩土强度分析

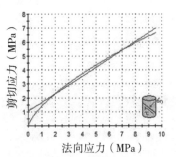

Hoek-Brown Classification
intact uniaxial comp. strength (sigci) = 21.1 MPa
GSI = 43   mi = 15   Disturbance factor = 0
intact modulus (Ei) = 6857.5 MPa
modulus ratio (MR) = 325

Hoek-Brown Criterion
mb = 1.959   s = 0.0018   a = 0.509

Mohr-Coulomb Fit
cohesion = 1.070 MPa   friction angle = 31.89 deg

Rock Mass Parameters
tensile strength = -0.019 MPa
uniaxial compressive strength = 0.839 MPa
global strength = 3.851 MPa
modulus of deformation = 1342.31 MPa

图 7-11　岩组④剪切—法向和主应力空间强度包络线

基于岩组数据的岩土强度分析

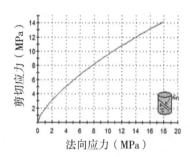

Hoek-Brown Classification
  intact uniaxial comp. strength (sigci) = 37.6 MPa
  GSI = 40 mi = 25 Disturbance factor = 0
  intact modulus (Ei) = 13160 MPa
  modulus ratio (MR) = 350

Hoek-Brown Criterion
  mb = 2.933 s = 0.0013 a = 0.511

Mohr-Coulomb Fit
  cohesion = 2.144 MPa friction angle = 35.42 deg

Rock Mass Parameters
  tensile strength = -0.016 MPa
  uniaxial compressive strength = 1.243 MPa
  global strength = 8.313 MPa
  modulus of deformation = 2101.02 MPa

图 7-12　岩组⑤剪切—法向和主应力空间强度包络线

基于岩组数据的岩土强度分析

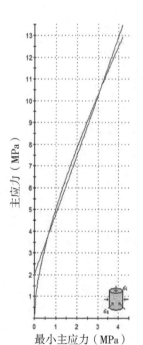

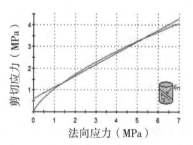

Hoek-Brown Classification
  intact uniaxial comp. strength (sigci) = 16.8 MPa
  GSI = 20 mi = 21 Disturbance factor = 0
  intact modulus (Ei) = 5880 MPa
  modulus ratio (MR) = 350

Hoek-Brown Criterion
  mb = 1.206 s = 0.0001 a = 0.544

Mohr-Coulomb Fit
  cohesion = 0.617 MPa friction angle = 27.64 deg

Rock Mass Parameters
  tensile strength = -0.002 MPa
  uniaxial compressive strength = 0.134 MPa
  global strength = 2.038 MPa
  modulus of deformation = 268.55 MPa

图 7-13　岩组⑥剪切—法向和主应力空间强度包络线

表7-8　岩体参数计算结果

岩组	GSI值	岩块变形模量（GPa）	岩块单轴抗压强度 σ_c（MPa）	岩体抗压强度 σ_{mc}（MPa）	岩体抗拉强度 σ_{mt}（MPa）	c_m（MPa）	φ_m（°）	f_m（tanφ）	岩体变形模量（GPa）
①	21	12.95	37.0	4.63	0.005	1.39	27.97	0.51	0.62
②	44	25.88	64.7	15.56	0.04	3.91	37.63	0.74	5.42
③	36	9.79	32.63	4.74	0.02	1.41	28.56	0.54	1.19
④	43	7.86	21.1	3.85	0.02	1.07	31.89	0.62	1.34
⑤	40	13.16	37.6	8.31	0.02	2.14	35.42	0.71	2.10
⑥	20	5.88	17.8	2.04	0.002	0.62	27.64	0.52	0.27

第三节　工程岩体分级法

一、水利水电法

（一）方法简介

1. 岩体分级

根据《水力发电工程地质勘察规范》（GB 50287—2016）水电地下工程岩体分类标准（HC分类），以控制岩体稳定的岩石强度、岩体完整程度、结构面状态、地下水和主要结构面产状5项因素之和的总评分为基本依据，以岩体强度应力比作为限定判据，并应符合表7-9的规定。

表7-9　水电工程岩体工程地质分类

围岩类别	围岩稳定性	围岩总评分 T	围岩强度应力比 S	支护类型
Ⅰ	稳定。围岩可长期稳定，一般无不稳定体	T>85	>4	不支护或局部锚杆或局部喷薄层混凝土。大跨度时，喷混凝土、系统锚杆加钢筋网
Ⅱ	基本稳定。围岩整体稳定，不会产生塑性变形，局部可能产生掉块	85≥T>65	>4	
Ⅲ	局部稳定性差。围岩强度不足，局部会产生塑性变形，不支护可能产生塌方或变形破坏。完整的较软岩，可能暂时稳定	65≥T>45	>2	喷混凝土，系统锚杆加钢筋网。跨度为20～25 m时，并浇筑混凝土衬砌
Ⅳ	不稳定。围岩自稳时间很短，规模较大的各种变形和破坏可能发生	45≥T>25	>2	喷混凝土、系统锚杆加钢筋网，并浇筑混凝土衬砌
Ⅴ	极不稳定。围岩不能自稳，变形破坏严重	T≤25		

围岩强度应力比 S 可根据下式求得：

$$S = \frac{R_\mathrm{c} \times K_\mathrm{v}}{\sigma_\mathrm{m}} \tag{7-19}$$

式中：R_c 为岩石饱和单轴抗压强度，MPa；K_v 为岩体完整性系数；σ_m 为围岩的最大主应力，MPa。

围岩工程地质分类中 5 项因素的评分应符合下列标准：

（1）岩石强度的评分应符合表 7-10 的规定。

表 7-10　岩石强度评分

岩质类型	硬质岩		软质岩	
	坚硬岩	中硬岩	较软岩	软岩
饱和单轴抗压强度 R_c（MPa）	$R_\mathrm{c}>60$	$60 \geqslant R_\mathrm{c}>30$	$30 \geqslant R_\mathrm{c}>15$	$15 \geqslant R_\mathrm{c}>5$
岩石强度评分 A	30~20	20~10	10~5	5~0

注：1. 岩石饱和单轴抗压强度大于 100 MPa 时，岩石强度的评分为 30。

2. 当岩体完整程度与结构面状态评分之和小于 5 时，岩石强度评分大于 20 的按 20 评分。

（2）岩体完整程度的评分应符合表 7-11 的规定。

表 7-11　岩体完整程度评分

岩体完整程度		完整	较完整	完整性差	较破碎	破碎
岩体完整性系数		$K_\mathrm{v}>0.75$	$0.75 \geqslant K_\mathrm{v}>0.55$	$0.55 \geqslant K_\mathrm{v}>0.35$	$0.35 \geqslant K_\mathrm{v}>0.15$	$K_\mathrm{v} \leqslant 0.15$
岩体完整性评分 B	硬质岩	40~30	30~22	22~14	14~6	<6
	软质岩	25~19	19~14	14~9	9~4	<4

注：1. 当 60 MPa$\geqslant R_\mathrm{c}>30$ MPa，岩体完整性程度与结构面状态评分之和 >65 时，按 65 评分；

2. 当 30 MPa$\geqslant R_\mathrm{c}>15$ MPa，岩体完整性程度与结构面状态评分之和 >55 时，按 55 评分；

3. 当 15 MPa$\geqslant R_\mathrm{c}>5$ MPa，岩体完整性程度与结构面状态评分之和 >40 时，按 40 评分；

4. 当 $R_\mathrm{c} \leqslant 5$ MPa，属特软岩，岩体完整性程度与结构面状态不参加评分。

（3）结构面状态的评分应符合表 7-12 的规定。

表 7-12　结构面状态评分

结构面状态	张开度（mm）	闭合 $W<0.5$		微张 $0.5 \leqslant W<5.0$									张开 $W \geqslant 5.0$	
	充填物	—		无填充			岩屑			泥岩			岩屑	泥质
	起伏粗糙状况	起伏粗糙	平直光滑	起伏粗糙	起伏光滑或平直粗糙	平直光滑	起伏粗糙	起伏光滑或平直粗糙	平直光滑	起伏粗糙	起伏光滑或平直粗糙	平直光滑	—	—
结构面状态评分 C	硬质岩	7	1	4	21	5	1	17	2	5	12	9	2	6
	软质岩	7	1	4	21	5	1	17	2	5	12	9	2	6
	软岩	8	4	7	14	8	4	11	8	0	8	8	8	4

注：1. 结构面的延伸长度小于 3 m 时，硬质岩、较软岩的结构面状态评分另加 3 分，软岩加 2 分；结构面延伸长度大于 1 m 时，硬质岩、较软岩减 3 分，软岩减 2 分。

2. 当结构面张开度大于 10 mm、无充填时，结构面状态的评分为零。

(4)地下水状态的评分应符合表7-13的规定。

表7-13　地下水评分

活动状态		渗水到滴水	线状流水	涌水
水量 q(L/min·10 m洞长)或压力水头 H(m)		$q \leqslant 25$ 或 $H \leqslant 10$	$25 < q \leqslant 125$ $10 < H \leqslant 100$	$q > 125$ 或 $H > 100$
基本因素 评分 T'	$100 \geqslant T' > 85$	地下水评分 D 0	0	$-2 \sim -6$
	$85 \geqslant T' > 65$		$0 \sim -2$	$-2 \sim -6$	$-6 \sim -10$
	$65 \geqslant T' > 45$		$-2 \sim -6$	$-6 \sim -10$	$-10 \sim -14$
	$45 \geqslant T' > 25$		$-6 \sim -10$	$-10 \sim -14$	$-14 \sim -18$
	$T' \leqslant 25$		$-10 \sim -14$	$-14 \sim -18$	$-18 \sim -20$

注:基本因素评分 T' 系前述岩石强度评分 A、岩体完整性评分 B 和结构面状态评分 C 的和。

(5)主要结构面产状的评分应符合表7-14的规定。

表7-14　主要结构面产状评分

结构面走向 与洞轴线夹角		90°~60°				<60°~30°				<30°			
结构面夹角		>70°	70°~ 45°	45°~ 20°	<20°	>70°	70°~ 45°	45°~ 20°	<20°	>70°	70°~ 45°	45° ~20°	<20°
结构面产 状评分 E	顶	0	-2	-5	-10	-2	-5	-10	-12	-5	-10	-12	-12
	墙	-2	-5	-2	0	-5	-10	-2	0	-10	-12	-5	0

注:按岩体完整程度分级为完整性差、较破碎和破碎的围岩不进行主要结构面产状评分的修正。

2. 参数估算

岩体的物理力学性质参数取值应符合下列规定:

(1)对均质岩体的密度、单轴抗压强度、点荷载强度、波速等物理力学性质参数,可采用测试成果的算术平均值,或统计的最佳值,或采用概率分布的0.2分位值作为标准值。

(2)对非均质的各向异性的岩体,可划分成若干小的均质体或按不同岩性分别试验取值;对层状结构岩体,应按建筑物荷载方向与结构面的不同交角进行试验,以取得相应条件下的单轴抗压强度、点荷载强度、弹性波速度等试验值,并应采用算术平均值,或统计最佳值,或采用概率分布的0.2分位值作为标准值。

(3)岩体变形模量或弹性模量应根据岩体实际承受工程作用力方向和大小进行原位试验,并应采用压力—变形曲线上建筑物最大荷载下相应的变形关系选取标准值;弹性模量、泊松比也可采用概率分布的0.5分位值作为标准值。各试验的标准值应结合实测的动、静弹性模量相关关系,岩体结构,岩体应力进行调整,提出地质建议值。

(4)坝基岩体承载力宜根据岩石饱和单轴抗压强度,结合岩体结构、裂隙发育程度,做相应折减后确定地质建议值。对软岩,可通过三轴压缩试验确定其容许承载力。

(5)混凝土坝基础底面与基岩间的抗剪断强度或抗剪强度取值应符合下列规定:

①当试件呈脆性破坏时,坝基抗剪断强度取值:拱坝应采用峰值强度的平均值作为标

准值;重力坝应采用概率分布的 0.2 分值作为标准值,或采用峰值强度的小值平均值作为标准值,或采用优定斜率法的下限作为标准值。抗剪强度应采用比例极限强度作为标准值。

②标准值应根据基础底面和基岩接触面剪切破坏性状、工程地质条件和岩体应力进行调整,提出地质建议值。

③对新鲜、坚硬的岩浆岩,在岩性、起伏差和试件尺寸相同的情况下,也可采用坝基混凝土强度等级的 7.5% ~ 7% 估算黏聚力。

④规划、可行性研究阶段,当坝基岩体力学参数试验资料不足时,可根据表 7-15 结合地质条件进行折减,选用地质建议值。

表 7-15　坝基岩体力学参数

岩体分类	混凝土与岩体		岩体		变形模量
	f'	$c'(\text{MPa})$	f'	$c'(\text{MPa})$	$E(\text{GPa})$
I	$1.50 \geq f' > 1.30$	$1.50 \geq c' > 1.30$	$1.60 \geq f' > 1.40$	$2.50 \geq c' > 2.00$	$E > 20.0$
II	$1.30 \geq f' > 1.10$	$1.30 \geq c' > 1.10$	$1.40 \geq f' > 1.20$	$2.00 \geq c' > 1.50$	$20.0 \geq E > 10.0$
III	$1.10 \geq f' > 0.90$	$1.10 \geq c' > 0.70$	$1.20 \geq f' > 0.80$	$1.50 \geq c' > 0.70$	$10.0 \geq E > 5.0$
IV	$0.90 \geq f' > 0.70$	$0.70 \geq c' > 0.30$	$0.80 \geq f' > 0.55$	$0.70 \geq c' > 0.30$	$5.0 \geq E > 2.0$
V	$0.70 \geq f' > 0.40$	$0.30 \geq c' > 0.05$	$0.55 \geq f' > 0.40$	$0.30 \geq c' > 0.05$	$2.0 \geq E > 0.2$

注:1. 表中岩体即坝基基岩;

2. f'、c' 为抗剪断强度;

3. 表中参数限于硬质岩,软质岩应根据软化系数进行折减。

(6)岩体抗剪断强度或抗剪强度取值应符合下列规定:

①当具有整体块状结构、层状结构的硬质岩体试件呈脆性破坏时,坝基抗剪强度取值:拱坝应采用峰值强度的平均值作为标准值;重力坝采用概率分布的 0.2 分位值作为标准值,或采用峰值强度的小值平均值作为标准值,或采用优定斜率法的下限值作为标准值;抗剪强度应采用比例极限强度作为标准值。

②当具有无充填、闭合的碎裂结构、碎裂结构及隐微裂隙发育的岩体时,试件呈塑性破坏或弹塑性破坏,应采用屈服强度作为标准值。

③标准值应根据裂隙充填情况、试验时剪切变形量和岩体应力等因素进行调整,提出地质建议值。

结构面的抗剪断强度取值应符合下列规定:

(1)当结构面试件的凸起部分被啃断或胶结充填物被剪断时,应采用峰值强度的小值平均值作为标准值。

(2)当结构面试件呈摩擦破坏时,应采用比例极限强度作为标准值。

(3)标准值应根据结构面的粗糙度、起伏差、张开度、结构面壁强度等因素进行调整,提出地质建议值。

软弱层、断层的抗剪断强度取值应符合下列规定:

（1）软弱层、断层应根据岩块岩屑型、岩屑夹泥型、泥夹岩屑型和泥型 4 类分别取值。

（2）当试件呈塑性破坏时,应采用屈服强度或流变强度作为标准值。

（3）当试件黏粒含量大于 30% 或有泥化镜面或黏土矿物以蒙脱石为主时,应采用流变强度作为标准值。

（4）当软弱层和断层有一定厚度时,应考虑充填度的影响。当厚度大于起伏差时,软弱层和断层应采用充填物的抗剪强度作为标准值;当厚度小于起伏差时,还应采用起伏差的最小爬坡角,提高充填物抗剪强度试验值作为标准值。

（5）根据软弱层、断层的类型和厚度的总体地质特征进行调整,提出地质建议值。

（6）规划、可行性研究阶段,当结构面、软弱层、断层的抗剪断强度试验资料不足时,可结合地质条件根据表 7-16 进行折减,选用地质建议值。

表 7-16　结构面、软弱层和断层的抗剪断强度

类型	f'	c_{m}（MPa）
胶结的结构面	0.80 ~ 0.60	0.250 ~ 0.100
无充填的结构面	0.70 ~ 0.45	0.150 ~ 0.050
岩块岩屑型	0.55 ~ 0.45	0.250 ~ 0.100
岩屑夹泥型	0.45 ~ 0.35	0.100 ~ 0.050
泥夹岩屑型	0.35 ~ 0.25	0.050 ~ 0.020
泥	0.25 ~ 0.18	0.005 ~ 0.002

注:1. 表中参数限于硬质岩中胶结或无充填的结构面;

　　2. 软质岩中的结构面应进行折减;

　　3. 胶结或无充填的结构面抗剪断强度,应根据结构面的粗糙程度选取大值或小值。

（二）坝址区岩体力学参数估算

根据《水力发电工程地质勘察规范》（GB 50287—2016）水电地下工程岩体分类标准（HC 分类）,在充分分析围岩稳定的岩石强度、岩体完整程度、结构面状态、地下水和主要结构面产状 5 项因素的基础上,结合室内试验确定的坝址区试验数据、岩体的物理力学性质参数取值应符合的规定,对坝址区各岩组进行岩体分级和参数估算。以岩组①为例,确定 R_c、K_v、结构面状态、地下水评分、主要结构面产状的数值,以此为基础得到岩体级别为 V,变形模量 E_m 为 0.8 GPa,抗剪强度参数 c_m、f_m（$\tan\varphi$）分别为 0.24 MPa、0.46。同理可得到其他岩组的岩体分级及参数估算情况,具体结果如表 7-17 所示。

二、铁路隧道法

（一）方法简介

1. 岩体分级

根据《铁路隧道设计规范》（TB 10003—2016）中关于隧道岩体的分类标准,铁路隧道岩体分级可按表 7-18 进行分级。

表7-17 坝址区分级及参数估算结果

岩性分组	①		②		③		④		⑤		⑥	
R_c(MPa)	37	10	64.7	21	32.63	8	21.1	7	37.6	10	17.8	6
K_v	0.35	14	0.6	27	0.5	19	0.98	0	0.37	14	0.22	1
结构面状态	11		15		15		12		15		12	
地下水评分	-10		-2		-10		-6		-2		-6	
主要结构面产状	0		0		0		0		0		0	
总评分	25		61		32		43		37		23	
岩体级别	V		III		IV		IV		IV		V	
E_m(GPa)	0.8		5.50		2.5		3.0		2.6		0.2	
c_m(MPa)	0.24		0.80		0.5		0.6		0.6		0.10	
f_m(tanφ)	0.46		0.90		0.57		0.6		0.7		0.50	

表7-18 铁路隧道岩体分级

围岩级别	围岩主要工程地质条件		围岩开挖后的稳定状态（单线）	围岩弹性纵波速度 v_p(km/s)
	主要工程地质特征	结构特征和完整状态		
I	极硬岩（单轴饱和抗压强度 R_c>60 MPa）：受地质构造影响轻微,节理不发育,无软弱面（或夹层）；层状岩层为巨厚层或厚层,层间接合良好,岩体完整	呈巨块状整体结构	围岩稳定,无坍塌,可能产生岩爆	>4.5
II	硬质岩（R_c>30 MPa）：受地质构造影响较重,节理较发育,有少量软弱面（或夹层）和贯通微张节理但其产状及组合关系不致产生滑动；层状岩层为中厚层或厚层,层间接合一般,很少有分离现象,或为硬质岩石偶夹软质岩石	呈巨块或大块状结构	暴露时间长,可能会出现局部小坍塌；侧壁稳定,层间接合差的平缓岩层,顶板易塌落	4.5~3.5
III	硬质岩（R_c=30 MPa）：受地质构造影响严重,节理发育,有层状软弱面（或夹层）但其产状及组合关系不致产生滑动；层状岩层为薄层或中厚层,层间接合差,多有分离现象,硬质、软质岩石互层	呈块（石）碎（石）状镶嵌结构	拱部无支护时可能产生小坍塌；侧壁基本稳定,爆破震动过大易塌	2.5~4.0
	较软岩（R_c=15~30 MPa）：受地质构造影响较重,节理较发育,层状岩层为薄层、中厚层、厚层,层间接合一般	呈大块状结构		

续表 7-18

围岩级别	围岩主要工程地质条件		围岩开挖后的稳定状态（单线）	围岩弹性纵波速度 v_p(km/s)
	主要工程地质特征	结构特征和完整状态		
IV	硬质岩(R_c>30 MPa)：受地质构造影响极严重，节理很发育，层状软弱面（或夹层）已基本破坏	呈碎石状压碎结构	拱部无支护时可能产生较大坍塌；侧壁有时失去稳定	1.5~3.0
	软质岩(R_c≈5~30 MPa)：受地质构造影响严重，节理发育	呈块（石）碎（石）状镶嵌结构		
	土体：1. 具压密或成岩作用的黏性土、粉土及砂类土；2. 黄土(Q_1、Q_2)；3. 一般钙质、铁质胶结的碎石土、卵石土、大块石土	1 和 2 呈大块状压密结构，3 呈巨块状整体结构		
V	岩体：软岩，岩体破碎至极破碎；全部极软岩及全部极破碎岩（包括受构造影响严重的破碎带）	呈角砾碎石状松散结构	围岩易坍塌，处理不当会出现大坍塌，侧壁经常小坍塌；浅埋时易出现地表下沉（陷）或塌至地表	1.5~3.0
	土体：一般第四系坚硬、硬塑黏性土，稍密及以上、稍湿或潮湿的碎石土、卵石土、圆砾土、角砾土、粉土及黄土(Q_3、Q_4)	非黏性土呈松散结构，黏性土及黄土呈松软结构		
VI	岩体：受构造影响严重呈破碎、角砾及粉末、泥土状的断层带	黏性土呈易蠕动的松软结构，砂性土呈潮湿松散结构	围岩极易坍塌变形，有水时土砂常与水一起涌出；浅埋时易塌至地表	<1.0(饱和状态的土<1.5)
	土体：软塑状黏性土，饱和的粉土、砂类土等			

注：1. 表中"围岩级别"和"围岩主要工程地质条件"栏，不包括膨胀性围岩、多年冻土等特殊；
2. 关于隧道围岩分级的基本因素和围岩基本分级及其修正，可按《铁路隧道设计规范》(TB 10003—2016)附录 A 的方法确定。

岩体基本分级应由岩石坚硬程度和岩体完整程度两个因素确定，岩石坚硬程度和岩体完整程度，应采用定性划分和定量指标两种方法综合确定。岩石坚硬程度可按表 7-19 划分。

表 7-19　岩石坚硬程度的划分

围岩类别		单轴饱和抗压强度 R_c（MPa）	定性鉴定	代表性岩石
硬质岩	极硬岩	$R_c > 60$	锤击声清脆，锤击有回弹，震手，难击碎，浸水后大多无吸水反应	未风化或微风化的花岗岩、片麻岩、闪长岩、石英岩、硅质灰岩、硅质胶结的砂岩或砾岩等
	岩	$30 < R_c \leqslant 60$	锤击声较清脆，锤击有轻微的回弹，稍震手，较难击碎，浸水后有轻微的吸水反应	弱风化的极硬岩；未风化或微风化的溶结凝灰岩、大理岩、板岩、白云岩、灰岩、钙质胶结的砂岩、结晶颗粒较粗的岩浆岩等
软质岩	较软岩	$15 < R_c \leqslant 30$	锤击声不清脆，锤击无回弹，较易击碎，吸水明显，浸水后指甲可划出痕迹	强风化的极硬岩；弱风化的硬岩；未风化或微风化的千枚岩、云母片岩、砂质泥岩、钙泥质胶结的粉砂岩和砾岩、泥灰岩、页岩、凝灰岩等
	软岩	$5 < R_c \leqslant 15$	锤击声哑，锤击无回弹，有凹痕，易击碎，浸水后手可掰开	强风化的极硬岩；弱风化—强风化的硬岩；弱风化的较软岩和未风化或微风化的泥质岩类：泥岩、煤、泥质胶结的砂岩和砾岩等
	极软岩	$R_c \leqslant 5$	锤击声哑，锤击无回弹，有较深的凹痕，手可掰开，浸水后可捏成团或捻碎	全风化的各类岩石和成岩作用差的岩石

岩体完整程度可按表 7-20 划分；围岩基本分级可按表 7-21 确定。

表 7-20　岩体完整程度的划分

完整程度	结构面特征	结构类型	岩体完整性指数 K_v
完整	结构面有 1～2 组，以构造型节理或层面为主，呈密闭型	巨块状整体结构	$K_v > 0.75$
较完整	结构面有 2～3 组，以构造型节理、层面为主，裂隙多为密闭型，部分微张开，少有填充物	块状结构	$0.75 \geqslant K_v > 0.55$
较破碎	结构面一般为 3 组，不规则，以节理及风化裂隙为主，在断层附近受构造影响较大，裂隙以微张型和张开型为主，多有填充物	层状结构，块石、碎石结构	$0.55 \geqslant K_v > 0.35$
破碎	结构面多于 3 组，多以风化型裂隙为主，在断层附近受构造作用影响大，裂隙以张开型为主，多有填充物	碎石角砾状结构	$0.35 \geqslant K_v > 0.15$
极破碎	结构面杂乱无序，在断层附近受构造作用影响较大，宽张裂隙全为泥质或泥夹岩屑充填，充填物厚度大	散体状结构	$K_v \leqslant 0.15$

表 7-21　围岩基本分级

级别	岩体特征	土体特征	围岩弹性纵波速度 v_p(km/s)
I	极硬岩,岩体完整		>4.5
II	极硬岩,岩体较完整; 硬岩,岩体完整		3.5～4.5
III	极硬岩,岩体较破碎; 硬岩或软硬岩互层,岩体较完整; 较软岩,岩体完整		2.5～4.0
IV	极硬岩,岩体破碎; 硬岩,岩体较破碎或破碎; 较软岩或软硬岩互层,且以软岩为主,岩体较完整或较破碎; 软岩,岩体完整或较完整	具压密或成岩作用的黏性土、粉土及砂类土,一般钙质、铁质胶结的粗角砾土、粗圆砾土、碎石土、卵石土、大块石土、黄土(Q_1、Q_2)	1.5～3.0
V	软岩,岩体破碎至极破碎; 全部极软岩及全部极破碎岩(包括受构造影响严重的破碎带)	一般第四系坚硬、硬塑黏性土,稍密及以上、稍湿、潮湿的碎石土、卵石土、粗圆砾土、细圆砾土、粗角砾土、细角砾土、粉土及黄土(Q_3、Q_4)	1.0～2.0
VI	受构造影响很严重呈碎石、角砾及粉末、泥土状的断层带	软塑状黏性土,饱和的粉土、砂类土等	<1.0(饱和状态的土 <1.5)

以上各表中的标准或等级的划分或确定可参照表 7-22～表 7-29。

表 7-22　层状岩层的层厚划分

名称	巨厚层	厚层	中厚层	薄层
层厚 h(m)	$h>1.0$	$1.0≥h>0.5$	$0.5≥h>0.1$	$h≤0.1$

表 7-23　结构面发育程度分级

名称	结构面发育程度		
	结构面组数及平均间距	主要结构面的类型	岩体结构类型
不发育	1～2 组,平均间距超过 1.0 m	规则,构造型,密闭	巨块状结构
较发育	2～3 组,平均间距超过 0.4 m	呈 X 形,较规则,以构造型为主,多数密闭,部分微张,少有填充	大块状结构
发育	3 组以上,平均间距不超过 0.4 m	不规则,呈 X 形或米字形,以构造型或风化型为主,大部分张开,部分有填充物	碎石状结构
极发育	3 组以上,杂乱,平均间距不超过 0.2 m	以构造型或风化型为主,均有填充物	碎石状

表 7-24　岩体受地质构造影响的分级

受地质构造影响程度	地质构造作用特征
轻微	地质构造变动小,结构面不发育
较重	地质构造变动大,位于断裂(层)或褶曲轴的临近地段,可有小断层,结构面发育
严重	地质构造变动强烈,位于褶曲部或断裂影响带内,软岩多见扭曲及拖拉现象,结构面发育
极严重	位于断裂破碎带内,岩体破碎呈块石、碎石、角砾状,有的甚至呈粉末泥土状,结构面极发育

表 7-25　结构面结合程度的划分

名称	结构面特征
结合好	张开度小于 1 mm,无填充物; 张开度在 1~3 mm,为硅质或铁质胶结; 张开度大于 3 mm,结构面粗糙,为硅质胶结
结合一般	张开度在 1~3 mm,为钙质或泥质胶结; 张开度大于 3 mm,结构面粗糙,为铁质或钙质胶结
结合差	张开度在 1~3 mm,结构面平直,为泥质或钙质和泥质胶结; 张开度大于 3 mm,多为泥质和岩屑充填
结合很差	泥质充填或泥加岩屑充填,充填物的厚度大于结构面的起伏差

表 7-26　岩体按节理宽度分级

名称	节理宽度 b(mm)
密闭节理	$b<1$
微张节理	$1 \leqslant b<3$
张开节理	$3 \leqslant b<5$
宽张节理	$b \geqslant 5$

表 7-27　岩体完整性指数与定性划分的岩体完整程度的对应关系

J_v(条/m³)	<3	3~10	10~20	20~35	>35
K_v	>0.75	0.75~0.55	0.55~0.35	0.35~0.15	<0.15
完整程度	完整	较完整	较破碎	破碎	极破碎

表7-28　岩体结构与块度尺寸的关系

岩体结构类型	块度尺寸(以结构面平均间距表示,m)	
	国标锚喷围岩分级	铁路隧道围岩分级
整块状	>0.8	>1.0
块状	0.4~0.8	0.4~1.0(大块状)
层状	0.2~0.4	0.2~0.4(块石碎石状)
碎裂状	0.2~0.4	
散体状	<0.2	<0.2(碎石状)

表7-29　岩石风化程度分带

风化程度分带	野外鉴定特征				风化程度参数指标		
	岩石矿物颜色	结构	破碎程度	坚硬程度	风化系数 K_f	波速比 K_p	纵波速度 v_p(m/s)
未风化	岩石、矿物及其胶结物颜色新鲜,保持原有颜色	保持岩体原有结构	除构造裂隙外,肉眼见不到其他裂隙,整体性好	除泥质岩可用大锤击碎外,其余岩类不易击开,放炮才能掘进	$K_f>0.9$	$K_p>0.9$	硬质岩 $v_p>5\,000$ 软质岩 $v_p>4\,000$
微风化	岩石、矿物颜色较暗淡,节理面附近有部分矿物变色	岩体结构未破坏,仅沿节理面有风化现象或有水锈	有少量风化裂隙,裂隙间距多数大于0.4 m,整体性仍较好	要用大锤和楔子才能剖开,泥质岩用大锤可以击碎,放炮才能掘进	硬质岩 $0.8<K_f\leqslant0.9$ 软质岩 $0.8<K_f\leqslant0.9$	硬质岩 $0.8<K_p\leqslant0.9$ 软质岩 $0.8<K_p\leqslant0.9$	硬质岩 $4\,000<v_p\leqslant5\,000$ 软质岩 $3\,000<v_p\leqslant4\,000$
弱风化	岩石、矿物失去光泽,颜色暗淡,部分易风化矿物已经变色,黑云母失去弹性	岩体结构已部分破坏,裂隙可能出现风化夹层,一般呈块状或球状结构	风化裂隙发育,裂隙间距多数为0.2~0.4 m,整体性差	可用大锤击碎,用手锤不易击碎,大部分需放炮掘进,岩芯钻方可钻进	硬质岩 $0.4<K_f\leqslant0.8$ 软质岩 $0.3<K_f\leqslant0.8$	硬质岩 $0.6<K_p\leqslant0.8$ 软质岩 $0.5<K_p\leqslant0.8$	硬质岩 $2\,000<v_p\leqslant4\,000$ 软质岩 $1\,500<v_p\leqslant3\,000$
强风化	岩石及大部分矿物变色,形成次生矿物	岩体结构已大部分破坏,形成碎块状或球状结构	风化裂隙很发育,岩体破碎,风化物呈碎石状或碎石含砂状,裂隙间距小于0.2 m,完整性很差	用手锤可击碎,用镐可以掘进,用锹则很困难,干钻方可钻进	硬质岩 $K_f\leqslant0.4$ 软质岩 $K_f\leqslant0.3$	硬质岩 $0.4<K_p\leqslant0.6$ 软质岩 $0.3<K_p\leqslant0.5$	硬质岩 $1\,000<v_p\leqslant2\,000$ 软质岩 $700<v_p\leqslant1\,500$
全风化	岩石、矿物已完全变色,大部分发生变异,除石英外大部分风化成土状	岩体结构已完全破坏,仅外观保持原岩特征,矿物晶体失去连接,石英松散呈粒状	风化破碎呈碎屑状、土状或砂状	用手可捏碎,用锹就可掘进,干钻轻易钻进	—	硬质岩 $K_p\leqslant0.4$ 软质岩 $K_p\leqslant0.3$	硬质岩 $500<v_p\leqslant1\,000$ 软质岩 $300<v_p\leqslant700$

注:1. K_f 是同一岩体中风化岩石的单轴饱和抗压强度与未风化岩石的单轴饱和抗压强度的比值;

2. K_p 是同一岩体中风化岩体的纵波速与未风化岩体的纵波速的比值。

2. 参数估算

每类工程岩体物理力学性质参数见表7-30。

表7-30 各岩体的物理力学指标

围岩级别	重度 γ (kN/m³)	弹性反力系数 K(MPa)	变形模量 E(GPa)	泊松比 μ	内摩擦角 φ(°)	f ($\tan\varphi$)	黏聚力 c_m (MPa)	计算摩擦角 φ_m(°)
I	26～28	1 800～2 800	>33	<0.2	>60	>1.73	>2.1	>78
II	25～27	1 200～1 800	20～33	0.2～0.25	50～60	1.19～1.73	1.5～2.1	70～78
III	23～25	500～1 200	6～20	0.25～0.3	39～50	0.81～1.19	0.7～1.5	60～70
IV	20～23	200～500	1.3～6	0.3～0.35	27～39	0.51～0.81	0.2～0.7	50～60
V	17～20	100～200	1～2	0.35～0.45	20～27	0.36～0.51	0.05～0.2	40～50
VI	15～17	<100	<1	0.4～0.5	<22	<0.40	<0.1	30～40

(二)坝址区岩体力学参数估算

根据《铁路隧道设计规范》(TB 10003—2016)中关于隧道岩体的分类标准,在充分分析岩体岩石坚硬程度、岩体完整程度、层状岩层的层厚、结构面发育程度、结构面结合程度以及结构面风化程度的基础上,结合室内试验确定的坝址区试验数据及岩体的物理力学性质参数取值的规定,对坝址区各岩组进行岩体分级和参数估算。以岩组①为例,确定 R_c、K_v 数值及风化分带,以此为基础得到岩体级别为 V,变形模量 E_m 为 0.2 GPa,抗剪强度参数 c_m、f_m 分别为 0.15 MPa、0.50。同理,可得到其他岩组的岩体分级及参数估算情况,具体结果如表7-31所示。

表7-31 坝址区分级及参数估算结果

岩性分组	①	②	③	④	⑤	⑥
R_c(MPa)	37	64.7	32.63	21.1	37.6	17.8
K_v	0.35	0.6	0.5	0.98	0.37	0.22
风化分带	强—全风化	弱风化	弱风化	弱风化	弱风化	强—全风化
岩体级别	V	III	IV	IV	IV	V
E_m(GPa)	0.2	7.0	2.5	3.0	2.6	0.2
c_m(MPa)	0.15	0.80	0.5	0.6	1.6	0.10
f_m($\tan\varphi$)	0.50	0.90	0.57	0.6	0.9	0.50

三、国标 BQ 法

(一)方法简介

1994 年颁布的国标《工程岩体分级标准》(GB 50218—1994),2014 年进行了修订,2015 年 5 月 1 日实施,它是在总结国内外有各种岩石分级经验的基础上,采用分两步进行的工程岩体分级方法:首先按岩石坚硬程度和岩体完整程度这两个因素决定的工程岩体性质定义为"岩体基本质量";然后针对各类型工程岩体的特点,分别考虑其他因素,并对已经给出的岩体基本质量进行修正;最后确定工程岩体的级别。在《工程岩体分级标准》(GB 50218—2014)中,分级因素的选择紧紧地围绕岩体稳定性分级这一主题,采用定性和定量相结合,经验判断和测试计算相结合的方法进行。

岩石坚硬程度和岩石完整程度采用定性和定量两种方法确定,岩石坚硬程度的定量指标采用岩石单轴抗压强度 R_c 的实测值。当无条件取得实测值时,也可采用实测的岩石点荷载强度指数($I_{s(50)}$)的换算值,并按下式换算:

$$R_c = 22.82 I_{s(50)}^{0.75} \qquad (7\text{-}20)$$

岩石饱和单轴抗压强度 R_c 与定性划分的岩石坚硬程度之间的对应关系可按表 7-32 确定。岩体完整程度的定量指标采用岩体完整性系数 K_v 的实测值,当无条件取得实测值时,也可采用岩体体积节理数(J_v),按表 7-33 确定对应的 K_v 值。岩石完整性指数 K_v 与定性划分的对应关系可按表 7-34 确定。

表 7-32　R_c 与定性划分的岩石坚硬程度之间的对应关系

R_c(MPa)	>60	60~30	30~15	15~5	<5
坚硬程度	坚硬岩	较坚硬岩	较软岩	软岩	极软岩

表 7-33　J_v 与 K_v 对照

J_v(条/m²)	<3	3~10	10~20	20~35	>35
K_v	>0.75	0.75~0.55	0.55~0.35	0.35~0.15	<0.15

表 7-34　K_v 与定性划分的岩体完整程度之间的对应关系

完整程度	完整	较完整	较破碎	破碎	极破碎
K_v	>0.75	0.75~0.55	0.55~0.35	0.35~0.15	<0.15

在确定岩体基本质量的基础上,结合不同类型的工程特点,考虑地下水状态、初始应力状态、工程轴线或走向线的方位与主要软弱结构面产状的组合关系等进行必要修正,最后对工程岩体质量进行定级。《工程岩体分级标准》(GB 50218—2014)中,对地下水状态修正系数 K_1 有如表 7-35 所示的规定。当岩体包含规模较大、贯通性较好、对岩体结构起控制性作用的软弱结构面时,规定了产状影响修正系数的取值参见表 7-36。对初始应力状态影响修正系数的有如表 7-37 所示的规定。

表 7-35　地下水影响修正系数 K_1

出水状态	>450	450~351	350~251	≤250
潮湿或点滴状出水	0	0.1	0.2~0.3	0.4~0.6
淋雨状或涌流状出水,水压<0.1 MPa 单位出水量<10 L/(min·m)	0.1	0.2~0.3	0.4~0.6	0.7~0.9
淋雨状或涌流状出水,水压>0.1 MPa,单位出水量>10 L/(min·m)	0.2	0.4~0.6	0.7~0.9	1.0

表 7-36　产状影响修正系数 K_2

结构面产状及其与洞轴线的组合关系	结构面走向与洞轴线夹角 < 30°;结构面倾角 30 ~ 75°	结构面走向与洞轴线夹角 > 60°;结构面倾角 > 75°	其他组合
K_2	0.4 ~ 0.6	0 ~ 0.2	0.2 ~ 0.4

表 7-37　初始应力状态影响修正系数 K_3

初始应力状态	> 550	550 ~ 451	450 ~ 351	350 ~ 251	≤ 250
极高应力区	1.0	1.0	1.0 ~ 1.5	1.0 ~ 1.5	1.0
高应力区	0.5	0.5	0.5	0.5 ~ 1.0	0.5 ~ 1.0

在对上述各因素分别进行评价后,利用如下的公式:

$$BQ = (90 + 3R_c + 250K_v) - 100(K_1 + K_2 + K_3) \qquad (7\text{-}21)$$

对工程岩体进行详细定级。具体定级时按表 7-38 的标准进行综合分析。

表 7-38　工程岩体质量分级标准

基本质量级别	岩体基本质量的定性特征	岩体基本质量(BQ)
I	坚硬岩,岩体完整	> 550
II	坚硬岩,岩体较完整 较坚硬岩,岩体完整	550 ~ 451
III	坚硬岩,岩体较破碎; 较坚硬岩或软硬岩互层,岩体较完整; 较软岩,岩体完整	450 ~ 351
IV	坚硬岩,岩体破碎较坚硬岩,岩体较破碎—破碎; 较软岩或软硬互层,且以软岩为主,岩体较完整—破碎	350 ~ 251
V	较软岩,岩体破碎; 软岩,岩体较破碎—破碎; 全部极软岩及全部极破碎岩	≤ 250

研究岩体变形参数与工程岩体质量指标 BQ 值之间的关系,笔者统计三峡、水布垭、皂市、宁波周公宅等工程同步进行的工程岩体分级与现场岩石力学试验的数据,可得出以下经验公式:

$$E_m = 0.106\,7e^{0.010\,5BQ} \qquad (7\text{-}22)$$

根据上述公式可以由 BQ 值估算岩体变形模量 E_m。表 7-39 是根据上述公式估算的各级别岩体变形模量 E 的范围值。

表 7-39 工程岩体级别与岩体变形模量 E_m 关系

工程岩体级别	BQ 值	E_m（GPa）
I	>550	>34
II	450~550	12~34
III	350~450	4~12
IV	250~350	1.5~4
V	<250	<1.5

（二）坝址区岩体力学参数估算

根据国标《工程岩体分级标准》（GB 50218—2014），对岩石坚硬程度和岩体完整程度这两个决定工程岩体性质的因素进行充分分析，结合室内试验测得或者经验公式估算的岩石单轴抗压强度 R_c，在岩体基本质量的基础上，结合不同类型的工程特点，考虑地下水状态、初始应力状态、工程轴线或走向线的方位以及主要软弱结构面产状的组合关系等进行必要修正，得到坝址区各岩组的 BQ 值，以此为基础，对坝址区各岩组工程岩体质量进行定级和参数估算。以岩组①为例，确定 R_c、K_v、K_1、K_2 以及 K_3 的数值，得到岩组①的 BQ 值为 248.5，以此为基础确定岩体级别为 V，推算变形模量 E_m 为 1.450 GPa。同理，可得到其他岩组的岩体分级及参数估算情况，具体结果如表 7-40 所示。

表 7-40 坝址区工程岩体分级及参数估算结果

岩性分组	①	②	③	④	⑤	⑥
R_c（MPa）	37	64.7	32.6	21.1	37.6	17.8
K_v	0.35	0.6	0.5	0.98	0.37	0.22
K_1	0.4	0.1	0.2	0.1	0.1	0.2
K_2	0	0	0	0	0	0
K_3	0	0	0	0	0	0
BQ 值	248.5	424.1	292.9	268.3	285.3	175.4
岩体级别	V	III	IV	IV	IV	V
E_m（GPa）	1.450	9.136	2.310	1.785	2.133	0.673

第四节 统计分析法

在岩组划分的基础上,分别采用 RMR 和 Q 法对研究区各岩组进行质量评价与参数估算。

一、RMR 法

比尼奥斯基(Bieniwaski)的地质力学分类法是采用多因素评分,求其代数和(RMR值)来评价岩体质量。主要采用了 5 个分类因素:岩石单轴抗压强度、岩石质量指标 RQD、裂面间距、裂面特征及地下水状态,其具体的评分标准如表 7-41 所列。需要说明的是:

表 7-41 岩体质量评判标准

参数			评分标准					
1	岩石强度 (MPa)	点荷载	>8	4~8	2~4	1~2	—	
		单轴抗压强度	>200	100~200	50~100	25~50	10~25	3~10	<3
	评分		15	12	7	4	2	1	0
2	岩石质量指标 RQD(%)		90~100	75~90	50~75	25~50	<25		
	评分		20	17	13	8	3		
3	裂面间距(cm)		>200	60~200	20~60	6~20	<6		
	评分		20	15	10	8	5		
4	裂面特征	粗糙度	很粗糙	微粗糙	微粗糙	光滑	—		
		张开度	未张开	<1 mm	<1 mm	1~5 mm	>5 mm		
		连续性	不连续	弱连续	弱连续	连续	连续		
		岩石风化程度	未风化	微风化	弱风化下段	弱风化上段	强风化		
		胶结度	好	较好	中等	差	极差		
	评分		25	20	12	6	0		
5	地下水		干燥	湿润	潮湿	渗水—滴水	涌水		
	评分		15	10	7	4	0		

(1)根据已有单轴抗压强度试验数据,以及点荷载强度、回弹值等资料,结合地下厂房区不同的岩性和风化状况,对各个洞室中的岩石均进行取值。

(2)RQD 的取值一般以施工阶段现场实测统计数据为准,在某一段岩体中,如有 n 个 RQD 值,则其值 $RQD = \sum_{i=1}^{n}(RQD_i)/n$。

(3)裂隙间距以野外实测及室内分析相结合,综合得出其取值范围。

（4）裂面特征。裂面粗糙度以整段的平均特征来定义，局部情况不予考虑。张开度主要考虑卸荷状况和平硐实测的情况；裂面胶结度主要结合充填物的性状考虑；结构面的连续性，对错动带和挤压带其延伸长度是主要的，而对基体裂隙则主要考虑其连通率。裂面风化程度主要根据野外的划分确定。

（5）地下水状态按干燥、湿润、潮湿、渗水—滴水、涌水等级别划分，并给予相应的权值和得分。

RMR 工程岩体分级评分标准见表7-42。

表7-42　*RMR* 工程岩体分级评分标准

RMR 总评分	100～81	80～61	60～41	40～21	≤20
岩体级别	I	II	III	IV	V
评价	优	良	中	差	劣

根据总评分值利用下列经验公式估算其变形模量：

$$E_m = 2 \times RMR - 100 \quad (55 < RMR < 90) \tag{7-23}$$

$$E_m = 10 \times (RMR - 10)/40 \quad (30 < RMR \leq 55) \tag{7-24}$$

在对各岩组工程地质条件分析的基础上，结合室内试验和结构面网络模拟成果，利用 *RMR* 法对各岩组 *RMR* 值进行计算，并完成岩体质量评价和参数估算。

在对各岩组工程地质条件分析的基础上，结合室内试验和经验类比成果，利用 *RMR* 法对各岩组 *RMR* 值进行计算，并完成岩体质量评价和参数估算。现以陈宅沟组（E_2）为例说明岩体质量评判的具体情况，陈宅沟组（E_2）为紫红色巨厚层砾岩、砂砾岩，单轴抗压强度 37 MPa，得分为 4；*RQD* 为 11.89%，得分为 3；结构面间距为 0.06 m，得分为 6；结构面强风化，泥质胶结为主，分离度 <1 mm；地下水为渗水状态；根据评分标准给出各项指标的分数，并参照 *RMR* 工程岩体分级评分标准得到陈宅沟组（E_2）*RMR* 评分分数为 20，基于该得分估算其变形模量为 2.1 GPa。同理，可确定马家河组（Pt_{2m}）、大营组（Nd）及断层带的变形模量。各岩组变形模量估算结果见表7-43。

二、*Q* 法

Barton 的 *Q* 系统分类考虑的因素与 Bieniwaski 的 *RMR* 分类法考虑因素比较接近，但它采用的得分计算方法是乘积法，即对 6 个因素进行如下的计算：

$$Q = \left(\frac{RQD}{J_n}\right)\left(\frac{J_r}{J_a}\right)\left(\frac{J_w}{SRF}\right) \tag{7-25}$$

式中：*RQD* 为岩石质量指标；J_n 为节理组数系数；J_r 为节理粗糙度系数；J_a 为节理蚀变度（变异）系数；J_w 为节理水折减系数；*SRF* 为应力折减系数。其中 *RQD* 与 J_n 的比值可粗略表示岩石的块度，J_r 与 J_a 的比值表示嵌合岩块的抗剪强度，J_w/SRF 的比值反映岩石的主动应力。根据本区的情况，其具体的取值如下：

（1）*RQD* 取值。与前面所述方法相同。

（2）J_n 取值。据野外实测与室内分析确定，具体取值如表7-44所列。

表 7-43　坝址区工程岩体分组

岩组	陈宅沟组 (E₂) ① 特征	得分	马家河组 (P₂m) ② 特征	得分	③ 特征	得分	④ 特征	得分	大营组 (Nd) ⑤ 特征	得分	断层带 ⑥ 特征	得分
岩体特征	紫红色巨厚层砾岩,砂砾岩,底部为黏土岩,黏土质砂岩		紫灰色英安岩和紫红色,灰紫色安山玢岩		灰色,浅红色或杂色凝灰岩		辉绿岩,矿物成分以辉石和斜长石为主		深灰色辉石橄榄玄武岩		浅紫红色角砾岩和碎块状岩为主	
岩块强度　点荷载强度												
岩块强度　单轴抗压强度 (MPa)	37	4	64.7	7	32.63	4	21.1	2	37.6	4	17.8	2
RQD (%)	11.89	3	14.62	3	13.73	3	55.4	9	9.1	3	11	3
结构面间距 (m)	0.06	5	1.4	15	0.2	8	0.32	10	0.2	8	0.05	5
结构面性状	强风化,泥质胶结为主,分离度<1 mm	6	岩体呈弱风化,节理裂隙较发育,连通性差;裂隙宽度为 0.5～1.5mm,多为半充填,充填延伸长度一般为 1～3 m,局部达 5 m 以上;弱透水性,泥质胶结,次为钙质胶结;软化系数为 0.78	12	较光滑,有泥质充填	15	弱风化,裂隙发育,多呈碎裂结构,完整性较差;充填物为泥质和铁锰质薄膜	15	隐晶质结构,块状构造,具气孔和杏仁构造,完整性一般	15	见碎较岩,断层泥,角砾岩多泥质胶结,部分为铁质胶结,硅质胶结为主,呈全风化-强风化,其余部分为泥,砂充填	6
地下水条件	渗水	2	潮湿	7	很湿	6	潮湿	7	潮湿	7	渗水-滴水	4
RMR 评分	20		44		36		43		37		20	
E_m (GPa)	2.1		8.5		7.5		8.25		7.75		2.5	

表 7-44 J_n 取值

节理组数	J_n 值
a. 裂隙较少且发散或只有少量隐裂隙	0.5 ~ 1
b. 1 组或 1 组加零散裂隙	2 ~ 3
c. 2 组或 2 组加零散裂隙	4 ~ 6
d. 3 组或 3 组加零散裂隙	9 ~ 12
e. 4 组或 4 组以上加零散裂隙	12 ~ 15

（3）J_r 取值。节理粗糙度系数取值标准如表 7-45 所列。

表 7-45 J_r 的取值

节理粗糙度系数	J_r 值
a. 不连续分布的裂面	4
b. 波状粗糙或不规则	3 ~ 4
c. 波状光滑	2 ~ 3
d. 平直粗糙	1.5 ~ 2
e. 平直光滑	1 ~ 1.5
f. 镜面	0.5

（4）J_a 取值。节理蚀变度系数取值标准如表 7-46 所列。

表 7-46 J_a 的取值

节理蚀变程度	J_a 值
a. 裂面闭合,充填物为石英或绿帘石等坚硬,不软化,不透水矿物	0.75 ~ 1
b. 裂面仅有微蚀变痕迹	1 ~ 2
c. 裂面微蚀变,不含软化矿物薄膜,岩砾及无黏土岩屑等	2 ~ 3
d. 裂面壁有岩屑及未软化的黏土矿物等	3 ~ 4
e. 裂面有软化或低抗剪强度的泥膜(如高岭土,石英等)	4

（5）J_w 取值。本区节理水折减系数 J_w 值根据不同的情况,一般可取 0.8 ~ 1.0。

（6）SRF 取值。应力折减系数 SRF 结合本区的情况,确定其具体取值如表 7-47 所列。

由 Q 值确定的岩体级别见表 7-48。

表 7-47　应力折减系数的取值

应力折减因素			SRF
应力高低情况	σ_c/σ_1	σ_t/σ_1	
a. 靠近地表,低应力	>200	>13	2.5
b. 中应力	200~10	13~0.66	1~2
c. 高应力	10~5	0.66~0.33	0.5~2
d. 中等岩爆	5~2.5	0.33~0.16	5~10

表 7-48　由 Q 值确定的岩体级别

Q 值	>40	10~40	1~10	0.1~1	<0.1
岩体级别	I	II	III	IV	V
评价	优	良	中	差	劣

根据计算所得 Q 值大小,利用下式估算岩体力学参数:

$$E_m = 25\lg Q \quad (Q > 1) \tag{7-26}$$

在对各岩组工程地质条件、地质成因分析的基础上,结合室内试验和结构面网络模拟成果,按照规范规程给定的各指标确定标准,对 Q 法 6 项指标:岩石质量指标 RQD、节理组数系数 J_n、节理粗糙度系数 J_r、节理蚀变度(变异)系数 J_a、节理水折减系数 J_w、应力折减系数 SRF 的值进行确定,得到各岩组 Q 值后,利用公式 $E_m = 25\lg Q$ 进行计算,并完成岩体质量评价和参数估算等工作,具体结果见表 7-49。

表 7-49　坝址区工程岩体分级

岩性分组	①	②	③	④	⑤	⑥
RQD(%)	11.89	14.62	13.73	55.40	9.10	11.00
J_n	8	2	3.7	5	2	12
J_r	2	2.7	2.1	1.1		0.5
J_a	1.0	2	3.3	5	5	2
J_w	1	1	1	1	1	1
SRF	2.5	2.5	2.5	2.5	2.5	2.5
Q 值	0.09	3.95	0.94	0.98	0.36	0.09
E_m(MPa)	—	12.51	—	—	—	—

三、RMi 法

RMi 值以通过结构面参数对岩石单轴抗压强度进行折减,来反映岩体的强度特性。其表达式为:

$$RMi = \sigma_c j_p \tag{7-27}$$

式中:σ_c 为岩块单轴抗压强度,MPa,由直径为 50 mm 的岩石试件在实验室测得;j_p 为结构面参数,其值变化在 0 ~ 1。对完整岩块取 1,破碎岩体取 0,其值按以下诸式计算:

$$j_p = 0.2 \times j_c^{0.5} V_b^D \tag{7-28}$$

$$D = 0.37 \times j_c^{0.2} \tag{7-29}$$

$$J_c = j_L \times (j_R/j_A) \tag{7-30}$$

式中:V_b 为被结构面切割成的块体体积,m³;j_c 为结构面条件系数;j_L 为结构面尺寸与连续性系数;j_R、j_A 同于 Q 指标,分别为结构面粗糙度系数和蚀变影响系数。其中 j_L、j_R、j_A 通过查表确定;块体体积主要根据结构面间距、结构面频数、体积系数等确定。

在 RMi 值计算的基础上,应用式(7-31)估算变形模量。

$$E_m = 5.6 RMi^{0.375} \tag{7-31}$$

在对各岩组工程地质条件、地质成因分析的基础上,结合室内试验和结构面网络模拟成果,查阅结构面尺寸与连续性系数、结构面粗糙度系数和蚀变影响系数,得到各岩组的单轴抗压强度和节理参数,确定各岩组的 RMi 值,利用公式 $E_m = 5.6 RMi^{0.375}$ 估算岩体变形模量。各岩组变形模量估算结果见表 7-50。

表 7-50 RMi 法岩体变形模量估算

岩组	单轴抗压强度(MPa)	节理参数(j_p)	RMi	变形模量(GPa)
①	37	0.03	0.23	0.49
②	64.7	0.53	7.12	7.2
③	32.63	0.04	1.31	2.74
④	21.1	0.068	1.44	2.83
⑤	37.6	0.07	3.72	2.11
⑥	17.8	0.01	0.19	0.35

四、GSI 法

GSI(geological strength index)法是霍克(Hoek,1995 年)及霍克、凯撒和宝登(Hoek、Kaiser 和 Baroden,1995 年)提出的。其提供了一种评价不同地质条件下岩体强度降低的方法。该方法从岩体结构条件和表面质量两方面通过曲线图表的方法确定其 GSI 值;另一种计算 GSI 评分值的方法是,对质量好的岩体($GSI > 25$),通过 Bieniawski 的 RMR 分类来评价岩体的 GSI 值。该方法可以估算硬质岩和软质岩的变形模量,特别是对于扰动的岩体和严重风化的岩体,可以估算其变形模量。在估算对于爆破破坏严重的岩体时,允许在原表格数据的基础上上移一格取值,或者在原来得出的 GSI 值基础上减去 10 左右;当爆破面或风化面已经暴露数千年时,为了把其产生的风化影响考虑在内,其 GSI 取值也要

上移一格。对于单轴抗压强度小于 100 MPa 的情况,变形模量用以下公式计算:

$$E_{\mathrm{m}} = \sqrt{\frac{\sigma_{ci}}{100}} 10^{\frac{GSI-10}{40}} \tag{7-32}$$

在对坝址区各岩组不同地质条件进行评价的基础上,从岩体结构条件和表面质量两方面通过曲线图表的方法确定其 GSI 值,同时结合室内试验得到岩体单轴抗压强度,由式(7-32)对坝址区各岩组进行参数估算。以岩组①为例,其单轴抗压强度为 37 MPa,GSI值为 20,估算变形模量为 0.61 GPa,其他岩组按同样的方法进行变形模量的估算,具体结果见表 7-51。

表 7-51　GSI 法岩体变形模量

岩组	单轴抗压强度(MPa)	GSI 值	变形模量(GPa)
①	37	20	0.61
②	64.7	44	5.69
③	32.63	36	2.55
④	21.1	43	3.07
⑤	37.6	40	3.45
⑥	17.8	20	0.73

第五节　岩体力学参数综合研究

在利用非线性分析法、Hoek-Brown 强度准则、规程规范以及统计分析法研究岩体力学参数的基础上,汇总了不同工程岩组岩体力学参数(见表 7-52);综合考虑坝址区工程地质条件及各工程地质岩组特征,给出了各岩组岩体力学参数建议值(见表 7-52)。由表 7-52可知:

(1)除 BQ 与 RMR 法估算出的岩体变形模量偏高外,其余各种方法所估算的岩体变形模型较接近。

(2)利用规范法与非线性分析方法所估算的岩体黏聚力比较接近,而采用 Hoek-Brown 强度准则所得岩体黏聚力是其他方法所得结果的 2~3 倍。

(3)对于岩体的抗拉强度与抗压强度,无论采用非线性分析法还是 Hoek-Brown 强度准则所得的结果都比较接近。

(4)由于各种估算方法所考虑因素不同,导致估算参数的结果也存在差别,在实际应用时建议结合工程地质特点,采用多种方法综合对比确定工程岩体参数建议值。

(5)表 7-52 中的参数建议值是指弱风化岩体的参数建议值,实际开挖过程中应根据不同的风化程度进行相应的折减。

表7-52 岩体力学参数汇总

岩组	参数	水利水电	铁路隧道	BQ	RMR	Q	RMi	GSI	非线性	Hoek-Brown	建议值
I	E_m(MPa)	0.46	0.2	1.45	2.1	—	0.49	0.61	0.68	0.62	0.5~2.0
	c_m(MPa)	0.24	0.15	—	—	—	—	—	0.29	1.39	0.3~1.3
	f	0.46	0.5	—	—	—	—	—	0.49	0.51	0.4~0.5
	σ_{tm}(MPa)	—	—	—	—	—	—	—	0.02	0.005	0.01~0.02
	σ_{cm}(MPa)	—	—	—	—	—	—	—	3.22	4.63	3.2~4.6
II	E_m(MPa)	5.5	7	9.136	8.5	12.51	7.2	5.69	5.42	5.42	5.5~7.0
	c_m(MPa)	0.8	0.8	—	—	—	—	—	0.90	3.91	0.8~1.0
	f	0.9	0.9	—	—	—	—	—	0.82	0.74	0.7~0.9
	σ_{tm}(MPa)	—	—	—	—	—	—	—	0.03	0.04	0.02~0.04
	σ_{cm}(MPa)	—	—	—	—	—	—	—	15.48	15.56	14.0~17.0
III	E_m(MPa)	2.5	2.5	2.31	7.5	—	2.74	2.55	2.48	1.19	2.3~3.5
	c_m(MPa)	0.5	0.5	—	—	—	—	—	0.40	1.41	0.4~0.5
	f	0.57	0.57	—	—	—	—	—	0.52	0.54	0.56~0.6
	σ_{tm}(MPa)	—	—	—	—	—	—	—	0.02	0.02	0.01~0.02
	σ_{cm}(MPa)	—	—	—	—	—	—	—	4.69	4.74	4.5~4.7

方法

续表 7-52

岩组	参数	水利水电	铁路隧道	BQ	RMR	Q	RMi	GSI	非线性	Hoek-Brown	建议值
							方法				
IV	E_m(MPa)	3	3	1.785	8.25	4.26	2.83	3.07	2.76	1.34	1.8~4.0
	c_m(MPa)	0.6	0.6	—	—	—	—	—	0.89	1.07	0.6~1.0
	f	0.6	0.6	—	—	—	—	—	0.61	0.62	0.6~0.63
	σ_{tm}(MPa)	—	—	—	—	—	—	—	0.02	0.02	0.01~0.02
	σ_{cm}(MPa)	—	—	—	—	—	—	—	3.99	3.85	3.5~4.0
V	E_m(MPa)	2.6	2.6	2.13	7.75	—	2.11	3.45	2.11	2.10	2.0~3.0
	c_m(MPa)	0.6	1.6	—	—	—	—	—	0.67	2.14	1.6~2.0
	f	0.7	0.9	—	—	—	—	—	0.69	0.71	0.7~0.9
	σ_{tm}(MPa)	—	—	—	—	—	—	—	0.03	0.02	0.02~0.03
	σ_{cm}(MPa)	—	—	—	—	—	—	—	3.60	8.31	3.6~8.3
VI	E_m(MPa)	0.2	0.2	0.673	2.5	—	0.35	0.73	0.27	0.27	0.2~0.6
	c_m(MPa)	0.1	0.1	—	—	—	—	—	0.10	0.62	0.1~0.3
	f	0.5	0.5	—	—	—	—	—	0.50	0.52	0.5~0.53
	σ_{tm}(MPa)	—	—	—	—	—	—	—	0.002	0.002	0.01~0.02
	σ_{cm}(MPa)	—	—	—	—	—	—	—	2.04	2.04	2.0~2.1

第八章　前坪水库溢洪道高边坡研究

前坪水库溢洪道进水渠段位于弱风化安山玢岩上,左岸边坡最高达到 84 m,属中—高岩质工程边坡,为前坪水库工程坝址区最高永久人工边坡。边坡是否安全稳定,需要进行专题研究。为此,在基于因子分析的非线性方法对岩体力学参数的研究成果基础上,对溢洪道左岸边坡采用立体投影法及 3DEC 进行边坡稳定性专门研究。

第一节　溢洪道工程地质分区及岩体结构特征研究

一、溢洪道工程地质分区分段

鉴于实际工程的复杂性及规模性,要想系统明确地对其分析,有必要从地层岩性、工程方向、风化程度、优势结构面产状等几方面对工程区进行分区、分段讨论。图 8-1 是在风化程度一致的情况下,对向斜边坡工程进行分区的示意图。对整个研究区而言,C、F 为岩性分界点,B、D、E、H 为工程走向分界点,G 为优势结构面产状分界点,根据这些分界点,将研究区分为 1~8 个地质分区。

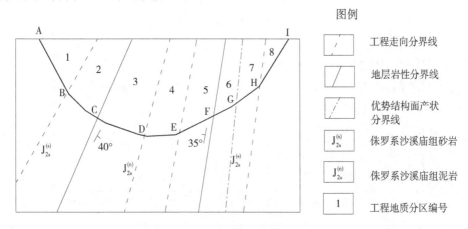

图 8-1　工程地质分区分段示意图

基于前坪水库溢洪道边坡的实际情况,依据地层岩性、工程方向、风化程度、优势结构面产状等几方面,将工程区域划分为三段进行讨论,见图 8-2,各段的代表剖面见图 8-3 ~ 图 8-5。其中 A—A′剖面所在区域岩性主要为安山玢岩,局部区域有断层出露;B—B′及 C—C′剖面所在区域岩性均主要为安山玢岩。但由于工程走向发生了变化,将溢洪道区域共划分为三段进行讨论。

比例 1∶2 000

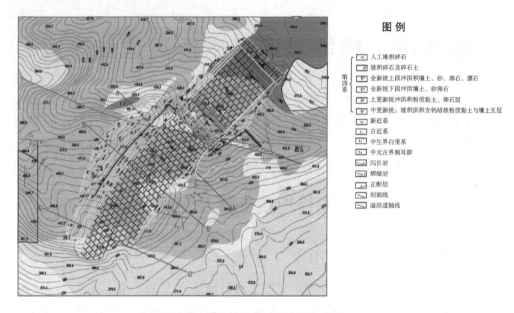

图 8-2　溢洪道工程地质分区分段图

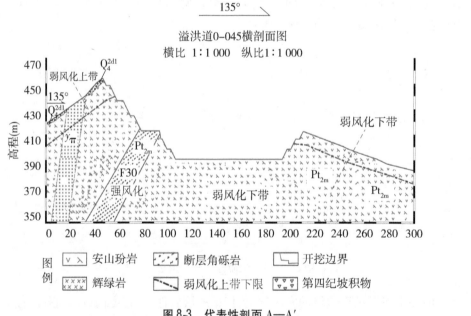

图 8-3　代表性剖面 A—A′

二、结构面分组

依据现场调研及勘察报告,对工程区的结构面进行了统计,分析了其优势结构面的产状信息,共划分了 5 组优势结构面,见表 8-1。

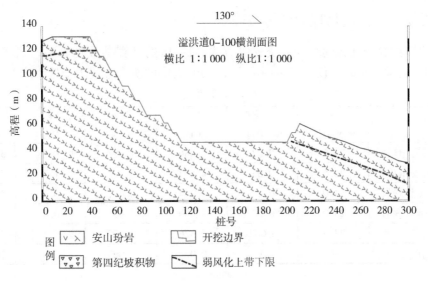

图 8-4 代表性剖面 B—B′

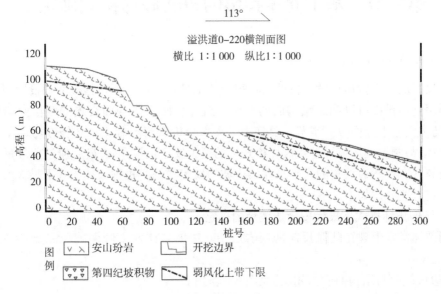

图 8-5 代表性剖面 C—C′

表 8-1 优势结构面产状

经统计后优势产状		编号
倾向(°)	倾角(°)	
190	55	J_1
10	75	J_2
270	60	J_3
63	68	J_4
276	15	J_5

三、岩体及结构面物理力学参数确定

综合原位试验、室内试验、经验类比等方法,研究区的计算参数见表 8-2。需要说明的是,采用运动学分析时仅仅采用表中的内摩擦角,表中的所有参数用于数值计算。

表 8-2　计算参数

岩性	γ (kN/m³)	抗拉强度 (MPa)	K/kN (GPa)	G/kS (GPa)	c (MPa)	φ (°)
弱风化上带安山玢岩	24.5	0.02	2.386	1.008	0.8	38.68
弱风化下带安山玢岩	26.5	0.03	4.667	2.800	1.2	41.99
弱风化上带辉绿岩	24.0	0.01	1.444	0.481	0.6	35.00
弱分化下带辉绿岩	26.0	0.02	3.889	1.410	0.9	38.68
断层破碎带	22.5	0.002	0.526	0.229	0.1	27.47
结构面	—	0	0.020	0.009	0.3	28.00

第二节　基于立体投影的边坡破坏模式确定

一、立体投影分析原理简介

立体投影法是进行运动学分析的一种很好的工具。立体投影包括等面积投影与等角投影。利用立体投影可以确定结构面的产状、方位角、两个结构面交线的倾伏向与倾伏角、两个结构面的平分面等。本节主要基于运动学分析进行单临空面边坡在考虑平面滑动、楔形滑动与倾倒破坏三种基本破坏模式下的最大安全边坡角 α,最后通过比较最大安全边坡角与现有自然边坡角的大小来评估边坡的稳定状态。每种破坏模式下最大安全边坡角的确定方法分述如下。

（一）倾倒破坏模式下最大安全边坡角的确定

倾倒破坏常常出现在陡倾反向薄层岩层中。边坡岩体发生倾倒破坏需要具备以下条件:

(1)边坡倾向与结构面倾向相反[见图 8-6(a)];

(2)结构面走向与边坡走向几乎平行或小角度相交[见图 8-6(b)]。

(3)结构面的倾角大于内摩擦角。

(4)边坡的倾角不小于结构面法线方向的倾伏角与内摩擦角之和[见图 8-6(a)]。

图 8-6 为岩体边坡发生倾倒破坏模式分析与最大安全开挖边坡角分析图。利用赤平投影的方法进行倾倒破坏最大安全边坡角的确定方法如下:

(1)对于倾倒破坏,在发生弯曲变形之前发生层内的滑动是必要的,假如结构的倾角是 δ,内摩擦角为 φ_j,边坡发生倾倒破坏的条件是边坡角 $\alpha > (90° - \delta) + \varphi_j$;图 8-6(c)中,结构面发生倾倒破坏的条件是边坡的坡角不小于结构面法线方向倾伏角与内摩擦角之和。

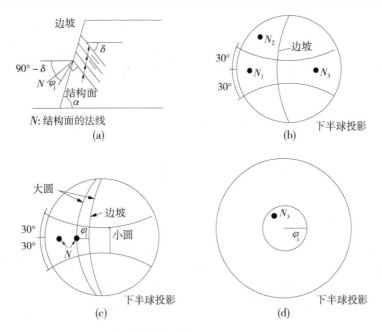

图8-6　倾倒破坏模式与最大安全开挖边坡角的确定

（2）结构面的倾向与边坡的倾向相同时，边坡发生倾倒破坏的最大安全边坡角为90°；如图8-6（b）结构面3的发生倾倒破坏时，最大安全开挖边坡角为90°。

（3）结构面的倾向与边坡倾向相反，两者倾向之间的夹角大于30°时，边坡发生倾倒破坏的最大安全边坡角为90°；图8-6（b）中结构面2发生倾倒破坏时，最大安全开挖边坡角为90°。

（4）结构面的倾向与边坡方向相反，边坡倾向与结构面倾向之间呈小角度相交，结构面的法线方向的倾伏角大于 $90° - \varphi_j$ 时，边坡发生倾倒破坏的最大安全边坡角为90°；图8-6（d）中结构面3发生倾倒破坏时，最大安全开挖边坡角为90°。

（二）平面滑动破坏模式下最大安全边坡角的确定

平面滑动：平面滑动是边坡沿某一结构面发生滑移破坏。岩体边坡发生平面滑动需要具备以下几个条件：

（1）结构面的倾角（δ）大于内摩擦角（φ）而小于边坡坡角（α）［见图8-7（a）］；如图8-7（b）中，假设 D_i 为结构面 i 的倾角矢量，D_1 可能发生平面滑动。

（2）边坡中存在侧向切割面。

（3）结构面的倾向与边坡倾向相同。

图8-7为平面滑动破坏模式与最大安全边坡角的确定方法图。利用赤平投影确定平面滑动的最大安全边坡角一般遵循以下原则：

（1）边坡的倾向与结构面倾向相同，结构面的倾角小于边坡坡角且大于结构面内摩擦角时，通过赤平投影图解的方法确定最大安全边坡角。具体确定方法如下：最大安全边坡角等于通过设计边坡走向线与结构面倾角矢量点的大圆弧的倾角。在图8-7（c）中，D 为结构面的倾角矢量，α 为假定边坡走向与倾向时的最大安全边坡角。

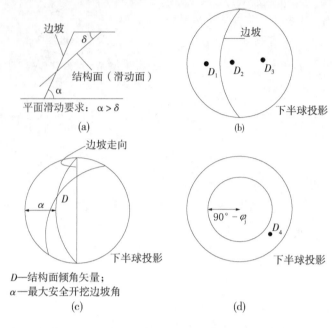

图 8-7 平面滑动破坏模式与最大安全边坡角的确定

（2）边坡的倾向与结构面的倾向相反时,最大安全边坡角为 90°,如图 8-7(b)中结构面 3 发生平面滑动的最大安全边坡角为 90°。

（3）边坡的倾向与结构面倾向相同,边坡的倾角小于结构面的倾角时,最大安全边坡角为 90°;如图 8-7(b)中,结构面 2 的倾角大于边坡的倾角,结构面 2 发生平面破坏的最大安全边坡角为 90°。

（4）结构面的倾角小于结构面的内摩擦角时,最大安全边坡角为 90°;图 8-7(d)中,结构面 4 发生平面破坏时,最大安全边坡角为 90°。

（三）楔形体破坏模式下最大安全边坡角的确定

楔形体滑动是指边坡沿两组结构面的交线或者沿一组结构面发生破坏。关于边坡沿一组结构面发生的破坏可以采用平面滑动的原理确定破坏模式与最大安全边坡角。下面主要介绍沿结构面交线发生楔形滑动时,破坏模式与最大安全边坡角的确定方法。岩体边坡发生楔形体滑动需要具备以下条件:

（1）结构面交线的倾伏角大于内摩擦角而小于边坡坡角[见图 8-8(a)];如图 8-8(b)所示中,假设 I_{ij} 为结构面 i 与结构面 j 组成的交线,I_{13} 与 I_{25} 可能发生楔形体滑动。

（2）结构面交线的倾伏向与边坡面的倾向相同。

图 8-8 为楔形体滑动破坏模式与最大安全边坡角确定分析图。利用赤平投影确定楔形体滑动的最大安全边坡角一般遵循以下原则:

（1）边坡的倾向与结构面交线的倾伏向小角度相交时,结构面交线的倾伏角小于边坡坡角且大于结构面内摩擦角时,通过赤平投影图解的方法确定最大安全边坡角。具体确定方法如下:最大安全边坡角等于通过设计边坡走向线与结构面交线(在赤平投影图中用点表示)的大圆弧的倾角。图 8-8(c)中 α 为楔形滑动的最大安全开挖边坡角。

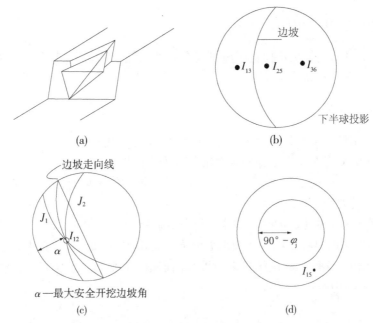

图 8-8　楔形体滑动破坏模式的确定与最大安全开挖边坡角的确定

(2)两组结构面交线的倾伏向与边坡面的倾向相反时,最大安全边坡角为90°;图 8-8(b)中结构面 3 与结构面 6 交线的倾伏向与边坡的倾伏向相反,边坡的最大安全边坡角为90°。

(3)边坡的倾向与两组结构面交线的倾伏向相同,边坡的倾角小于结构面交线的倾角时,最大安全边坡角为90°;图 8-8(b)中结构面 2 与结构面 5 组成的交线的倾伏角大于边坡面的倾角,边坡的最大安全边坡角为90°。

(4)结构面交线的倾伏角小于结构面的内摩擦角时,最大安全边坡角为90°;图 8-8(d)中结构面 1 与结构面 5 交线的倾伏角小于结构面的内摩擦角,最大安全边坡角为90°。

二、计算参数的确定

综合原位试验、室内试验、经验类比等方法,研究区的计算参数建议见表 8-3。需要说明的是:采用运动学分析时仅仅采用表中的内摩擦角,表中的所有参数用于数值计算。

表 8-3　计算参数

岩性	γ (kN/m^3)	抗拉强度 (MPa)	K/kN (GPa)	G/kS (GPa)	c (MPa)	φ (°)
弱风化上带安山玢岩	24.5	0.02	2.386	1.008	0.8	38.68
弱风化下带安山玢岩	26.5	0.03	4.667	2.800	1.2	41.99
弱风化上带辉绿岩	24.0	0.01	1.444	0.481	0.6	35.00
弱分化下带辉绿岩	26.0	0.02	3.889	1.410	0.9	38.68
断层带	22.5	0.002	0.526	0.229	0.1	27.47
结构面	—	0	0.020	0.009	0.3	28.00

三、最大安全边坡角的确定

根据以上给出的优势结构面情况分别对各段边坡进行破坏模式的分析,确定不同破坏模式下的最大安全边坡角($MSSA$)。为了方便说明现对下文所用到的符号进行简单说明。

符号说明:

T_i表示第i组结构面发生倾倒破坏时的最大安全边坡角;

J_i表示第i组结构面发生平面破坏时的最大安全边坡角;

I_{ij}表示沿第i组结构面和第j组结构面交线发生楔形体破坏时的最大安全边坡角;

$MSSA$表示最大安全边坡角(°)。

(一)剖面 A—A′左帮边坡最大安全边坡角的确定

在 AutoCAD 中做出各条结构面及坡面的赤平投影图,见图 8-9。其中,蓝色小圆代表摩擦圆(内摩擦角为 28°),红色线代表边坡走向(倾向 135°,走向为 45°),其他大圆弧分别代表各组优势结构面。

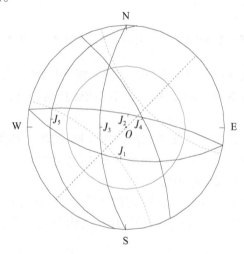

图 8-9　赤平投影图(一)

根据运动学分析,边坡发生平面滑动、楔形体滑动与倾倒破坏的最大安全边坡角见表 8-4 ~ 表 8-6。

表 8-4　倾倒破坏计算结果

摩擦角	T_1	T_2	T_3	T_4	T_5	$MSSA$
28°	90°	43°	58°	90°	90°	43°

表 8-5　平面破坏计算结果

摩擦角	J_1	J_2	J_3	J_4	J_5	$MSSA$
28°	68.1°	90°	90°	82.9°	90°	68.1°

表8-6　楔形体破坏计算结果

摩擦角	I_{12}	I_{13}	I_{14}	I_{15}	I_{23}	I_{24}	I_{25}	I_{34}	I_{35}	I_{45}	$MSSA$
28°	90°	88.7°	38.7°	90°	90°	84.6°	90°	90°	90°	90°	38.7°

由表8-4～表8-6可知,倾倒破坏的最大安全边坡角为43°,平面破坏的最大安全边坡角为68.1°,楔形体破坏的最大安全边坡角为38.7°。剖面A—A′左帮边坡开挖边坡的坡角为63°,与以上分析三种破坏模式下的最大安全边坡角进行比较可以看出,剖面A—A′左帮边坡平面破坏最大安全边坡角大于开挖边坡角,在自然情况下边坡发生平面破坏的可能性较小;但倾倒破坏和楔形体破坏的最大安全边坡角小于开挖坡角,故自然工况下存在倾倒破坏和楔形体破坏的可能。

(二)剖面B—B′左帮边坡最大安全边坡角的确定

在AutoCAD中做出各条结构面及坡面的赤平投影图,见图8-10。其中,蓝色小圆代表摩擦圆(内摩擦角为28°),红色线代表边坡走向(倾向130°,走向为40°),其他大圆弧分别代表各组优势结构面。

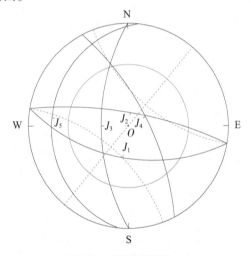

图8-10　赤平投影图(二)

根据运动学分析,边坡发生平面滑动、楔形体滑动与倾倒破坏的最大安全边坡角见表8-7～表8-9。

表8-7　倾倒破坏计算结果

摩擦角	T_1	T_2	T_3	T_4	T_5	$MSSA$
28°	90°	43°	58°	90°	90°	43°

表8-8　平面破坏计算结果

摩擦角	J_1	J_2	J_3	J_4	J_5	$MSSA$
28°	70.65°	90°	90°	80.97°	90°	70.65°

表 8-9　楔形体破坏计算结果

摩擦角	I_{12}	I_{13}	I_{14}	I_{15}	I_{23}	I_{24}	I_{25}	I_{34}	I_{35}	I_{45}	$MSSA$
28°	90°	90°	38.67°	90°	90°	82.62°	90°	90°	90°	90°	38.67°

由表 8-7 ~ 表 8-9 可知,倾倒破坏的最大安全边坡角为 43°,平面破坏的最大安全边坡角为 70.65°,楔形体破坏的最大安全边坡角为 38.67°。剖面 B—B′左帮边坡开挖边坡的坡角为 63°,与以上分析三种破坏模式下的最大安全边坡角进行比较可以看出,剖面 B—B′左帮边坡平面破坏最大安全边坡角大于开挖边坡角,在自然情况下边坡发生平面破坏的可能性较小;但倾倒破坏和楔形体破坏的最大安全边坡角小于开挖坡角,故自然工况下存在倾倒破坏和楔形体破坏的可能。

(三)剖面 C—C′左帮边坡最大安全边坡角确定

在 AutoCAD 中做出各条结构面及坡面的赤平投影图,见图 8-11。其中,蓝色小圆代表摩擦圆(内摩擦角为 28°),红色线代表边坡走向(倾向 113°,走向为 23°),其他大圆弧分别代表各组优势结构面。

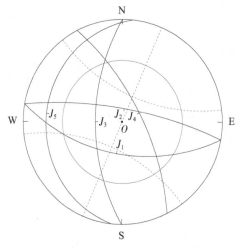

图 8-11　赤平投影图(三)

根据运动学分析,边坡发生平面滑动、楔形体滑动与倾倒破坏的最大安全边坡角见表 8-10 ~ 表 8-12。

表 8-10　倾倒破坏计算结果

摩擦角	T_1	T_2	T_3	T_4	T_5	$MSSA$
28°	90°	43°	58°	90°	90°	43°

表 8-11　平面破坏计算结果

摩擦角	J_1	J_2	J_3	J_4	J_5	$MSSA$
28°	81.02°	90°	90°	75.47°	90°	75.47°

表 8-12　楔形体破坏计算结果

摩擦角	I_{12}	I_{13}	I_{14}	I_{15}	I_{23}	I_{24}	I_{25}	I_{34}	I_{35}	I_{45}	MSSA
28°	90°	90°	40.64°	90°	90°	76.71°	90°	90°	90°	90°	40.64°

由表 8-10 ~ 表 8-12 可知,倾倒破坏的最大安全边坡角为 43°,平面破坏的最大安全边坡角为 75.47°,楔形体破坏的最大安全边坡角为 40.64°。剖面 C—C′左帮边坡开挖边坡的坡角为 63°,与以上分析三种破坏模式下的最大安全边坡角进行比较可以看出,剖面 C—C′左帮边坡平面破坏最大安全边坡角大于开挖边坡角,在自然情况下边坡发生平面破坏的可能性较小;但倾倒破坏和楔形体破坏的最大安全边坡角小于开挖坡角,故自然工况下存在倾倒破坏和楔形体破坏的可能。

四、溢洪道边坡破坏模式分析

由于发生倾倒破坏的条件是岩体陡倾,薄层、岩层倾向与坡面倾向相反,溢洪道处山体浑厚,虽然存在反倾结构面,但是结构面的间距较大,岩体完整性较好,因此研究区边坡发生倾倒破坏的可能性较小。本书利用赤平投影法重点针对边坡破坏模式中较常见的两种破坏:平面滑动及楔形体破坏进行了分析。原理简要介绍如下:

(1)平面滑动。如图 8-12(a)所示,假设坡体有图示 3 组优势结构面 J_1、J_4、J_5(由绿色的线表示),坡面用蓝色线给出,红色线表示摩擦圆。若某优势结构面圆弧线中点落在图示阴影区内,则此结构面为可能引起平面滑动的结构面,如图 8-12 所示,则 J_4 为可能引起平面滑动的结构面。

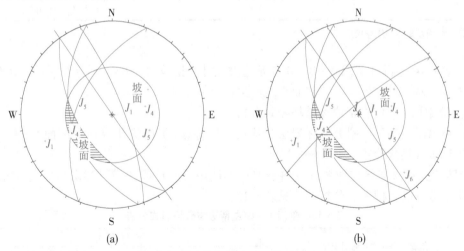

(a)　　　　　　　　　　　　(b)

图 8-12　基于赤平投影的斜坡破坏模式分析

(2)楔形体破坏。如图 8-12(b)所示,假设坡体有图示 4 组优势结构面 J_1、J_4、J_5、J_6(由绿色的线表示),坡面用蓝色线给出,红色线表示摩擦圆。楔形体破坏考察两组优势结构面交线的情况,若某两组优势结构面圆弧线的交点落在图示阴影区内,则可能产生楔形体破坏。如图 8-12 所示,沿交线 J_{45} 与交线 J_{46} 都可能发成楔形体破坏。

（一）剖面 A—A′左帮边坡破坏模式分析

依据溢洪道工程区斜坡实际岩层产状及开挖特点（阶梯状开挖），对剖面 A—A′左帮边坡进行破坏模式分析。

根据表 8-1 优势结构面统计资料与典型剖面边坡开挖面的设计边坡倾向与倾角，综合分析边坡的破坏模式。分析结果见表 8-13。

表 8-13　剖面 A—A′左帮边坡破坏模式分析

剖面 A—A′左帮坡角	破坏模式	
	平面滑动	楔形体破坏
63°	无	$I_{14}(38.7°)$

注：括号内为楔形体交线倾伏角。

由表 8-13 分析可知，剖面 A—A′左帮边坡设计开挖坡角为 63°，不存在平面滑动破坏的可能，但坡体可能沿 I_1、I_4 结构面交线产生楔形体破坏。

（二）剖面 B—B′左帮边坡破坏模式分析

依据溢洪道工程区斜坡实际岩层产状及开挖特点（阶梯状开挖），对剖面 B—B′左帮边坡进行破坏模式分析。

根据表 8-1 优势结构面统计资料与典型剖面边坡开挖面的设计边坡倾向与倾角，综合分析边坡的破坏模式。分析结果见表 8-14。

表 8-14　剖面 B—B′左帮边坡破坏模式分析

剖面 B—B′左帮坡角	破坏模式	
	平面滑动	楔形体破坏
63°	无	$I_{14}(38.67°)$

注：括号内为楔形体交线倾伏角。

由表 8-14 分析可知，剖面 B—B′左帮边坡设计开挖坡角为 63°，不存在平面滑动破坏的可能，但坡体可能沿 I_1、I_4 结构面交线产生楔形体破坏。

（三）剖面 C—C′左帮边坡破坏模式分析

依据溢洪道工程区斜坡实际岩层产状及开挖特点（阶梯状开挖），对剖面 C—C′左帮边坡进行破坏模式分析。

根据表 8-1 优势结构面统计资料与典型剖面边坡开挖面的设计边坡倾向与倾角，综合分析边坡的破坏模式。分析结果见表 8-15。

表 8-15　剖面 C—C′左帮边坡破坏模式分析

剖面 C—C′左帮坡角	破坏模式	
	平面滑动	楔形体破坏
63°	无	$I_{14}(40.64°)$

注：括号内为楔形体交线倾伏角。

由表 8-15 分析可知，剖面 C—C′左帮边坡设计开挖坡角为 63°，不存在平面滑动破坏的可能，但坡体可能沿 I_1、I_4 结构面交线产生楔形体破坏。

第三节　基于 3DEC 的边坡稳定性研究

　　大量的试验资料和研究成果表明,不连续岩体、颗粒组合体的应力、应变及破坏过程是极为复杂的。目前的岩土力学模型和方法对于解决这一问题还不够成熟,仍是一个还待重视和研究的问题。近些年来,国际岩石力学界专门召开了多次节理岩体和岩石数值计算的研讨会,国内也召开了几届岩石力学数值计算方法会议,发表了大量的论文。许多学者、专家对于非连续介质与连续介质的研究也采用不同方法,如把节理岩体等非连续介质的变形研究提到了新的高度。从目前发展趋势来看,不连续岩体的研究中有着两种途径,一种是沿用传统的连续介质力学的方法,寻求反映不连续岩体特点的本构关系;另一种是把节理裂隙作为附加条件,利用有限元或边界元方法求解。例如 Salamon,把成层岩体中的岩石看成均质、横向同性用均质连续体辨识的当量体法、Goodman 等提出单位代表当量体与真实岩体之间剪切变形与法向变形相同,略去节理厚度,来推求当量体与真实岩体之间的材料常数关系;Zienkiewiczls 等提出的多层模型,都属于前一种方法。Goodman,R E,Hoek 和 Bay,J w 的块体极限平衡分析;王思敬、王建宇的块体力学分析,以及水工结构上坝基岩体稳定性分析常用的极限刚体平衡方法,属于后一种方法。Goodman 和石根华提出的"KeyBlock"理论也是比较新颖的块体力学分析方法。

一、强度折减理论简介

　　所谓抗剪强度折减技术就是将岩体的抗剪强度指标 c 和 φ,用一个折减系数 F_s,如式(8-1)和式(8-2)所示的形式进行折减,然后用折减后的虚拟抗剪强度指标 c_F 和 φ_F,取代原来的抗剪强度指标 c 和 φ,如式(8-3)所示。

$$c_F = c/F_s \tag{8-1}$$
$$\varphi_F = \tan^{-1}\left[(\tan\varphi)/F_s\right] \tag{8-2}$$
$$\tau_F = c_F + \sigma\tan\varphi_F \tag{8-3}$$

式中:c_F 为折减后岩体虚拟的黏聚力;φ_F 为折减后岩体虚拟的内摩擦角;τ_F 为折减后的抗剪强度。

　　折减系数 F_s 的初始值取得足够小,以保证开始时是一个近乎弹性的问题。然后不断增加 F_s 的值,折减后的抗剪强度指标逐步减小,直到某一个折减抗剪强度下整个边坡发生失稳,那么在发生整体失稳之前的那个折减系数值,即岩体的实际抗剪强度指标与发生虚拟破坏时折减强度指标的比值,就是这个边坡的稳定安全系数。

二、数值模型的建立及工况确定

(一)剖面 A—A′左帮边坡模型的建立及工况选择

1. 计算模型的建立及网格划分

　　为了进一步验证上述边坡的破坏模式,并对边坡的稳定性进行定量分析,采用 3DEC 离散元软件建立三维模型对边坡的变形破坏进行模拟。根据研究区的地质条件,模型考虑了弱风化上带、弱风化下带。模型主要考虑引起边坡可能破坏模式的确定性结构面,其他随机性结构面反映在岩体计算参数的弱化上,分别建立了考虑左坡 I_{14}(楔形体破坏)和 J_1(平面破坏)破坏模式的 3DEC 模型。模型以最危险的方式考虑,结构面无限延伸且剪出口位于坡角处。模型计算范围长 300 m、宽 50 m,最高点高 114.04 m。计算采用莫尔—库仑屈服条件的弹塑性模型。模型 X 轴指向边坡左帮坡面倾向方向,Y 轴与坡面走向平行,Z 轴竖直向上。所建 3DEC 模型见图 8-13 和图 8-14。

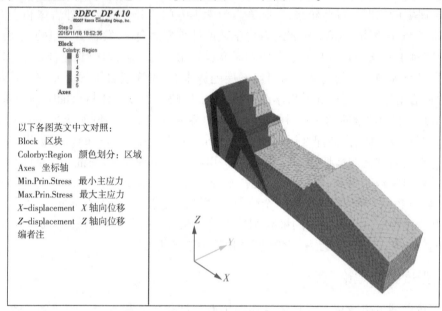

图 8-13　平面破坏模式计算模型(一)

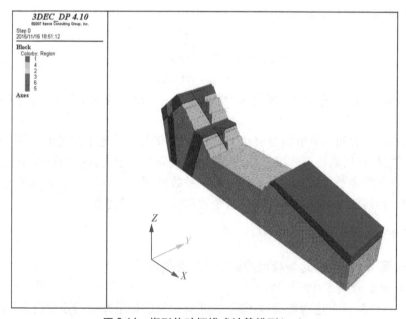

图 8-14　楔形体破坏模式计算模型(一)

2. 计算工况与参数的确定

考虑到斜坡可能存在环境的变化,选择 3 种工况进行计算,分别是自然工况、暴雨工况以及地震工况。充分考虑岩土体介质特性及结构特征,自然条件下各岩土体介质材料计算参数值见表 8-2。暴雨工况时,岩土体计算参数在表 8-2 的基础上按 90% 折减。对于地震工况,在自然工况的基础上施加一个指向坡外的水平地震加速度和一个与重力反向的方向竖直向上的竖向地震加速度。该场地位于河南省洛阳市汝阳县,根据《建筑抗震设计规范》(GB 50011—2010)、《中国地震动参数区划图》(GB 18306—2015),该场地的地震基本烈度为Ⅵ度,故本次采用设计基本地震加速度为 $0.05g$。

3. 边界条件

根据所要求的计算工况,模型左侧边界、右侧边界采用 X 向固定,前后边界采用 Y 向固定,底面边界为固定边界,斜坡面为自由边界,在 Z 轴的反向施加重力加速度。

(二) 剖面 B—B′左帮边坡模型的建立及工况选择

1. 计算模型的建立及网格划分

为了进一步验证上述边坡的破坏模式,并对边坡的稳定性进行定量分析,采用 3DEC 离散元软件建立三维模型对边坡的变形破坏进行模拟。根据研究区的地质条件,模型考虑了弱风化上带、弱风化下带。模型主要考虑引起边坡可能破坏模式的确定性结构面,其他随机性结构面反映在岩体计算参数的弱化上,分别建立了考虑左坡 I_{14}(楔形体破坏)和 J_1(平面破坏)破坏模式的 3DEC 模型。模型以最危险的方式考虑,结构面无限延伸且剪出口位于坡角处。模型计算范围长 300 m、宽 50 m,最高点高 131.8 m。计算采用莫尔—库仑屈服条件的弹塑性模型。模型 X 轴指向边坡左帮坡面倾向方向,Y 轴与坡面走向平行,Z 轴竖直向上。所建 3DEC 模型见图 8-15 和图 8-16。

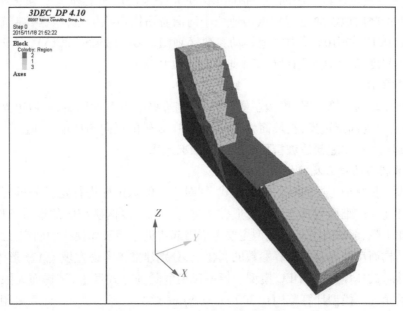

图 8-15　平面破坏模式计算模型(二)

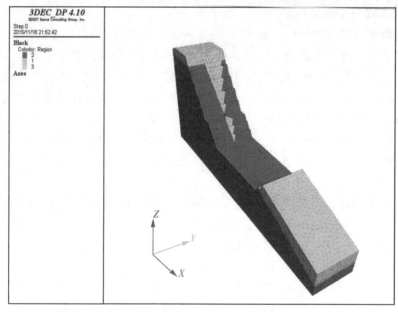

图 8-16　楔形体破坏模式计算模型(二)

2. 计算工况与参数的确定

考虑到斜坡可能存在环境变化,选择 3 种工况进行计算,分别是自然工况、暴雨工况及地震工况。充分考虑岩土体介质特性及结构特征,自然条件下各岩土体介质材料计算参数值见表 8-2。暴雨工况时,岩土体计算参数在表 8-2 的基础上按 80% 折减。对于地震工况,在自然工况的基础上施加一个指向坡外的水平地震加速度和一个与重力反向的方向竖直向上的竖向地震加速度。该场地位于河南省洛阳市汝阳县,根据《建筑抗震设计规范》(GB 50011—2010)、《中国地震动参数区划图》(GB 18306—2015),该场地的地震基本烈度为Ⅵ度,故本次采用设计基本地震加速度 $0.05g$。

3. 边界条件

根据所要求的计算工况,模型左侧边界、右侧边界采用 X 向固定,前后边界采用 Y 向固定,底面边界为固定边界,斜坡面为自由边界,在 Z 轴的反向施加重力加速度。

(三)剖面 C—C′左帮边坡模型的建立及工况选择

1. 计算模型的建立及网格划分

为了进一步验证上述边坡的破坏模式,并对边坡的稳定性进行定量分析,采用 3DEC 离散元软件建立三维模型对边坡的变形破坏进行模拟。根据研究区的地质条件,模型考虑了弱风化上带、弱风化下带。模型主要考虑引起边坡可能破坏模式的确定性结构面,其他随机性结构面反映在岩体计算参数的弱化上,分别建立了考虑左坡 I_{14}(楔形体破坏)和 J_1(平面破坏)破坏模式的 3DEC 模型。模型以最危险的方式考虑,结构面无限延伸且剪出口位于坡角处。模型计算范围长 300 m、宽 50 m,最高点高 113 m。计算采用莫尔—库仑屈服条件的弹塑性模型。模型 X 轴指向边坡左帮坡面倾向方向,Y 轴与坡面走向平行,Z 轴竖直向上。所建 3DEC 模型见图 8-17 和图 8-18。

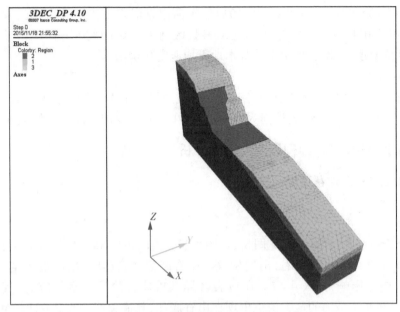

图 8-17　平面破坏模式计算模型（三）

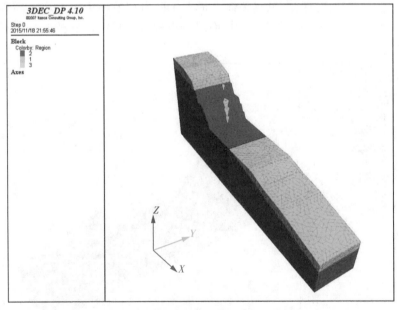

图 8-18　楔形体破坏模式计算模型（三）

2. 计算工况与参数的确定

考虑到斜坡可能存在环境的变化,选择 3 种工况进行计算,分别是自然工况、暴雨工况及地震工况。充分考虑岩土体介质特性及结构特征,自然条件下各岩土体介质材料计算参数值见表 8-2。暴雨工况时,岩土体计算参数在表 8-2 的基础上按 80% 折减。对于地震工况,在自然工况的基础上施加一个指向坡外的水平地震加速度和一个与重力反向的方向竖直向上的竖向地震加速度。该场地位于河南省洛阳市汝阳县,根据《建筑抗震设计规范》(GB 50011—2010)、《中国地震动参数区划图》(GB 18306—2015),该场地的地震基本烈度为Ⅵ度,故本次采用设计基本地震加速度0.05g。

3. 边界条件

根据所要求的计算工况,模型左侧边界、右侧边界采用X向固定,前后边界采用Y向固定,底面边界为固定边界,斜坡面为自由边界,在Z轴的反向施加重力加速度。

三、溢洪道边坡各破坏模式稳定性分析

(一)剖面 A—A′左帮边坡计算结果

1. 平面破坏

1)自然工况

应力分析:主应力计算结果见图8-19、图8-20。由图8-19和图8-20可以看出,最大主应力最大值为13.189 MPa左右,出现位置在山脊底部,随着高程增高最大主应力减小。由于边界效应的影响,最大主应力在坡表及局部单体台阶处产生拉应力,其值在0~0.019 MPa。最小主应力的最大值也出现在山脊底部,其最大值约为3.027 4 MPa。由于边界效应等的影响,最小主应力在坡表及局部单体台阶处产生拉应力,其值在0~0.03 MPa。同时由于结构面的存在,虽然整体上最大主应力和最小主应力均随高程的增高而减小,但在局部由于变形不连续及在结构面附近出现应力集中而导致部分区域主应力值存在反常现象。

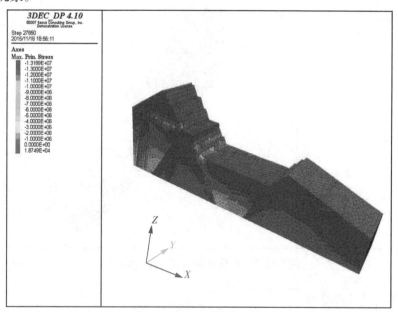

图8-19　最大主应力分布图(一)

位移分析:位移计算结果见图8-21、图8-22。由图8-21和图8-22可见,X轴向最大位移集中在坡面局部台阶处,最大位移约8.071 9 cm,显示了局部台阶相对于边坡整体是不稳定的。Z轴向位移随高程的增大而增大,最大位移约14.393 cm。

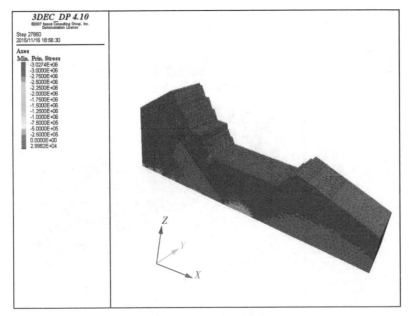

图 8-20　最小主应力分布图(一)

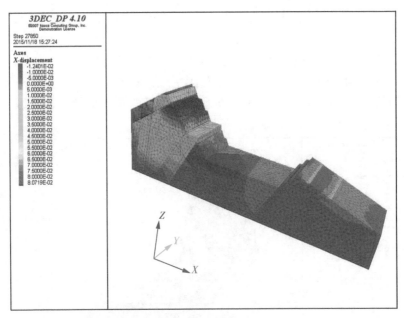

图 8-21　X 轴向位移图(一)

稳定性分析:经过 3DEC 采用强度折减法稳定性计算,得出自然工况下剖面 A—A′左帮边坡平面破坏模式的边坡稳定性系数为 1.23,故边坡整体处于稳定状态。

2)暴雨工况

应力分析:主应力计算结果见图 8-23、图 8-24。由图 8-23 和图 8-24 可以看出,最大主应力最大值为 11.796 MPa 左右,出现位置在山脊底部,随着高程增高最大主应力减小。

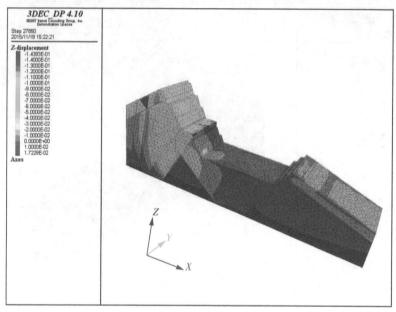

图 8-22　Z 轴向位移图(一)

由于边界效应等的影响,最大主应力在坡表及局部单体台阶处产生拉应力,其值在 0 ~ 0.011 7 MPa。最小主应力的最大值也出现在山脊底部,其最大值约为 2.954 4 MPa。由边界效应等的影响,最小主应力在坡表及局部单体台阶处产生拉应力,其值在 0 ~ 0.027 MPa。同时由于结构面的存在,虽然整体上最大主应力和最小主应力均随高程的增高而减小,但在局部由于变形不连续及在结构面附近出现应力集中而导致部分区域主应力值存在反常现象。

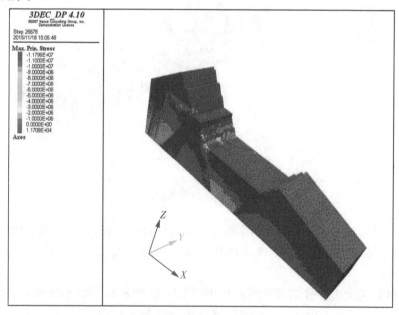

图 8-23　最大主应力分布图(二)

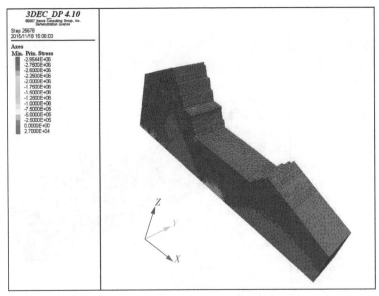

图 8-24　最小主应力分布图(二)

位移分析:位移计算结果见图 8-25、图 8-26。由图 8-25 和图 8-26 可见,X 轴向最大位移集中在坡面局部台阶处,最大位移约 9.102 1 cm,显示了局部台阶相对于边坡整体是不稳定的。Z 轴向位移随高程的增大而增大,最大位移约 13.67 cm。

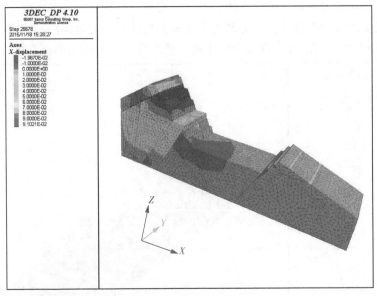

图 8-25　X 轴向位移图(二)

稳定性分析:经过 3DEC 采用强度折减法稳定性计算,得出暴雨工况下剖面 A—A′左帮边坡平面破坏模式的边坡稳定性系数为 1.10,故边坡整体处于稳定状态。

3)地震工况

应力分析:主应力计算结果见图 8-27、图 8-28。由图 8-27 和图 8-28 可以看出,最大主

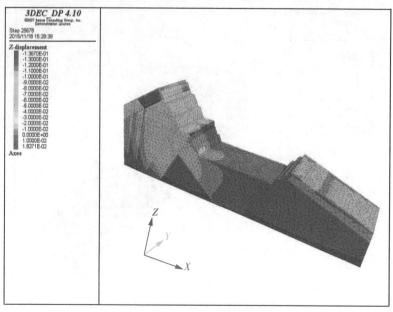

图 8-26　Z 轴向位移图(二)

应力最大值为 14.030 MPa 左右,出现位置在山脊底部,随着高程增高最大主应力减小。最小主应力的最大值也出现在山脊底部,其最大值约为 3.320 7 MPa。由边界效应等的影响,最小主应力在坡表及局部单体台阶处产生拉应力,其值在 0 ~ 0.03 MPa。同时由于结构面的存在,虽然整体上最大主应力和最小主应力均随高程的增高而减小,但在局部由于变形不连续及在结构面附近出现应力集中而导致部分区域主应力值存在反常现象。

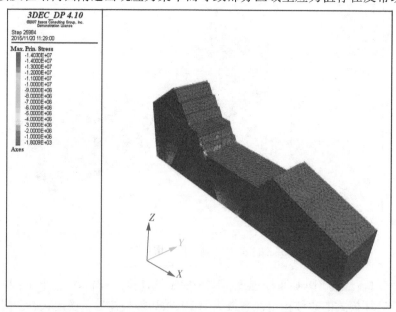

图 8-27　最大主应力分布图(三)

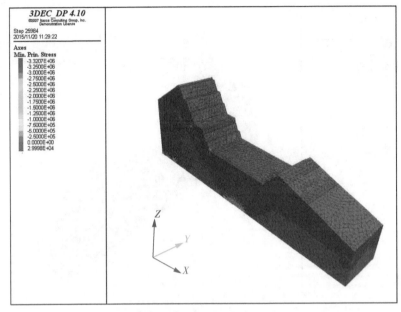

图 8-28　最小主应力分布图(三)

位移分析:位移计算结果见图 8-29、图 8-30。由图 8-29 和图 8-30 可见,X 轴向最大位移集中在坡面局部台阶处,最大位移约 10.872 cm,显示了局部台阶相对于边坡整体是不稳定的。Z 轴向位移随高程的增大而增大,最大位移约 14.946 cm。

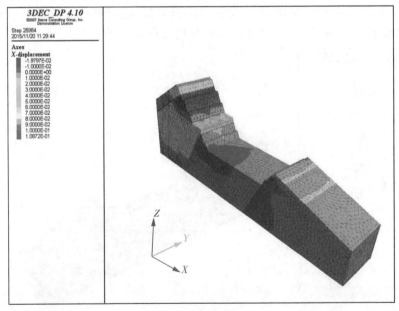

图 8-29　X 轴向位移图(三)

稳定性分析:经过 3DEC 采用强度折减法稳定性计算,得出地震工况下剖面 A—A′左帮边坡平面破坏模式的边坡稳定性系数为 1.04,故边坡整体处于临界稳定状态。

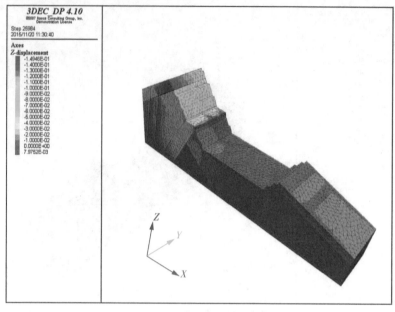

图8-30　Z轴向位移图(三)

2. 楔形体破坏

1)自然工况

应力分析:主应力计算结果见图8-31、图8-32。由图8-31和图8-32可以看出,最大主应力最大值为14.514 MPa左右,出现位置在山脊底部,随着高程增高最大主应力减小。由于边界效应等的影响,最大主应力在坡表及局部单体台阶处产生拉应力,其值在0~

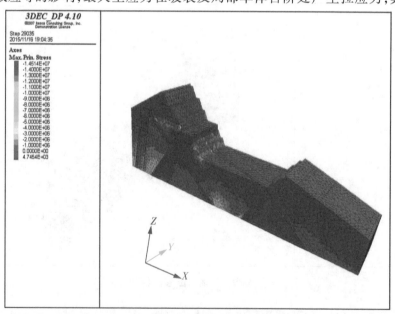

图8-31　最大主应力分布图(四)

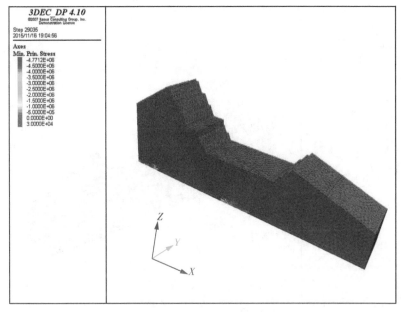

图 8-32　最小主应力分布图(四)

0.004 7 MPa。最小主应力的最大值也出现在山脊底部,其最大值约为 4.771 MPa。由边界效应等的影响,最小主应力在坡表及局部单体台阶处产生拉应力,其值在 0 ~ 0.03 MPa。同时由于结构面的存在,虽然整体上最大主应力和最小主应力均随高程的增高而减小,但在局部由于变形不连续及在结构面附近出现应力集中而导致部分区域主应力值存在反常现象。

位移分析:位移计算结果见图 8-33、图 8-34。由图 8-33 和图 8-34 可见,X 轴向最大位

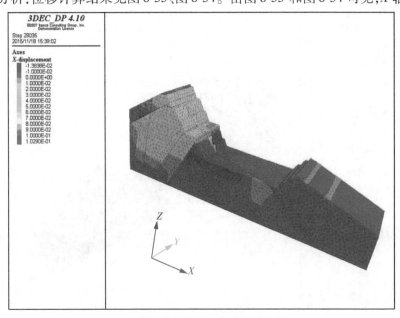

图 8-33　X 轴向位移图(四)

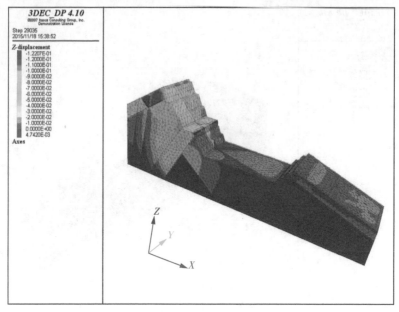

图 8-34 *Z* 轴向位移图（四）

移集中在坡面楔形体底部断层附近台阶处,最大位移约 10.290 cm,显示了局部台阶相对于边坡整体是不稳定的。*Z* 轴向位移随高程的增大而增大,最大位移约 12.207 cm。

稳定性分析:经过 3DEC 采用强度折减法稳定性计算,得出自然工况下剖面 A—A′左帮边坡楔形体破坏模式的边坡稳定性系数为 1.18,故边坡整体处于稳定状态。

2)暴雨工况

应力分析:主应力计算结果见图 8-35、图 8-36。由图 8-35 和图 8-36 可以看出,最大主

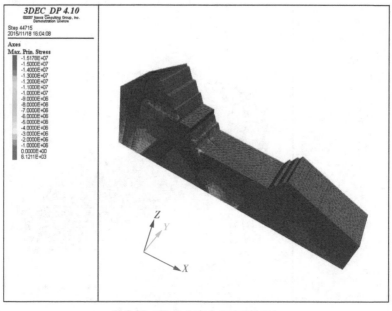

图 8-35 最大主应力分布图（五）

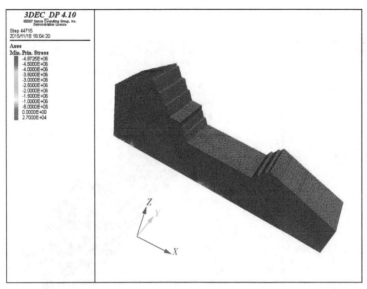

图 8-36　最小主应力分布图(五)

应力最大值为 15.178 MPa 左右,出现位置在山脊底部,随着高程增高最大主应力减小。由于边界效应等的影响,最大主应力在坡表及局部单体台阶处产生拉应力,其值在 0 ~ 0.006 1 MPa。最小主应力的最大值也出现在山脊底部,其最大值约为 4.972 5 MPa。由于边界效应等的影响,最小主应力在坡表及局部单体台阶处产生拉应力,其值在 0 ~ 0.027 MPa。同时由于结构面的存在,虽然整体上最大主应力和最小主应力均随高程的增高而减小,但在局部由于变形不连续及在结构面附近出现应力集中而导致部分区域主应力值存在反常现象。

位移分析:位移计算结果见图 8-37、图 8-38。由图 8-37 和图 8-38 可见,X 轴向最大位

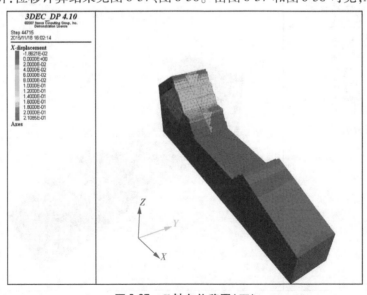

图 8-37　X 轴向位移图(五)

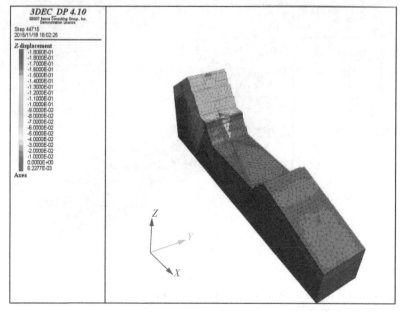

图 8-38　Z 轴向位移图(五)

移集中在坡面楔形体底部断层附近台阶处,最大位移约 21.085 cm,显示了局部台阶相对于边坡整体是不稳定的。Z 轴向位移随高程的增大而增大,最大位移约 18.060 cm。

稳定性分析:经过 3DEC 采用强度折减法稳定性计算,得出暴雨工况下剖面 A—A′左帮边坡楔形体破坏模式的边坡稳定性系数为 1.06,故边坡整体处于稳定状态。

3)地震工况

应力分析:主应力计算结果见图 8-39、图 8-40。由图 8-39 和图 8-40 可以看出,最大主

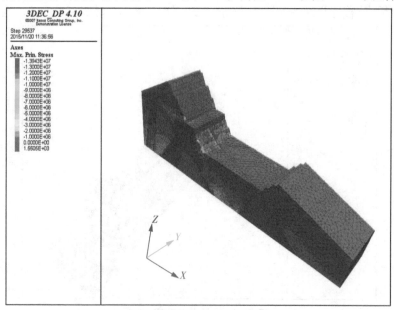

图 8-39　最大主应力分布图(六)

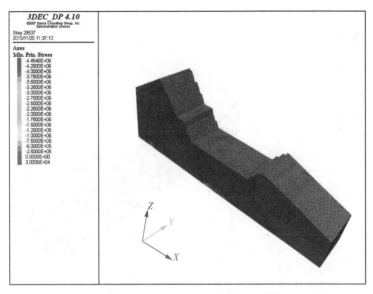

图 8-40　最小主应力分布图(六)

应力最大值为 13.943 MPa 左右,出现位置在山脊底部,随着高程增高最大主应力减小。由于边界效应等的影响,最大主应力在坡表及局部单体台阶处产生拉应力,其值在 0 ~ 0.001 6 MPa。最小主应力的最大值也是出现在山脊底部,其最大值约为 4.454 6 MPa。由于边界效应等的影响,最小主应力在坡表及局部单体台阶处产生拉应力,其值在 0 ~ 0.03 MPa。同时由于结构面的存在,虽然整体上最大主应力和最小主应力均随高程的增高而减小,但在局部由于变形不连续及在结构面附近出现应力集中而导致部分区域主应力值存在反常现象。

位移分析:位移计算结果见图 8-41、图 8-42。由图 8-41 和图 8-42 可见,X 轴向最大位

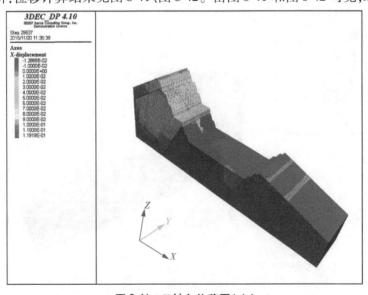

图 8-41　X 轴向位移图(六)

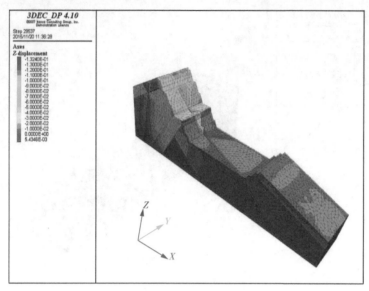

图 8-42　Z 轴向位移图（六）

移集中在坡面楔形体底部断层附近台阶处,最大位移约 11.919 cm,显示了局部台阶相对于边坡整体是不稳定的。Z 轴向位移随高程的增大而增大,最大位移约 13.240 cm。

稳定性分析:经过 3DEC 采用强度折减法稳定性计算,得出地震工况下剖面 A—A′左帮边坡楔形体破坏模式的边坡稳定性系数为 1.00,故边坡整体处于极限稳定状态。

(二)剖面 B—B′左帮边坡计算结果

1. 平面破坏

1)自然工况

应力分析:主应力计算结果见图 8-43、图 8-44。由图 8-43 和图 8-44 可以看出,最大主

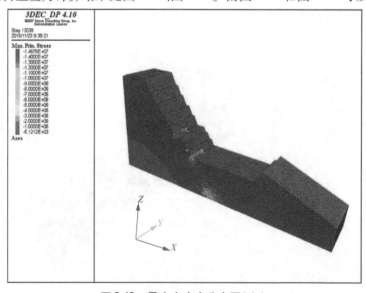

图 8-43　最大主应力分布图（七）

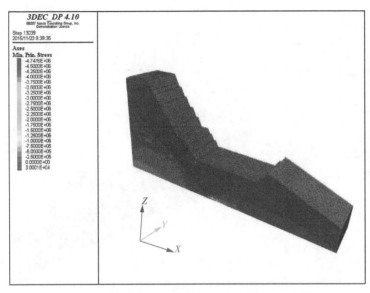

图 8-44　最小主应力分布图(七)

应力最大值为 14.678 MPa 左右,出现位置在山脊底部,随着高程增高最大主应力减小。由于边界效应等的影响,最大主应力在坡表及局部单体台阶处产生拉应力,其值在 0 ~ 0.005 12 MPa。最小主应力的最大值也出现在山脊底部,其最大值约为 4.747 6 MPa。由边界效应等的影响,最小主应力在坡表及局部单体台阶处产生拉应力,其值在 0 ~ 0.03 MPa。同时由于结构面的存在,虽然整体上最大主应力和最小主应力均随高程的增高而减小,但在局部由于变形不连续及在结构面附近出现应力集中而导致部分区域主应力值存在反常现象。

位移分析:位移计算结果见图 8-45、图 8-46。由图 8-45 和图 8-46 可见,X 轴向最大位

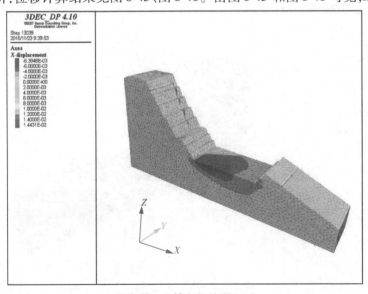

图 8-45　X 轴向位移图(七)

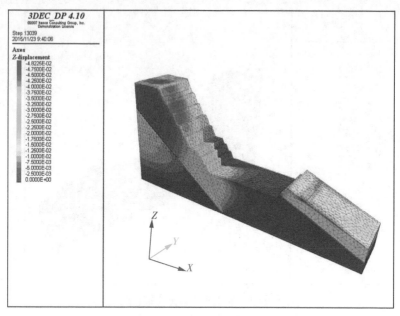

图 8-46　Z 轴向位移图(七)

移集中在坡面局部台阶处,最大位移约 1.443 1 cm,显示了局部台阶相对于边坡整体是不稳定的。Z 轴向位移随高程的增大而增大,最大位移约 4.822 5 cm。

稳定性分析:经过 3DEC 采用强度折减法稳定性计算,得出自然工况下剖面 B—B′左帮边坡平面破坏模式的边坡稳定性系数为 1.35,故边坡整体处于稳定状态。

2)暴雨工况

应力分析:主应力计算结果见图 8-47、图 8-48。由图 8-47 和图 8-48 可以看出,最大主

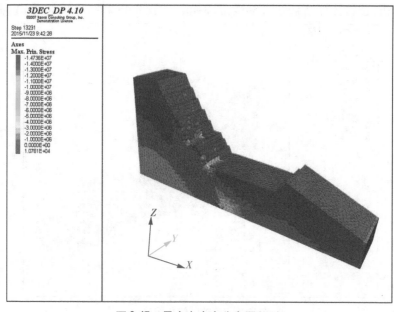

图 8-47　最大主应力分布图(八)

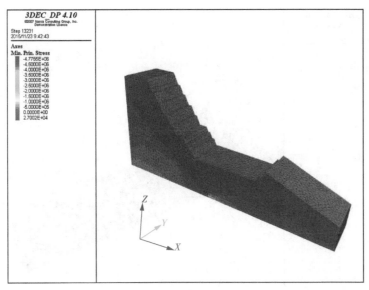

图 8-48　最小主应力分布图(八)

应力最大值为 14.736 MPa 左右,出现位置在山脊底部,随着高程的增高最大主应力减小。由于边界效应等的影响,最大主应力在坡表及局部单体台阶处产生拉应力,其值在 0 ~ 0.010 76 MPa。最小主应力的最大值也出现在山脊底部,其最大值约为 4.775 5 MPa。由于边界效应等的影响,最小主应力在坡表及局部单体台阶处产生拉应力,其值在 0 ~ 0.027 MPa。同时由于结构面的存在,虽然整体上最大主应力和最小主应力均随高程的增高而减小,但在局部由于变形不连续及在结构面附近出现应力集中而导致部分区域主应力值存在反常现象。

位移分析:位移计算结果见图 8-49、图 8-50。由图 8-49 和图 8-50 可见,X 轴向最大位

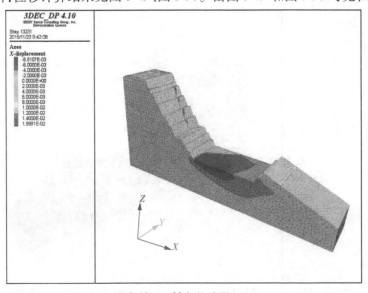

图 8-49　X 轴向位移图(八)

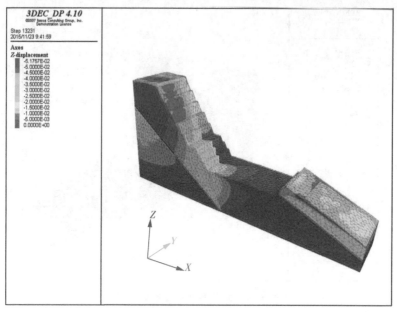

图 8-50 Z 轴向位移图(八)

移集中在坡面局部台阶处,最大位移约 1.599 1 cm,显示了局部台阶相对于边坡整体是不稳定的。Z 轴向位移随高程的增大而增大,最大位移约 5.175 7 cm。

稳定性分析:经过 3DEC 采用强度折减法稳定性计算,得出暴雨工况下剖面 B—B′左帮边坡平面破坏模式的边坡稳定性系数为 1.13,故边坡整体处于稳定状态。

3)地震工况

应力分析:主应力计算结果见图 8-51、图 8-52。由图 8-51 和图 8-52 可以看出,最大主

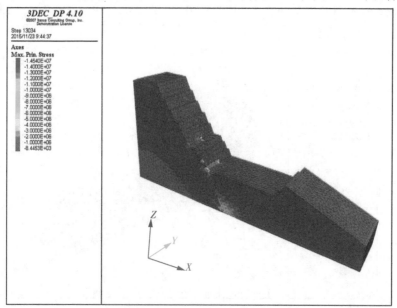

图 8-51   最大主应力分布图(九)

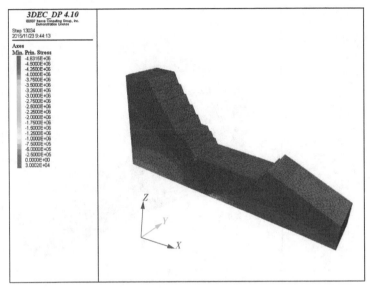

图 8-52　最小主应力分布图(九)

应力最大值为 14.540 MPa 左右,出现位置在山脊底部,随着高程的增高最大主应力减小。由于边界效应等的影响,最大主应力在坡表及局部单体台阶处产生拉应力,其值在 0 ~ 0.008 45 MPa。最小主应力的最大值也出现在山脊底部,其最大值约为 4.631 5 MPa。由于边界效应等的影响,最小主应力在坡表及局部单体台阶处产生拉应力,其值在 0 ~ 0.03 MPa。同时,由于结构面的存在,虽然整体上最大主应力和最小主应力均随高程的增高而减小,但在局部由于变形不连续及在结构面附近出现应力集中而导致部分区域主应力值存在反常现象。

位移分析:位移计算结果见图 8-53、图 8-54。由图 8-53 和图 8-54 可见,X 轴向最大位

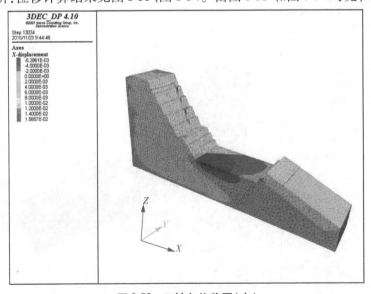

图 8-53　X 轴向位移图(九)

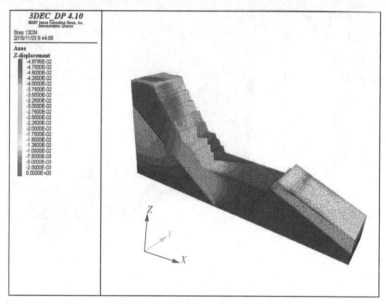

图 8-54 Z 轴向位移图(九)

移集中在坡面局部台阶处,最大位移约 1.565 7 cm,显示了局部台阶相对于边坡整体是不稳定的。Z 轴向位移随高程的增大而增大,最大位移约 4.887 95 cm。

稳定性分析:经过 3DEC 采用强度折减法稳定性计算,得出地震工况下剖面 B—B′ 左帮边坡平面破坏模式的边坡稳定性系数为 1.07,故边坡整体处于临界稳定状态。

2. 楔形体破坏

1)自然工况

应力分析:主应力计算结果见图 8-55、图 8-56。由图 8-55 和图 8-56 可以看出,最大主

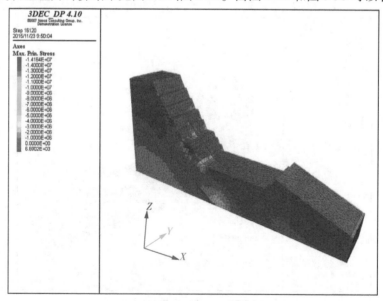

图 8-55 最大主应力分布图(十)

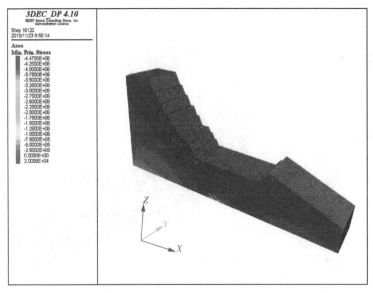

图 8-56　最小主应力分布图(十)

应力最大值为 14.164 MPa 左右,出现位置在山脊底部,随着高程的增高最大主应力减小。由于边界效应等的影响,最大主应力在坡表及局部单体台阶处产生拉应力,其值在 0 ~ 0.006 7 MPa。最小主应力的最大值也出现在山脊底部,其最大值约为 4.470 5 MPa。由于边界效应等的影响,最小主应力在坡表及局部单体台阶处产生拉应力,其值在 0 ~ 0.03 MPa。同时由于结构面的存在,虽然整体上最大主应力和最小主应力均随高程的增高而减小,但在局部由于变形不连续及在结构面附近出现应力集中而导致部分区域主应力值存在反常现象。

位移分析:位移计算结果见图 8-57、图 8-58。由图 8-57 和图 8-58 可见,X 轴向最大位

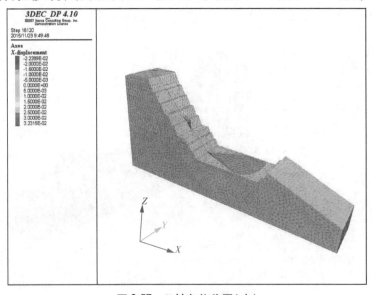

图 8-57　X 轴向位移图(十)

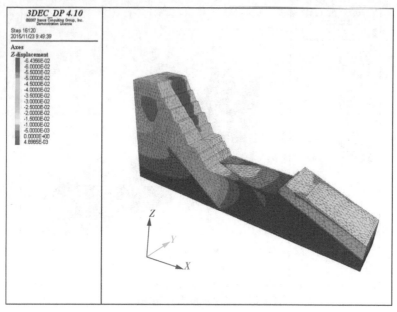

图8-58 Z 轴向位移图(十)

移集中在坡面楔形体底部局部台阶处,最大位移约 3. 231 5 cm,显示了局部台阶相对于边坡整体是不稳定的。Z 轴向位移随高程的增大而增大,最大位移约 6. 436 cm。

稳定性分析:经过 3DEC 采用强度折减法稳定性计算,得出自然工况下剖面 B—B′左帮边坡楔形体破坏模式的边坡稳定性系数为 1. 21,故边坡整体处于稳定状态。

2)暴雨工况

应力分析:主应力计算结果见图 8-59、图 8-60。由图 8-59 和图 8-60 可以看出,最大主

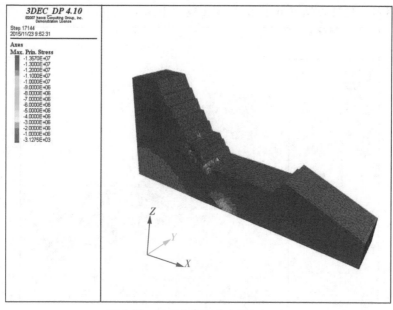

图 8-59 最大主应力分布图(十一)

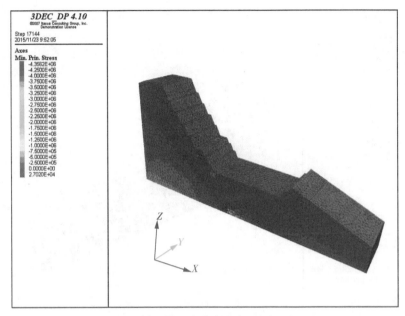

图 8-60　最小主应力分布图(十一)

应力最大值为 13.570 MPa 左右,出现位置在山脊底部,随着高程的增高最大主应力减小。最小主应力的最大值也出现在山脊底部,其最大值约为 4.356 2 MPa。由于边界效应等的影响,最小主应力在坡表及局部单体台阶处产生拉应力,其值在 0～0.027 MPa。同时,由于结构面的存在,虽然整体上最大主应力和最小主应力均随高程的增高而减小,但在局部由于变形不连续及在结构面附近出现应力集中而导致部分区域主应力值存在反常现象。

位移分析:位移计算结果见图 8-61、图 8-62。由图 8-61 和图 8-62 可见,X 轴向最大位

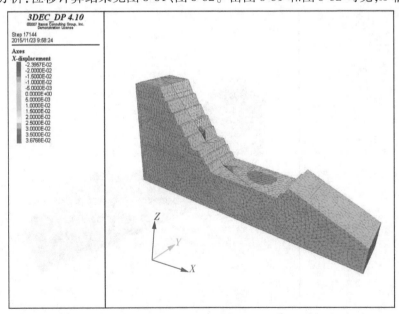

图 8-61　X 轴向位移图(十一)

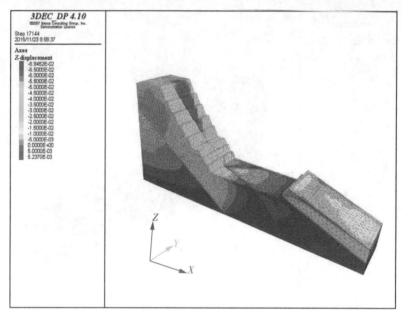

图 8-62　Z 轴向位移图(十一)

移集中在坡面楔形体底部局部台阶处,最大位移约 3. 676 8 cm,显示了局部台阶相对于边坡整体是不稳定的。Z 轴向位移随高程的增大而增大,最大位移约 6. 945 2 cm

稳定性分析:经过 3DEC 采用强度折减法稳定性计算,得出暴雨工况下剖面 B—B′左帮边坡楔形体破坏模式的边坡稳定性系数为 1. 09,故边坡整体处于稳定状态。

3)地震工况

应力分析:主应力计算结果见图 8-63、图 8-64。由图 8-63 和图 8-64 可以看出,最大主

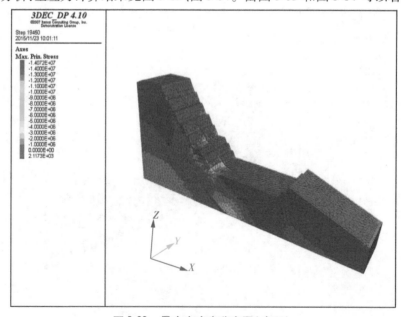

图 8-63　最大主应力分布图(十二)

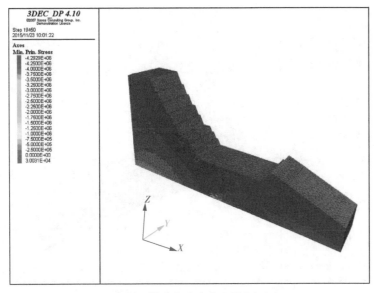

图 8-64 最小主应力分布图(十二)

应力最大值为 14.072 MPa 左右,出现位置在山脊底部,随着高程的增高最大主应力减小。由于边界效应等的影响,最大主应力在坡表及局部单体台阶处产生拉应力,其值在 0 ~ 0.002 12 MPa。最小主应力的最大值也出现在山脊底部,其最大值约为 4.292 9 MPa。由于边界效应等的影响,最小主应力在坡表及局部单体台阶处产生拉应力,其值在 0 ~ 0.03 MPa。同时,由于结构面的存在,虽然整体上最大主应力和最小主应力均随高程的增高而减小,但在局部由于变形不连续及在结构面附近出现应力集中而导致部分区域主应力值存在反常现象。

位移分析:位移计算结果见图 8-65、图 8-66。由图 8-65 和图 8-66 可见,X 轴向最大位

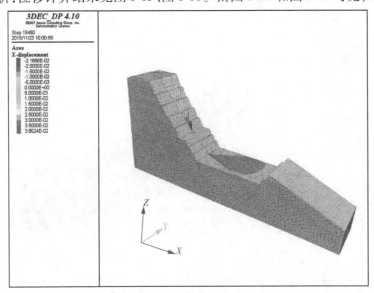

图 8-65 X 轴向位移图(十二)

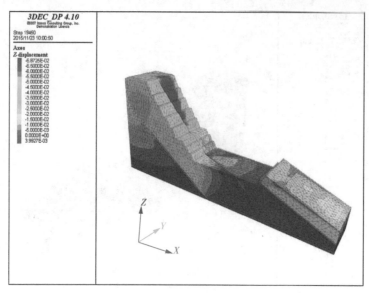

图 8-66　Z 轴向位移图(十二)

移集中在坡面楔形体底部局部台阶处,最大位移约 3.862 4 cm,显示了局部台阶相对于边坡整体是不稳定的。Z 轴向位移随高程的增大而增大,最大位移约 6.872 5 cm。

稳定性分析:经过 3DEC 采用强度折减法稳定性计算,得出地震工况下剖面 B—B′左帮边坡楔形体破坏模式的边坡稳定性系数为 1.03,故边坡整体处于临界稳定状态。

(三)剖面 C—C′左帮边坡计算计算结果

1. 平面破坏

1)自然工况

应力分析:主应力计算结果见图 8-67、图 8-68。由图 8-67 和图 8-68 可以看出,最大主

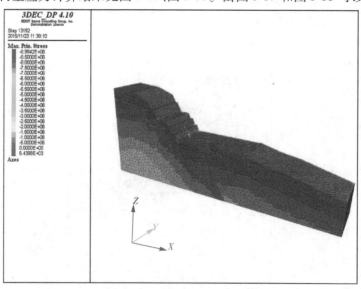

图 8-67　最大主应力分布图(十三)

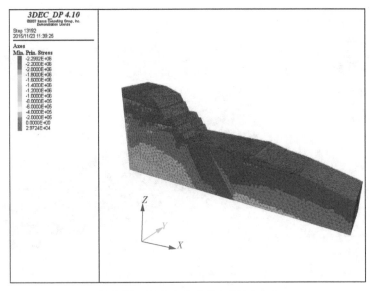

图 8-68　最小主应力分布图(十三)

应力最大值为 8.994 2 MPa 左右,出现位置在山脊底部,随着高程的增高最大主应力减小。由于边界效应等的影响,最大主应力在坡表及局部单体台阶处产生拉应力,其值在 0~0.006 44 MPa。最小主应力的最大值也出现在山脊底部,其最大值约为 2.299 2 MPa。由于边界效应等的影响,最小主应力在坡表及局部单体台阶处产生拉应力,其值在 0~0.03 MPa。同时,由于结构面的存在,虽然整体上最大主应力和最小主应力均随高程的增高而减小,但在局部由于变形不连续及在结构面附近出现应力集中而导致部分区域主应力值存在反常现象。

位移分析:位移计算结果见图 8-69、图 8-70。由图 8-69 和图 8-70 可见,X 轴向最大位

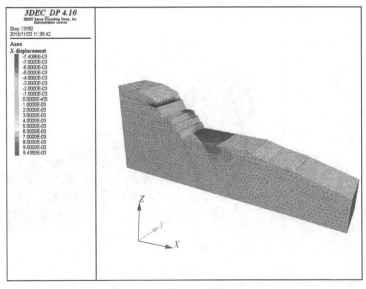

图 8-69　X 轴向位移图(十三)

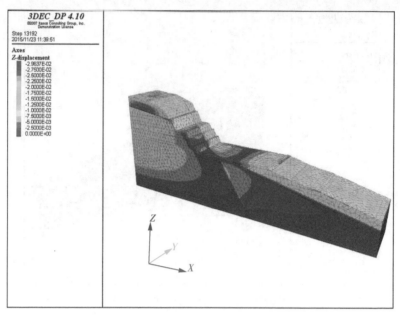

图 8-70 Z 轴向位移图(十三)

移集中在坡面弱风化上带局部台阶处,最大位移约 0.940 cm,显示了局部台阶相对于边坡整体是不稳定的。Z 轴向位移随高程的增大而增大,最大位移约 2.963 7 cm。

稳定性分析:经过 3DEC 采用强度折减法稳定性计算,得出自然工况下剖面 C—C′ 左帮边坡平面破坏模式的边坡稳定性系数为 1.40,故边坡整体处于稳定状态。

2)暴雨工况

应力分析:主应力计算结果见图 8-71、图 8-72。由图 8-71 和图 8-72 可以看出,最大主

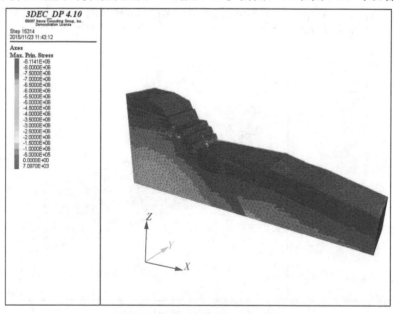

图 8-71 最大主应力分布图(十四)

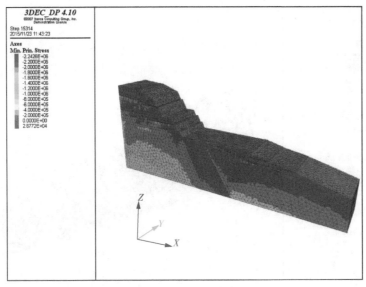

图 8-72　最小主应力分布图(十四)

应力最大值为 8. 114 1 MPa 左右,出现位置在山脊底部,随着高程的增高最大主应力减小。由于边界效应等的影响,最大主应力在坡表及局部单体台阶处产生拉应力,其值在 0 ~ 0. 007 1 MPa。最小主应力的最大值也出现在山脊底部,其最大值约为 2. 242 6 MPa。由于边界效应等的影响,最小主应力在坡表及局部单体台阶处产生拉应力,其值在 0 ~ 0. 027 MPa。同时,由于结构面的存在,虽然整体上最大主应力和最小主应力均随高程的增高而减小,但在局部由于变形不连续及在结构面附近出现应力集中而导致部分区域主应力值存在反常现象。

位移分析:位移计算结果见图 8-73、图 8-74。由图 8-73 和图 8-74 可见,X 轴向最大位

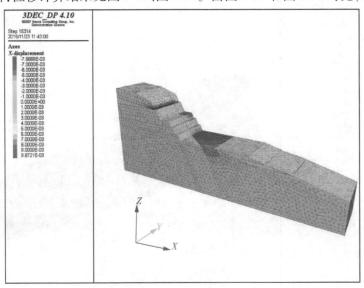

图 8-73　X 轴向位移图(十四)

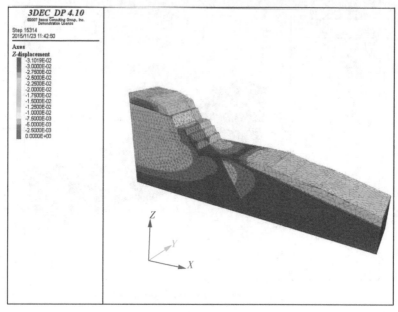

图 8-74 Z 轴向位移图(十四)

移集中在坡面上风化带局部台阶处,最大位移约 0.987 21 cm,显示了局部台阶相对于边坡整体是不稳定的。Z 轴向位移随高程的增大而增大,最大位移约 3.101 9 cm。

稳定性分析:经过 3DEC 采用强度折减法稳定性计算,得出暴雨工况下 C—C′左帮边坡平面破坏模式的边坡稳定性系数为 1.20,故边坡整体处于稳定状态。

3)地震工况

应力分析:主应力计算结果见图 8-75、图 8-76。由图 8-75 和图 8-76 可以看出,最大主

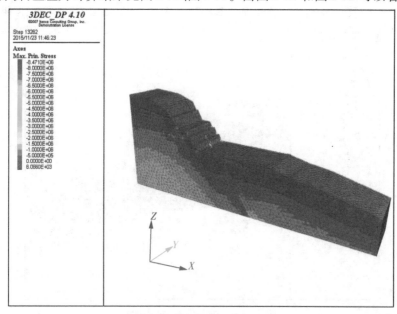

图 8-75 最大主应力分布图(十五)

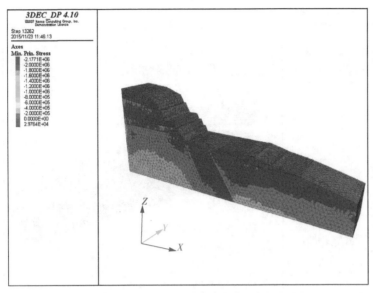

图 8-76　最小主应力分布图(十五)

应力最大值为 8.471 0 MPa 左右,出现位置在山脊底部,随着高程的增高最大主应力减小。由边界效应等的影响,最小主应力在坡表及局部单体台阶处产生拉应力,其值在 0 ~ 0.006 1 MPa。最小主应力的最大值也出现在山脊底部,其最大值约为 2.177 1 MPa。由于边界效应等的影响,最小主应力在坡表及局部单体台阶处产生拉应力,其值在 0 ~ 0.03 MPa。同时,由于结构面的存在,虽然整体上最大主应力和最小主应力均随高程的增高而减小,但在局部由于变形不连续及在结构面附近出现应力集中而导致部分区域主应力值存在反常现象。

位移分析:位移计算结果见图 8-77、图 8-78。由图 8-77 和图 8-78 可见,X 轴向最大位

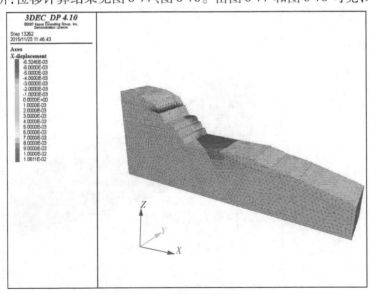

图 8-77　X 轴向位移图(十五)

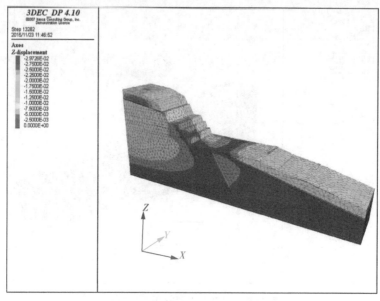

图 8-78　Z 轴向位移图(十五)

移集中在坡面上风化带局部台阶处,最大位移约 1.061 1 cm,显示了局部台阶相对于边坡整体是不稳定的。Z 轴向位移随高程的增大而增大,最大位移约 2.972 6 cm。

稳定性分析:经过 3DEC 采用强度折减法稳定性计算,得出地震工况下剖面 C—C′左帮边坡平面破坏模式的边坡稳定性系数为 1.15,故边坡整体处于极限状态。

2. 楔形体破坏

1)自然工况

应力分析:主应力计算结果见图 8-79、图 8-80。由图 8-79 和图 8-80 可以看出,最大主

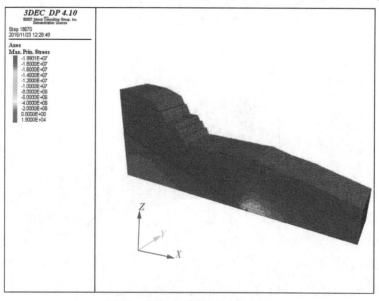

图 8-79　最大主应力分布图(十六)

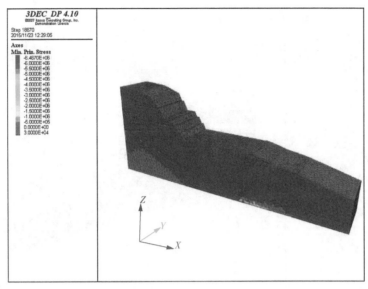

图 8-80　最小主应力分布图(十六)

应力最大值为 19.901 MPa 左右,出现位置在山脊底部,随着高程的增高最大主应力减小。由于边界效应等的影响,最大主应力在坡表及局部单体台阶处产生拉应力,其值在 0 ~ 0.019 MPa。最小主应力的最大值也出现在山脊底部,其最大值约为 6.467 0 MPa。由边界效应等的影响,最小主应力在坡表及局部单体台阶处产生拉应力,其值在 0 ~ 0.03 MPa。同时,由于结构面的存在,虽然整体上最大主应力和最小主应力均随高程的增高而减小,但在局部由于变形不连续及在结构面附近出现应力集中而导致部分区域主应力值存在反常现象。

　　位移分析:位移计算结果见图 8-81、图 8-82。由图 8-81 和图 8-82 可见,X 轴向最大位

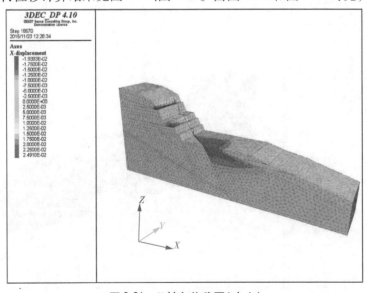

图 8-81　X 轴向位移图(十六)

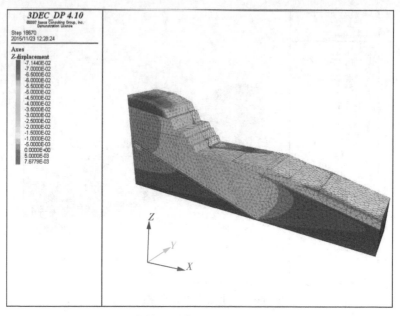

图 8-82　Z 轴向位移图(十六)

移集中在坡面楔形体附近局部台阶处,最大位移约 2.491 cm,显示了局部台阶相对于边坡整体是不稳定的。Z 轴向位移随高程的增大而增大,最大位移约 7.144 0 cm。

　　稳定性分析:经过 3DEC 采用强度折减法稳定性计算,得出自然工况下剖面 C—C′左帮边坡楔形体破坏模式的边坡稳定性系数为 1.26,故边坡整体处于稳定状态。

　　2)暴雨工况

　　应力分析:主应力计算结果见图 8-83、图 8-84。由图 8-83 和图 8-84 可以看出,最大主

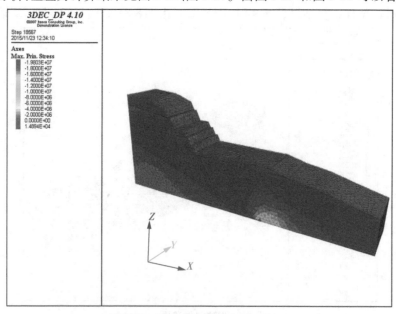

图 8-83　最大主应力分布图(十七)

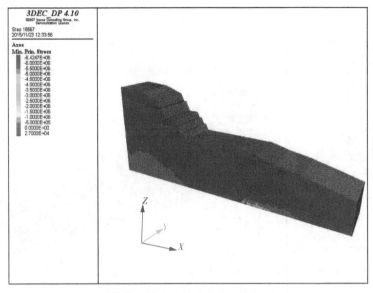

图 8-84　最小主应力分布图(十七)

应力最大值为 19.803 MPa 左右,出现位置在山脊底部,随着高程的增高最大主应力减小。由于边界效应等的影响,最大主应力在坡表及局部单体台阶处产生拉应力,其值在 0 ~ 0.014 9 MPa。最小主应力的最大值也出现在山脊底部,其最大值约为 6.424 7 MPa。由于边界效应等的影响,最小主应力在坡表及局部单体台阶处产生拉应力,其值在 0 ~ 0.027 MPa。同时,由于结构面的存在,虽然整体上最大主应力和最小主应力均随高程的增高而减小,但在局部由于变形不连续及在结构面附近出现应力集中而导致部分区域主应力值存在反常现象。

位移分析:位移计算结果见图 8-85、图 8-86。由图 8-85 和图 8-86 可见,X 轴向最大位

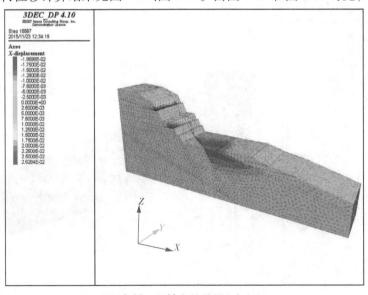

图 8-85　X 轴向位移图(十七)

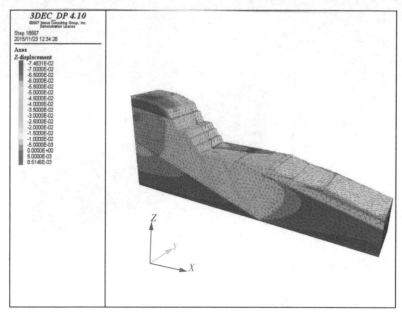

图 8-86　Z 轴向位移图(十七)

移集中在坡面楔形体附近局部台阶处,最大位移约 2.628 4 cm,显示了局部台阶相对于边坡整体是不稳定的。Z 轴向位移随高程的增大而增大,最大位移约 7.483 1 cm。

稳定性分析:经过 3DEC 采用强度折减法稳定性计算,得出暴雨工况下剖面 C—C′左带边坡楔形体破坏模式的边坡稳定性系数为 1.14,故边坡整体处于稳定状态。

3)地震工况

应力分析:主应力计算结果见图 8-87、图 8-88。由图 8-87 和图 8-88 可以看出,最大主

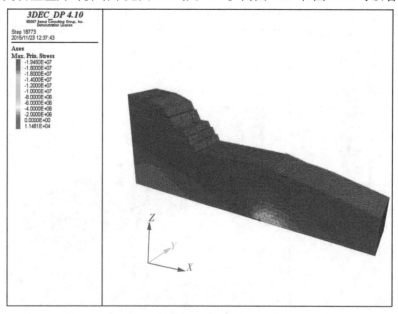

图 8-87　最大主应力分布图(十八)

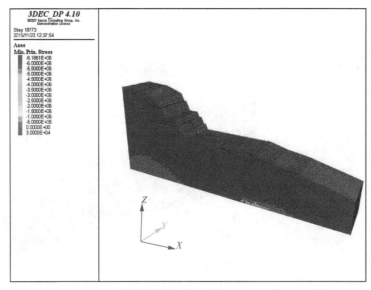

图 8-88　最小主应力分布图(十八)

应力最大值为 19.450 MPa 左右,出现位置在山脊底部,随着高程的增高最大主应力减小。由于边界效应等的影响,最大主应力在坡表及局部单体台阶处产生拉应力,其值在 0 ~ 0.011 5 MPa。最小主应力的最大值也出现在山脊底部,其最大值约为 6.186 1 MPa。由于边界效应等的影响,最小主应力在坡表及局部单体台阶处产生拉应力,其值在 0 ~ 0.03 MPa。同时,由于结构面的存在,虽然整体上最大主应力和最小主应力均随高程的增高而减小,但在局部由于变形不连续及在结构面附近出现应力集中而导致部分区域主应力值存在反常现象。

　　位移分析:位移计算结果见图 8-89、图 8-90。由图 8-89 和图 8-90 可见,X 轴向最大位

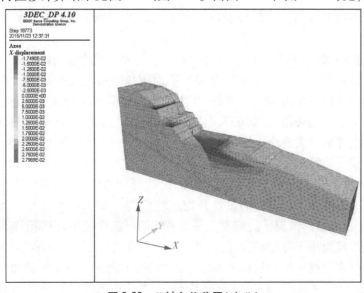

图 8-89　X 轴向位移图(十八)

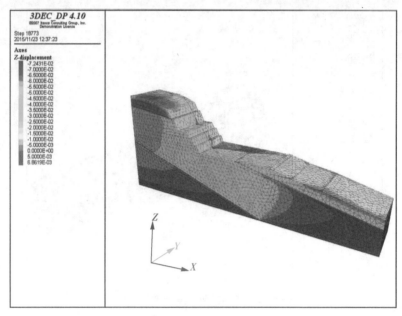

图 8-90　Z 轴向位移图(十八)

移集中在坡面楔形体附近局部台阶处,最大位移约 2.796 9 cm,显示了局部台阶相对于边坡整体是不稳定的。Z 轴向位移随高程的增大而增大,最大位移约 7.243 1 cm。

稳定性分析:经过 3DEC 采用强度折减法稳定性计算,得出地震工况下剖面 C—C′左帮边坡楔形体破坏模式的边坡稳定性系数为 1.06,故边坡整体处于临近稳定状态。

第四节　溢洪道左岸边坡综合评价

根据对溢洪道工程地质条件分析以及赤平投影及 3DEC 离散元计算可以得出以下结论:

(1)基于赤平投影对各代表性剖面边坡进行了最大开挖边坡角的确定:①A—A′剖面左帮边坡倾倒破坏的最大安全边坡角为 43°,平面破坏的最大安全边坡角为 68.1°,楔形体破坏的最大安全边坡角为 38.7°;②B—B′左帮边坡倾倒破坏的最大安全边坡角为 43°,平面破坏的最大安全边坡角为 70.65°,楔形体破坏的最大安全边坡角为 38.67°;③C—C′左帮边坡倾倒破坏的最大安全边坡角为 43°,平面破坏的最大安全边坡角为 75.47°,楔形体破坏的最大安全边坡角为 40.64°。

(2)依据赤平投影的分析结果以及边坡的设计开挖边坡角,对各代表剖面边坡的破坏模式进行了分析。由于各剖面的设计开挖边坡角均为 63°,平面破坏最大安全边坡角大于开挖边坡角,在自然情况下边坡发生平面破坏的可能性较小,但倾倒破坏和楔形体破坏的最大安全边坡角小于开挖坡脚,故自然工况下均存在倾倒破坏和楔形体破坏的可能。其中各代表性剖面可能发生的楔形体破坏情况如下:①剖面 A—A′左帮边坡坡体可能沿 I_1、I_4 结构面交线产生楔形体破坏;②剖面 B—B′左帮边坡坡体可能沿 I_1、I_4 结构面交线产生楔形体破坏;③剖面 C—C′左帮边坡坡体可能沿 I_1、I_4 结构面交线产生楔形体破坏。需要说明的是,发生倾倒破坏的条件是岩体陡倾,薄层、岩层倾向与坡面倾向相反,溢洪道处山体浑厚,虽然存在反倾结构面,但是结构面的间距较大,岩体完整性较好,因此结合研究区工程地质条件分析可知,溢洪道边坡发生倾倒破坏的可能性较小。

(3)基于赤平投影的分析结果,采用离散元软件3DEC对各代表剖面的平面破坏和楔形体破坏模式进行了计算分析,得到了其在不同工况下破坏模式的稳定性系数,各剖面在不同工况下各破坏模式的稳定性系数汇总见表8-16。

表8-16 稳定性系数汇总

剖面			A—A′		B—B′		C—C′	
破坏模式			平面破坏	楔形体破坏	平面破坏	楔形体破坏	平面破坏	楔形体破坏
工况	自然工况	左帮	1.23	1.18	1.35	1.21	1.40	1.26
	暴雨工况	左帮	1.10	1.06	1.13	1.09	1.20	1.14
	地震工况	左帮	1.04	1.00	1.07	1.03	1.15	1.06

由表8-16可知,①各代表剖面各破坏模式在三种工况下的稳定性系数大小顺序为:自然工况 > 暴雨工况 > 地震工况;②由于断层的影响,A—A′剖面左帮边坡的稳定性系数最低,说明其稳定性较差,应重点关注;③各工况下平面破坏模式的稳定性系数普遍大于楔形体破坏模式的稳定性系数,这与赤平投影的分析结果相吻合;④尽管经赤平投影分析各代表性剖面均存在楔形体破坏的可能,但由于赤平投影分析时仅考虑内摩擦角的影响,未考虑结构面黏聚力的影响,而在离散元数值分析时充分考虑了结构面的黏聚力对抗剪强度的影响,因而3DEC计算的结果更接近边坡的实际情况。

(4)根据规范与计算,结合溢洪道区域的工程地质条件可知,溢洪道边坡存在平面破坏与楔形体破坏的可能,倾倒破坏的可能性较小,且三段工程区域楔形体破坏模式的稳定性均较平面破坏的稳定差;对于划分的三段工程区域,A—A′段由于存在断层的影响,其边坡稳定性整体上较 B—B′段与 C—C′段稍差,边坡在开挖的过程中存在滑动的可能。在自然工况下溢洪道边坡整体稳定性较好,在暴雨工程下溢洪道边坡整体处于基本稳定状态,在地震工况下溢洪道边坡安全储备不高,有发生整体失稳的可能。

第九章　工程岩体处理加固措施

前坪水库位于豫西山区,为秦岭东延余脉,由崤山、熊耳山、外方山、伏牛山等几条山脉构成,山势西高东低,呈扇形向东展开。区域内主要河流有洛河、伊河、北汝河,受地质构造的影响,河流走向多呈北东向,在洛河、伊河、北汝河下游有一些小型的山间盆地。区内冲沟发育,具有切割深、延伸长的特点。

北汝河属沙颍河支流,发源于豫西伏牛山区嵩县外方山跑马岭。流经嵩县、汝阳、汝州、郏县、宝丰、襄城 6 县(市),在襄城县丁营乡崔庄村岔河口汇入沙河,主河道长 250 km。北汝河呈东西走向,西南高、东北低,在汝阳紫罗山以上属于山区河道,河道宽 200 ~ 1 000 m。河床内物质为卵石夹砂,河床比降 1% ~ 0.33%;紫罗山至襄城段为低山丘陵区,河槽骤然变宽,河道最大行洪宽度为 3 000 ~ 4 000 m,河床内物质为卵石夹砂,河床比降 0.17% ~ 0.30%;襄城以下为平原区,河道变窄,最窄处仅有 100 ~ 200 m,河床内物质以砂为主,河道比降平缓,河身弯曲。

北汝河从近东西向流入前坪水库坝址区后折向北东,在靠近右岸通过坝轴线,右岸支流红椿河呈北东向注入北汝河。该处北汝河河谷呈不对称"U"形,河床宽 60 ~ 100 m,高程 340.6 ~ 341.5 m;左岸漫滩宽 30 ~ 100 m,高程 341.5 ~ 343 m,右岸基本无滩地;Ⅰ级阶地(高漫滩)坡度平缓,左岸Ⅰ级阶地宽度 100 ~ 400 m,高程 343 ~ 350 m,右岸Ⅰ级阶地宽度 70 ~ 200 m,高程 343 ~ 348 m,仅分布在坝轴线上、下游。

两岸为侵蚀、剥蚀低山区与丘陵区过渡带,右岸山顶高程最高 480.2 m,左岸山顶高程最高 543.6 m。左岸下部的Ⅰ级阶地后缘与低山丘陵之间为台阶状梯田,宽度 70 ~ 270 m不等。地面高程 352 ~ 390 m,大部分被第四系松散沉积物覆盖;岸坡上部基岩裸露,坡度较陡,坡角 28° ~ 40°;右岸岸坡为悬坡,基岩裸露,坝肩有一垭口,最低处高程 416 m 左右,上部被第四系松散沉积物覆盖。

前坪水库工程主体建筑物分为两大类:挡水建筑物和泄水建筑物,见图 9-1,其中泄水建筑物又可分为堰流泄水建筑物和孔流泄水建筑物,根据建筑物工程地质条件,施工期进行有针对性的处理。

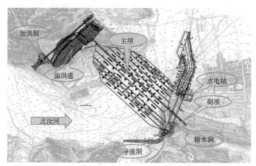

图 9-1　主要建筑物布置图

第一节　挡水建筑物——主坝

一、主坝工程地质条件

主坝采用黏土心墙砂砾(卵)石坝,跨河布置,坝顶长 818 m,坝顶路面高程 423.5 m,坝顶设高 1.2 m 混凝土防浪墙,最大坝高 90.3 m;坝基及坝肩(见图 9-2)地质条件如下。

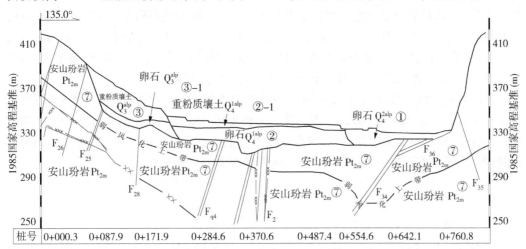

图 9-2　主坝轴线地质剖面图

(1)左坝肩(桩号 0+000～0+100):主坝建基面位于弱风化安山玢岩上,基面高程 359～422.3 m,根据工程需要,坡比由 1:2.74 分 5 段逐步渐变为 1:0.95。安山玢岩呈暗紫色、紫红色,具斑状结构,块状构造,斑晶为斜长石,大部分已经风化成乳白色,少量为肉红色正长石,基质为隐晶质或玻璃质,并见有辉石、角闪石等暗色矿物;裂隙发育,裂隙面见有黄色铁锰质侵染及少量的钙质、锰质薄膜;微裂隙发育,裂隙一般呈闭合状。

(2)坝基(桩号 0+100～0+760)。

①桩号 0+100～0+247.5 段:主坝建基面位于弱风化安山玢岩上,基面高程 339.52～359 m。安山玢岩呈暗紫色、紫红色,具斑状结构,块状构造,斑晶为斜长石,大部分已经风化成乳白色,少量为肉红色正长石,基质为隐晶质或玻璃质,并见有辉石、角闪石等暗色矿物;裂隙发育,裂隙面见有黄色铁锰质侵染及少量的钙质、锰质薄膜;微裂隙发育,裂隙一般呈闭合状。

②桩号 0+247.5～0+732.5 段:该段为土岩双层结构,主坝建基面位于密实卵石层上,基面高程 333.13～339.52 m。卵石主要成分为安山玢岩、安山岩、石英斑岩、流纹岩等,卵石含量约 60%,粒径 5～18 cm,少量为 14～23 cm,个别大者 50～70 cm,分选性差,磨圆度为次棱角状—次圆状,呈中密—密实状,砂质充填为主,卵石下伏为安山玢岩。

F_2 断层在桩号 0+409 附近与坝轴线相交,采取加深防渗墙处理,防渗墙最深处底面高程 290.4 m,同时在桩号 0+375～0+430 段主帷幕上、下游各 1 m 处增加一排帷幕灌浆孔。

③桩号 0+732.5~0+760 段：主坝建基面位于弱风化安山玢岩上，基面高程 334.90~337.20 m，安山玢岩呈暗紫色、紫红色，具斑状结构、块状构造，斑晶为斜长石，大部分已经风化成乳白色，少量为肉红色正长石，基质为隐晶质或玻璃质，并见有辉石、角闪石等暗色矿物；裂隙发育，裂隙面见有黄色铁锰质侵染及少量的钙质、锰质薄膜；微裂隙发育，裂隙一般呈闭合状。

(3)右坝肩(桩号 0+760~0+818)：主坝建基面主要位于弱风化安山玢岩上，桩号 0+810~0+818 段位于古近系砾岩，基面高程 337.2~422.3 m，根据工程需要，坡比设计为 1:0.7。安山玢岩呈暗紫色、紫红色，具斑状结构，块状构造，斑晶为斜长石，大部分已经风化成乳白色，少量为肉红色正长石，基质为隐晶质或玻璃质，并见有辉石、角闪石等暗色矿物；裂隙发育，裂隙面见有黄色铁锰质侵染及少量的钙质、锰质薄膜；微裂隙发育，裂隙一般呈闭合状；古近系砾岩，成岩程度差，泥质胶结差，强度低。

根据坝基岩体分级研究，坝基下安山玢岩为Ⅲ类岩体，断层带附近为Ⅴ类岩体；Ⅲ类岩体抗压强度可达 12~14 MPa，Ⅴ类岩体抗压强度可达 2.0~2.1 MPa，可知岩体承载力满足工程要求，但根据上述分析，坝基存在以下几个主要工程地质问题：① 地基不均匀沉陷问题；② 坝基防渗及渗透变形问题；③ 断层处理；④ 大坝绕渗。

二、坝基处理

(一)坝基不均匀沉陷处理

主坝桩号 0+247.5~0+732.5 段为砂卵石，施工期清除至设计密实砂卵石界面，进行相对密实度检测。检测相对密实度达到 0.75 及以上时，采用 26 t 光面压路机静压 6 遍，而后填筑 1 m 粗砂反滤层，再填筑黏土。

(二)坝基防渗及渗透变形问题处理

1. 坝基防渗处理必要性分析

前坪水库主坝坝基为安山玢岩及密实砂卵石，主坝桩号 0+247.5~0+732.5 段坝基下砂卵石层厚度 8~18 m 不等，砂卵石下伏为碎裂结构安山玢岩，因此坝基防渗是大坝安全的关键因素。

随着前坪水库大坝建成蓄水，势必带来坝前蓄水高度的增加，从而引起坝基岩体中水压力的增大。水库坝基设计基面下伏为碎裂结构型岩体，蓄水后，坝基岩体裂隙中的水压力将随蓄水深度的增加而升高。长期高水头的作用下，坝基岩体初始应力场及渗流场将被改造，伴随温度、应力场等环境条件下的多场耦合，岩体中的渗透稳定性薄弱部位的水力传导性的非均一性和各向异性表现更为明显。这将导致坝基裂隙岩体渗透压力和渗流体积力发生变化，从而引起岩体的力学响应及结构变化，即裂隙岩体内的空隙、裂隙以及节理发生渗流—应力重新耦合。岩体结构面中重力水产生的孔隙水压力，使岩体骨架所承受的压力随孔隙水压力的变化呈反向变化，特别是水压力在微裂隙中具有扩容作用时，相当于降低了岩体的围压，岩体的残余强度会进一步减小，导致岩体由延性破坏逐步过渡到脆性破坏。在高水压力的长期作用下，结构面中将产生高孔隙压力，导致固相介质之间的压应力减小，从而降低岩体的抗剪强度，甚至岩体中裂隙的两端由于处于受拉状态而使其向前延伸产生劈裂破坏。岩体结构面中胶结物被"剪开"，裂隙面的胶结物由"黏结"状态逐步转变为"撕开"状态而变成导水通道。原有结构面向两端不断扩展,同时相伴而生一些次生裂隙,沟通岩体内原有裂隙,直至彻底改变岩体中原有的应力场及渗流场,提高岩体透水性。同时,坝基卵砾石层渗漏损失严重,且存在管涌型渗透破坏的可能。因此,为保证水库的正常运行,需对坝基卵砾石层及下伏岩体采取防渗处理,以解决渗透稳定和渗漏损失问题。

2. 坝基防渗处理

针对坝基渗漏问题,工程施工时采用了钢筋混凝土防渗墙及帷幕灌浆联合处理方案。桩号 0 + 000 ~ 0 + 246.5 段、桩号 0 + 732.5 ~ 0 + 818.0 段为坝肩及坝基基岩出露段,施工中设置混凝土盖板,混凝土采用低碱水泥、非碱活性混凝土骨料及中性水拌制。盖板上先填筑高塑性黏土,再填筑黏性土,并对下部岩体进行帷幕灌浆,处理深度为 3 Lu 线以下 5 m,处理完毕再用水灰比 0.5∶1 的水泥浆回填至孔口。

坝基桩号 0 + 246.5 ~ 0 + 732.5 段上部采用钢筋混凝土防渗墙、下部通过预留灌浆管帷幕灌浆处理,典型设计断面见图 9-3。防渗墙布置于主坝轴线上游 5 m 处,为厚度 1 m 的 C25 钢筋混凝土防渗墙,防渗墙顶部插入防渗体内长 7 m,向下穿过砂砾石层深入至基岩内不小于 1 m;沿防渗墙轴线按 1.5 m 间距预留灌浆管,对下部岩体进行帷幕灌浆,处理深度为 3 Lu 线以下 5 m,处理完毕再用水灰比 0.5∶1 的水泥浆回填至孔口。

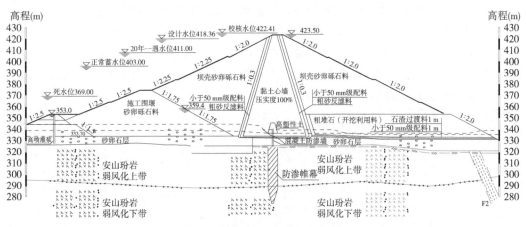

图 9-3　典型设计断面图

F₂ 顺河断层的渗透稳定问题:主要采取了钢筋混凝土防渗墙及帷幕深度加深,且主帷幕上、下游各 1 m 处增设一排帷幕灌浆进行处理。在桩号 0 + 385 ~ 0 + 415 段加深防渗墙至坝基 3 Lu 线下 5 m,防渗墙最深处底面高程 290.4 m;同时在桩号 0 + 375 ~ 0 + 430 段主帷幕灌浆孔深度加深至高程 260.5 m,主帷幕轴线上、下游 1 m 处各增加一排帷幕灌浆孔,灌浆孔深度与主帷幕灌浆孔深度一致。

3. 大坝绕渗处理

坝址左、右岸坝肩山体相对单薄。左岸上部岩体(高程 367.26 m 以上)渗透率大于 5 Lu。右岸山体陡立,岩体裸露,卸荷裂隙发育。高程 365.8 ~ 350.4 m 岩体渗透率大于 5 Lu。受河流侵蚀及人类活动修路切坡影响,右岸边坡发育有强卸荷带,坡体呈悬坡,垂直地表厚度为 5 ~ 10 m,深度自边坡坡顶,延伸至河谷底,裂隙张开,局部达 1 ~ 2 cm,连通性好,裂隙面普遍锈染,雨季沿裂隙见线状水流,前期挂龙介隧洞雨后洞顶部出现渗水、漏水现象。整体上下伏岩体为安山玢岩,主要呈弱风化状态,渗透等级以弱透水为主。

左岸坝肩上部和右岸坝肩岩体透水率较大,存在绕渗风险,施工时采取延长大坝防渗帷幕处理措施。左岸坝头距离溢洪道闸室段较近,左岸防渗帷幕从左坝头延长至溢洪道闸室段,同溢洪道控制闸上游帷幕连接,帷幕底按 3 Lu 线下 5 m 控制,采用一排灌浆孔,孔距 1.5 m。右岸防渗帷幕从右坝头经过副坝延伸至正常蓄水位与 5 Lu 线交汇处,其中,主坝右岸—副坝起点,帷幕底以相对不透水线 3 Lu 下 5 m 控制;自副坝起点向右延伸至至正常蓄水位与 5 Lu 线交汇处,帷幕底以相对不透水线 5 Lu 下 5 m 控制。采用一排灌浆孔,孔距 1.5 m。

(三)坝基处理渗流稳定分析

1.渗流稳定分析

为分析坝基岩体及防渗帷幕的渗流稳定性,采用数值模拟分析方法进行坝体坝基渗流稳定分析,选取上、下游侧边界距坝轴线 400 m,左、右岸边界距坝肩分别为 250 m、315 m。分别计算特征水位下坝基渗流场的实际水力比降。根据地质资料,坝基密实卵(砾)石渗透系数 $k = 5.2 \times 10^{-1}$ cm/s、安山玢岩渗透系数 $k = 8.5 \times 10^{-5}$ cm/s;根据工程经验,混凝土防渗墙渗透系数 $k = 1 \times 10^{-8}$ cm/s、帷幕灌浆体渗透系数 $k = 1 \times 10^{-6}$ cm/s。通过定性分析与定量计算,混凝土防渗墙及防渗帷幕水力坡降均能满足设计要求(见图 9-4、表 9-1)。

根据计算成果,防渗墙伸入心墙部分周边水力比降较陡,正常蓄水位工况为 3.75 ~ 11.5,设计洪水工况下为 5.1 ~ 13.4,黏土心墙内部允许水力比降为 5 ~ 6,该部位容易出现渗透破坏。为防止该部位出现裂缝后发生集中渗流,该范围心墙土料采用高塑性黏土填筑,增加心墙出现裂缝后的自愈能力。

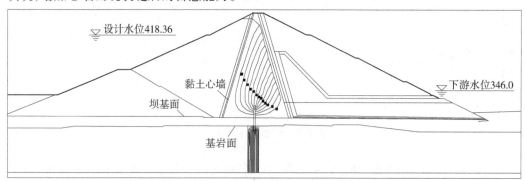

图9-4 0 + 550 设计断面设计水位等势线图

表9-1 0 + 500 典型断面特征水位下渗流计算成果

计算工况	混凝土防渗墙最大坡降		防渗帷幕最大坡降	
	计算值	允许值	计算值	允许值
校核洪水	74.27	80 ~ 100	7.20	15 ~ 25
设计洪水	72.36	80 ~ 100	7.03	15 ~ 25
正常蓄水	63.50	80 ~ 100	6.26	15 ~ 25

2. 岩体强度分析

根据帷幕灌浆岩体强度试验结果,弱风化安山玢岩岩块饱和抗压强度为 55.3 ~ 76.1 MPa,平均为 64.7 MPa。工程施工大坝填筑高度 90.3 m,加之岩体本身的抗拉强度,总应力大于工程运营期面临的水头压力,表明工程岩体运营期帷幕灌浆岩体固相介质间压应力的减小有限,不会引起岩体裂隙的两端处产生拉应力集中而使裂隙贯通性加强的现象,因此坝基岩体在长期渗流条件下是稳定的。

3. 施工期试验成果分析

为处理坝基渗漏问题,施工期严格按照设计要求施工,混凝土防渗墙深入弱风化安山玢岩均不小于 1 m。防渗墙施工中预留 1.5 m 间距的灌浆管,在防渗墙底部进行帷幕灌浆,深度进入相对不透水层 5 m,相对不透水线以 3 Lu 控制,帷幕底高程 260.5 ~ 365.0 m。灌浆自上而下分段进行,施工参数见表 9-2。施工后采用压水试验检验防渗帷幕质量,检查孔布置简图(见图 9-5),在灌浆轴线上两灌浆孔中间,按自上而下分段钻进、止塞、压水,原则于灌浆结束 14 d 后进行检测。检查结果表明,灌浆后岩体透水率均满足不大于 3 Lu 的设计要求(见表 9-3)。

表 9-2　帷幕灌浆施工参数

灌浆方法	孔口止塞自上而下循环灌浆法			
	I 序孔		II 序孔	
	段长(m)	灌浆压力(MPa)	段长(m)	灌浆压力(MPa)
第一段	3	0.3	3	0.3 ~ 0.5
第二段	6	0.6	6	0.6 ~ 1.0
第三段	6	1.0	6	1.0 ~ 1.5
第四段	9	1.5	9	1.5 ~ -2.0
第五段	9	2.0	9	2.0 ~ 2.5
第六段及以下各段	9	2.5	9	2.5

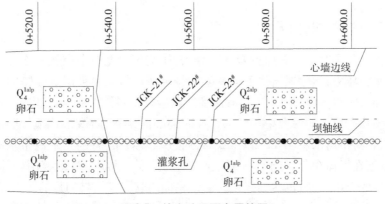

图 9-5　检查孔平面布置简图

表9-3 典型断面附近帷幕灌浆检查孔测试成果

孔号	桩号	孔口高程(m)	段次	段长(m)	压力(MPa)	透水率(Lu)
JCK－21#	ZB0+546	338	1	3	0.3	1.3
			2	6	0.6	1.4
			3	6	1.0	1.0
			4	9	1.25	1.9
			5	9	1.25	2.2
			6	8	1.25	2.2
JCK－22#	ZB0+555	338	1	3	0.3	2.0
			2	6	0.6	1.7
			3	6	1.0	2.0
			4	9	1.25	2.1
			5	9	1.25	2.3
			6	7	1.25	2.5
JCK－23#	ZB0+564	338	1	3	0.3	1.5
			2	6	0.6	1.7
			3	6	1.0	2.2
			4	9	1.25	2.4
			5	9	1.25	2.3
			6	9	1.25	2.3
			7	9	1.25	2.5
			8	7	1.25	2.9

三、坝基处理效果评价

前坪水库工程坝基下伏安山玢岩,运营期岩体抗拉强度与上覆压力之和大于工程运营期面临的水头压力,运营期岩体不会发生劈裂破坏。施工中采用1 m厚的C25混凝土防渗墙向上插入防渗体内,长度为7 m,深度穿过砂砾石层深入弱风化基岩不小于1 m可以满足工程防渗需要。防渗墙中预留1.5 m间距的灌浆管,防渗帷幕顶为防渗墙轴线底部,深度进入相对不透水层(3 Lu)以下5 m,通过帷幕灌浆,将高压水泥浆填充到基岩裂隙中,这些浆液在岩体深部固化后与基岩结合连成一体,达到了有效控制岩体渗漏量、减小坝基渗透性的效果,同时也达到强化岩体结构面内软弱充填物的目的。水库蓄水后,坝址区的地应力及初始应力场和渗流场虽发生改变,坝基裂隙岩体将长期面临很高的外水压力,但不会引起坝基岩体变形破坏,坝基岩体在运营期长期渗透条件下是安全稳定的。

第二节　泄水建筑物——溢洪道

一、溢洪道工程地质条件

溢洪道布置于主坝左岸。进水渠段渠底为平底,渠底高程为 399 m,渠底宽度为 87 m。溢洪道控制段长 40 m,控制闸共 5 孔,每孔净宽 15 m。闸室长 35 m,闸底高程为 403 m。泄槽段分为缓坡段和陡坡段,缓坡段坡度采用 1:5,陡坡段坡度采用 1:3。溢洪道 处山体较为浑厚,左侧边坡最高处地面高程 483 m 左右。山体两侧山坡较陡,进水渠口处 原地面高程 400～455 m,背水侧底部为杨沟,沟底高程 343.5～348.0 m。工程总体布置 图见图 9-6,典型地质剖面图见图 9-7。

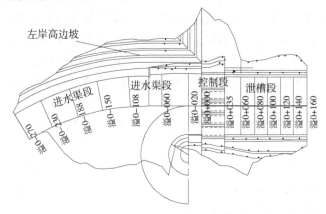

图 9-6　溢洪道总体布置图

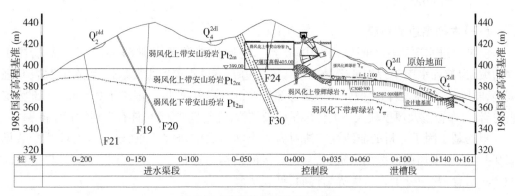

图 9-7　溢洪道典型地质剖面图

进水渠段建基面高程为 399 m,位于弱风化的安山玢岩上。后段左岸边坡高最大达 到 84 m,为中—高岩质工程边坡,其中主要裂隙产状 190°∠55°、10°∠75°、270°∠60°,与 边坡分别呈 63°、63°、37°相交,倾角 54°(顺坡向)、53°(逆坡向)、30°(逆坡向);产状 190° ∠55°一组裂隙对左岸边坡稳定影响较大,其他两组对右岸边坡有一定影响;整体上存在 边坡稳定问题,需采取一定的支护措施;后段右岸位于坡积碎石土上,局部为壤土、粉质黏土。壤土、粉质黏土抗冲性能相对较差,需进行工程防护。

控制段基岩裸露,岩性主要为弱风化上段安山玢岩。根据附近资料,上部岩体透水率为 10 ~ 13 Lu(高程 397.26 m 以上),属于中等透水,其余岩体透水率为 0.48 ~ 7.7 Lu,属于弱透水。控制段底板建基面下岩体透水率为 0.48 ~ 7.2 Lu,岩体陡倾角裂隙发育,裂隙走向以北西向、北东向为主,其中北东向裂隙与溢洪道轴线小角度相交。受构造影响,岩体多呈碎裂结构,完整性较差,需采取固结灌浆处理。左岸边坡高达 84 m,右岸边坡高达 30 m,为中—高岩质工程边坡。其中主要裂隙产状 190°∠55°、10°∠75°、270°∠60°,与左岸边坡呈 55°、55°、45°相交,倾角 55°(顺坡向)、50°(逆坡向)、35°(逆坡向);190°∠55°向裂隙对左岸边坡稳定影响较大;与右岸边坡呈 55°、55°、45°相交,倾角 37°(逆坡向)、63°(顺坡向)、59°(顺坡向);10°∠75°、270°∠60°向裂隙对右岸边坡稳定影响较大,存在边坡稳定问题。

泄槽前段基岩裸露,岩性为弱风化安山玢岩,后段大致桩号 0 + 036 以后上部为覆盖层,下伏弱风化辉绿岩,建基面下岩体透水率为 1.6 ~ 7.2 Lu。岩体裂隙发育,裂隙走向以北西向为主,主要裂隙产状 15°∠73°,与溢洪道右岸边坡呈 30°相交,倾角 63°,受构造影响。岩体多呈碎裂结构,完整性较差,抗冲刷能力差,存在抗冲刷稳定及右岸边坡稳定问题。

出口消能工段位于弱风化辉绿岩,受构造影响,岩体多呈碎裂结构,完整性较差,抗冲刷能力差,存在抗冲刷稳定问题。消能工下游二级阶地覆盖层厚度为 7.0 ~ 11.1 m,岩性为壤土(钻孔揭露厚度 2.7 ~ 6.5 m)和卵石(钻孔揭露厚度 3.9 ~ 6.0 m),下伏基岩为弱风化安山玢岩,岩体透水率为 0.45 ~ 6.92 Lu,弱透水性。上部壤土、卵石抗冲刷能力差,应挖除并对底板及岸坡采取防护措施。

二、工程问题处理

(一)左岸高边坡处理

溢洪道进水渠段位于弱风化安山玢岩上,左岸边坡最高达到 84 m,为中—高岩质工程边坡,为前坪水库工程坝址区最高永久人工边坡。进水渠段主要岩性为安山玢岩,其强度高,弱风化,裂隙发育,多微张。该段上部为重粉质壤土,厚度一般小于 0.5 m。下部为安山玢岩,分布范围及厚度较大。岩体多呈碎裂结构,完整性较差,可能存在边坡稳定问题。

根据基于因子分析的非线性方法对岩体力学参数的研究成果,研究区的计算参数见表 9-4。依据现场调研及勘察资料,对工程区的结构面进行了统计,分析了其优势结构面的产状信息,共划分了 5 组优势结构面,见表 9-5。

表 9-4　安山玢岩计算参数

项目	重度 γ (kN/m³)	抗拉强度 (MPa)	体积模量 K(GPa)	剪切模量 G(GPa)	黏聚力 c(MPa)	内摩擦角 φ(°)
弱风化上带	24.5	0.02	2.386	1.008	0.8	38.68
弱风化下带	26.5	0.03	4.667	2.800	1.2	41.99
断层带	22.5	0.002	0.526	0.229	0.1	27.47
结构面	—	0	0.020	0.009	0.2	28.00

表9-5　优势结构面产状

编 号	产状(°)	
	倾向	倾角
J_1	190	55
J_2	10	75
J_3	270	60
J_4	63	68
J_5	276	15

1. 立体投影的边坡稳定性分析

根据以上给出的优势结构面情况分别对各段边坡进行破坏模式分析,确定不同破坏模式下最大安全坡角($MSSA$)。

绘制各条结构面及坡面的立体投影图,见图9-8,其中内摩擦角为28°,边坡倾向130°,走向为40°,其他大圆弧分别代表各组优势结构面。

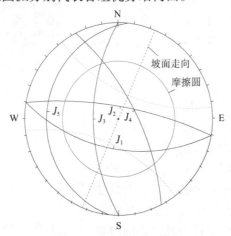

图9-8　楔形体破坏立体投影

根据运动学原理,边坡发生平面滑动、楔形体滑动与倾倒破坏的最大安全坡角分别为:平面破坏的最大安全坡角(α_{max})为75.47°(见表9-6),楔形体破坏的最大安全坡角为38.67°(见表9-7),倾倒破坏的最大安全坡角为63°(见表9-8)。剖面边坡开挖综合坡角为53°(单坡坡比1:0.5),与以上三种破坏模式下的最大安全坡角进行比较可以看出,边坡平面破坏和倾倒破坏的最大安全坡角大于开挖坡角,在自然情况下边坡发生失稳破坏的可能性较小,但坡体可能沿J_1、J_4结构面交线产生楔形体破坏。

表9-6　平面滑动破坏计算结果　　　　　　　　　　　　(°)

摩擦角	P_1	P_2	P_3	P_4	P_5	α_{max}
28	81.02	90	90	75.47	90	75.47

注:P_n为岩体沿结构面J_n产生平面滑动时的最大安全坡角,$n=1,2,\cdots,5$。

表 9-7 楔形体破坏计算结果　　　　　　　　　　　　　　　(°)

摩擦角	Q_{12}	Q_{13}	Q_{14}	Q_{15}	Q_{23}	Q_{24}	Q_{25}	Q_{34}	Q_{35}	Q_{45}	$\alpha_{\max}$
28	90	90	38.67	90	90	76.71	90	90	90	90	38.67

注:Q_{mn} 为岩体沿结构面 J_m 和结构面 J_n 的交线产生楔形体滑动时的最大安全坡角,$m=1,2,\cdots,5$。

表 9-8 倾倒破坏计算结果　　　　　　　　　　　　　　　(°)

摩擦角	R_1	R_2	R_3	R_4	R_5	$\alpha_{\max}$
28	90	63	71	90	90	63

注:R_n 为岩体沿结构面 J_n 产生倾倒破坏时的最大安全坡角。

2. 数值分析

依据立体投影分析结论,在 3DEC 中建立沿 J_1、J_4 结构面(无限延伸至坡脚处剪出)发生楔形体破坏模式下的三维模型(见图 9-9)。模型取长度 300 m、宽 50 m、高 113 m。计算采用 Mohr-Coulomb 屈服准则的弹塑性模型。

通过 3DEC 强度折减法稳定性分析表明:楔形体破坏模式在天然工况下的边坡稳定性系数为 1.18,边坡整体处于稳定状态;在暴雨工况下边坡稳定性系数为 1.07,边坡整体处于临近稳定状态。位移计算表明:X 轴向最大位移约为 2.491×10^{-2} m (见图 9-10),主要集中于受结构面与坡面台阶切割形成的楔形体坡脚处,说明受多组切割面控制的楔形块体稳定性较差,易发生失稳滑动。Z 轴向最大位移约 7.144×10^{-2} m(见图 9-11),主要集中于坡

图 9-9　楔形体边坡破坏模型示意

顶位置。值得注意的是:在 J_4 结构面周围岩体的位移发生明显突变,建议对 J_4 结构面加强现场监测。

由上述分析可知:边坡在天然和暴雨两种工况下分别处于稳定和临近稳定状态,但立体投影法未考虑结构面间黏聚力 c 对岩体抗滑力的加成作用,故所得结论偏安全。因此,边坡开挖时单坡开挖坡比由 1:0.7 优化至 1:0.5 是合适的,基于因子分析的非线性方法确定的岩体力学参数是可靠的。

施工期,对于进水渠段左岸边坡稳定问题,开挖边坡采用挂网喷锚支护;锚杆采用砂浆锚杆,间排距 2 m,梅花形布置,锚杆钢筋采用 φ25 螺纹钢筋,单根长 5.0 m;钢筋网为 φ8@200,并结合生态护坡;对于 423.5 m 高程以下 0-270~0-080 段左岸采用系统锚杆结合喷射混凝土护坡,0-080~0+000 段采用混凝土挡墙方案,工程处理后,边坡的安全系数会进一步提高。

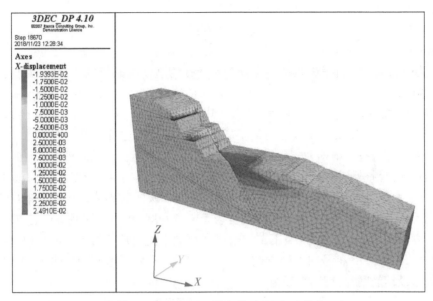

图 9-10　天然工况下 X 轴向位移云图　（单位:m）

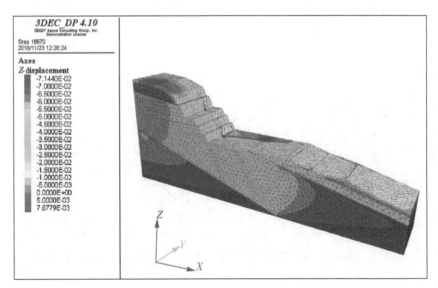

图 9-11　天然工况下 Z 轴向位移云图　（单位:m）

(二)控制段处理

溢洪道闸室控制段(0+000~0+035)建基面高程 395.50~383.85 m。基岩裸露,岩性主要为安山玢岩及辉绿岩,桩号 0+008 后变为强—弱风化辉绿岩。控制段底板建基面下岩体透水率为 2.5~7.2 Lu,岩体陡倾角裂隙发育,裂隙走向以北西向、北东向为主,其中北东向裂隙与溢洪道轴线小角度相交,受构造影响,岩体多呈碎裂结构,强风化状,完整性较差。

根据施工过程中揭露地层基岩情况分析,控制段底板大部分坐落于强风化辉绿岩上,其抗滑稳定系数采用式(9-1)分析计算:

$$K_c = \frac{f \sum W_i}{\sum P_i} \tag{9-1}$$

式中:K_c 为按抗剪强度计算的抗滑稳定安全系数;f 为基础底面与地基之间的抗剪摩擦系数;W_i 为作用在挡土墙上全部荷载对计算滑动面的法向分量;P_i 为作用在挡土墙上的全部荷载对滑动面的切向分量。取摩擦系数 $f = 0.4$,经分析计算,抗滑稳定安全系数 $K =$ 1.066 < 1.3,抗滑稳定安全系数不满足规范要求,需对地基进行处理。

施工期采取开挖抗滑槽换填钢筋混凝土方案:对溢洪道控制段底板上、下游强风化岩基面采用开挖抗滑槽换填钢筋混凝土方案,抗滑槽建基面位于弱风化岩体上,槽深 6.5 ~ 10.2 m,闸底板其他部位建基面不再开挖,清除表层较松散破碎体即可,如图 9-12 所示。具体方案为:上游抗滑槽底部顺水流向长度为 5 m,0 +000 桩号采用垂直开挖,0 +005 桩号向下游方向采用 1:0.5 坡开挖;下游抗滑槽底部顺水流向长度为 3.5 m,0 +035 桩号采用垂直开挖,0 +031.5 桩号向上游方向采用 1:0.5 坡开挖,典型断面图见图 9-12。齿槽底及两侧布设钢筋网片,钢筋直径为 36 mm,间距 200 mm。

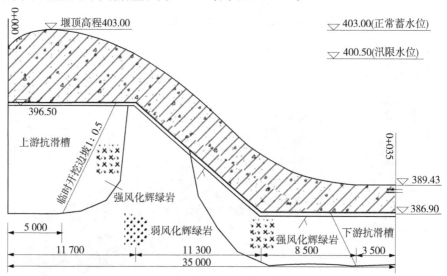

图 9-12 溢洪道控制段基础开挖典型剖面图 (单位:尺寸,mm;高程,m)

(三)泄槽段处理

泄槽段长 99 m,施工开挖揭露岩性为辉绿岩,其弱风化状岩体一般呈青灰色,风化后呈黄色,隐晶质结构,块状构造。建基面以上辉绿岩主要为强风化状,裂隙宽 0.5 ~ 1.0 mm,裂面较平整,多附黑色铁锰质薄膜,风化后呈砂土状。建基面下部岩体风化状态多为弱风化上带,岩体风化程度相对较高,裂隙较发育,短小裂隙特别发育且呈闭合状,少量充填钙质,胶结较好,钻探岩芯呈柱状。但是辉绿岩抗风化能力很差,建基面岩体淋雨后表层迅速泥化,整体强度降低。

泄槽段建基面下辉绿岩岩体受区内构造影响,岩体完整性较差,多呈碎裂结构,整体抗冲刷能力差。在开挖卸荷次生张应力及爆破开挖振动作用下,岩体中的闭合裂隙会张开,加速岩体工程地质条件恶化。工程运行后,建基面下辉绿岩在地下水等作用下也会进一步恶化。

根据水工模型试验,溢洪道在防洪高水位(50 年一遇)时泄量约为 8 298 m³/s;在设计洪水位(500 年一遇)时泄量约为 9 386 m³/s;在校核洪水(5 000 年一遇)时泄量约为 13 544 m³/s。敞泄情况下,溢洪道最大流速达到 35 m/s,高流速下极易产生负压及空蚀。建基面下岩石破碎,地质条件较差,若混凝土底板存在裂缝或止水失效等情况,混凝土下部分岩块即可被该处窜入的高速水流带走,引起底板局部悬空,导致该处底板受力情况恶化,在流速水头转化的压力水头共同作用下,底板混凝土会发生进一步破坏。建基面下破碎岩体失去底板的保护,更容易被水流掏空。同时,在高速水流负压作用下,若基面下岩体破碎,不能提供足够的抗拔力,混凝土底板也存在被掀起的风险。因此,需要对泄槽段基面下岩体进行固结灌浆,提高其整体强度及完整性。

泄槽段基础设计采用无盖重固结灌浆处理以提高基础岩体整体性,设计加固基面下 5 m 内的岩体,要求灌浆后岩体波速提高率不小于 15%。根据研究成果结合校核工况计算,单根锚杆需提供 110 kPa 抗拔力,设计采用 φ25 mm 钢筋作为锚杆筋体,φ80 mm 锚杆需锚入基岩 4.2 m。考虑现场辉绿岩抗风化能力弱及遇水后力学参数可能降低的风险,确定采用 5 m 长系统锚杆确保混凝土底板不被高速水流掀起。

施工采用 2 m×2 m 孔距进行固结灌浆,灌浆孔分两序施工,每孔第一灌浆段为 2 m,采用 0.3 MPa 灌浆压力,第二灌浆段为 3 m,采用 0.4 MPa 灌浆压力。灌浆采用 P·O 42.5 水泥,水灰比采用 3:1、2:1、1:1、0.5:1 四个比级,以 3:1 水灰比开灌。当灌浆压力保持不变,注入率持续减少时,或注入率不变而压力持续升高时改变水灰比。当灌浆段在最大压力下,注入率连续 30 min 不大于 1 L/min 时结束灌浆。根据灌浆后岩体波速检测结果可知,其波速可以达到设计要求的总体提高 15% 的要求,见图 9-13。

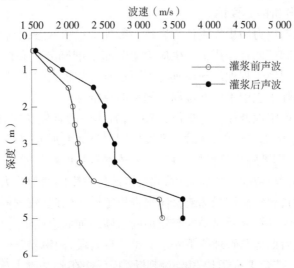

图 9-13　典型波速测试成果图

(四)防渗处理

为防止正常蓄水工况下,控制段基面下岩体向下游渗漏,施工期采用帷幕灌浆处理。帷幕灌浆布置在溢洪道控制段桩号 0+002.5 处,灌浆孔距 2 m,深度至 3 Lu 线下 5 m,右岸与主坝帷幕顺接连接,左岸延伸至 423.5 m 高程与 3 Lu 线相交处,确保工程运营期正常蓄水工况下渗漏控制在规范允许的范围内。

第三节 泄水建筑物——泄洪洞

一、泄洪洞工程地质条件

前坪水库泄洪洞全长 516 m,布置于大坝左岸,是水库重要的泄洪建筑物之一,承担着 50 年一遇及其以下洪水的全部下泄任务(最大泄流量 1 000 m³/s),同时配合溢洪道下泄 50 年一遇以上洪水(最大泄流量 1 410 m³/s),其主要建筑物级别为 2 级。泄洪洞工程从上游至下游主要由进水引渠段、进口控制段(进水塔)、洞身段、消能防冲段 4 部分组成。

泄洪洞洞身段建基面高程为 349.64 ~ 360 m,主要为微弱风化下带安山玢岩,具典型的"硬、脆、碎"特征,呈块状构造、碎裂结构,岩体裂隙较为发育,但结构面短小、延展差,张开裂隙由钙质充填胶结,岩块间嵌合力较好,尤其北西向及北东向陡倾角闭合裂隙发育,洞体受北东向裂隙构造影响较大,岩层透水率为 0.41 ~ 1.73 Lu。利用神经网络与灰色理论建立新的工程岩体分级模型确定的洞身段围岩类别为 III 类,基于因子分析的非线性方法确定的洞身范围内安山玢岩体抗压强度(饱和)平均为 12 ~ 14 MPa,普氏系数 f = 6 ~ 8。

二、围岩应力分析

(一)围岩应力分析的必要性

自然状态下,长期应力历史作用使得岩体一般处于平衡状态,而洞室开挖引起其周围岩体卸荷,围岩将在卸荷回弹作用下产生应力重分布。准确分析和评价洞室稳定性是施工前的重要环节,其周边工程地质环境具有不可预测性和较大的不确定性,以及施工过程的不确定性,造成实际工程中难以准确评价洞室的稳定性。

总体来说,围岩稳定性遵循一定规律,当围岩岩体坚硬且完整时,卸荷回弹和应力重分布一般只引起较小的围岩应力,此时不会发生围岩过大变形或破坏,这种情况下地下洞室一般不需要采取加固措施也能保持自稳;当岩体本身强度较低或者有软弱夹层、断层及破碎带等不良地质情况存在时,伴随岩体卸荷,该部位发生的回弹应力及重分布应力一般会超过围岩适应能力,导致洞壁局部或整体丧失稳定性。因此,较软弱岩体或断层等不良地质条件处的洞室开挖后,未及时采取有效加固措施或加固措施不适当,则可能引发工程事故,给洞室施工及后期运营管理留下安全隐患。现阶段,洞室稳定性评价一般根据工程地质条件、围岩特征,结合工程类比和经验判断确定,并在此基础上确定支护加固措施。本书在三维数值分析的基础上结合围岩应力监测确定围岩应力及最大应力分布位置,确定围岩初期支护后应力平衡时间,为经济合理地实施二次混凝土衬砌提供依据。

泄洪洞围岩岩性主要为安山玢岩,其块状构造、碎裂结构、裂隙多呈闭合状的特点决定其围岩稳定性主要受岩体自身结构的制约。勘察及后期施工中均未发现岩体中存在连续软弱结构面,也未见地下水,因此开挖后的重分布应力就成为制约洞室稳定性的主要因素。

泄洪洞洞身设计采用城门洞式结构,洞室开挖后岩体固有应力平衡遭到破坏,同时新的临空面在洞壁处形成,重分布应力将引起围岩各质点沿最短距离向洞壁方向移动,直至新的平衡产生。在应力重分布发展过程中围岩受力状态也会发生变化,原有应力的大小及主应力的方向均会发生一定改变,导致岩体内原本处于紧密压缩状态的部位出现部分松胀、部分挤压情况。在这种主应力强烈分异情况下,最不利应力条件将出现在洞室周边,极易引起洞室围岩破坏。

(二)围岩应力分析

泄洪洞洞室围岩为碎裂结构,岩体本身存在非均质性、不连续性、各向异性、非线性、时间相关性等明显因素,隧洞开挖后原岩应力状态受到破坏,围岩发生不均匀位移,周边岩体通过应力调整来抵御不均匀位移,岩体内主应力大小及方向发生变化,形成二次应力场。工程经验表明,在适当滞后支护或柔性支护等条件下,围岩将产生一定变形来释放部分应变能,从而达到降低作用在衬砌结构上围岩应力的目的。但是,如果迟迟不进行衬砌,围岩发生过大变形后,其自身承载能力将大大减小,因此确定合理的支护时机显得尤为重要。

1. 围岩应力重分布的一般特点

泄洪洞洞身段主要位于弱风化下带安山玢岩中,其开挖净宽9.7 m、净高12.6 m(包含拱矢2.71 m),拱顶中心角为117°。洞室开挖采用两层三区法施工(见图9-14),上下分为两层,下层再从中间分为左右两个作业面。施工时,先开挖上层,上层掘进一定进尺后进行下部开挖,而后上下两层同时循环掘进。

隧道开挖后,在二次应力状态下,围岩发生应力偏转的岩体承载自身的重力和上部不稳定荷载,引起上方围岩产生拱结构切向压紧区域。此时,若回弹应力或重分布应力超过围岩能够承受的作用,则势必导致围岩发生塑性变形直至破坏。洞室破坏后,周围岩体将形成新的松动带或松动圈,再次调整围岩应力状态,使应力集中区向岩体内部转移,逐渐形成新的应力分带。一定条件下,围岩应力集中区是有一定分布范围的,根据圣维南原理,洞室开挖卸荷引起的围岩应力重分布主要局限在3~5倍洞室开挖跨度范围内。

2. 等效内力分析

为简化问题,本次洞室围岩的竖向初始应力σ_z计算式为

$$\sigma_z = \rho g h \quad (9\text{-}2)$$

式中:ρ为岩石密度;g为重力加速度;h为计算点的埋深。

同时,假设水平向地应力与竖向地应力相同。安山玢岩节理虽比较发育,但皆紧密闭合,根据研究成果,计算时采用变形模量$E = 5 \times 10^4$ MPa,密度$\rho = 2.64$ g/cm^3,泊松比$\mu = 0.25$,抗剪断强度$F' = 0.80$、$c' = 0.70$ MPa。选取典型断面0 + 065、0 + 110、0 + 275、0 + 450进行了三维数值分析,分

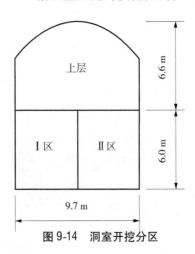

图9-14　洞室开挖分区

析时模型范围为隧洞两侧及下部取 5 倍洞径,隧洞以上取至山顶。计算结果显示:典型断面上典型点位围岩最大位移为 5.07 mm,围岩第一主应力接近 0.767 MPa,均发生在进口渐变段,主要受竖井开挖卸荷影响,其余断面最大位移为 3.27 mm,表明岩体抗剪强度较高,其处于弹性状态;其余各断面第一主应力最大值为 0.014 MPa,低于混凝土抗拉强度,第三主应力为 −5.63 MPa,发生在进口段边墙底部。

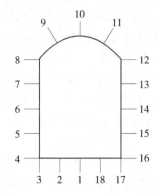

图 9-15   洞室应力计算点编号

考虑泄洪洞采取城门洞式设计,其结构及受力近似对称,在典型断面上进行等效应力分析时可取洞室一半进行分析,洞室衬砌截面典型应力计算点编号见图 9-15。为方便分析洞室各部位受力情况,数值分析计算成果转化为内力(轴力、弯矩、剪力等)。轴力、弯矩、剪力计算式分别为

$$N = \sum_{i=1}^{K} F_{xi} \tag{9-3}$$

$$M = \sum_{i=1}^{K} l_i F_{xi} \tag{9-4}$$

$$\tau = \frac{Q}{A} \tag{9-5}$$

式中:F_{xi} 为等效内力计算出的 i 节点处沿坐标轴 x 的节点力;l_i 为第 i 节点距离截面的长度;Q 为截面剪力;N 为换算出的截面轴力;M 为截面弯矩;τ 为截面剪应力;A 为截面面积。

等效内力换算示意见图 9-16。应力计算结果见表 9-9。计算表明:正常蓄水期墙底

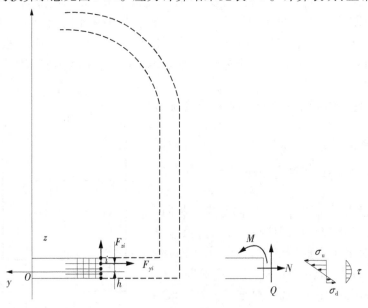

图 9-16   等效内力换算示意

部局部应力较高,洞壁应力远低于围岩饱和单轴抗压强度,说明洞室围岩总体是稳定的,但设计时应注意加强应力集中区的配筋。

表9-9　应力计算成果

应力计算点	弯矩(MN·m)	轴力(MN)	应力(MPa)
1	0.251	-5.428	-1.433
2	0.135	-5.960	-1.964
3	-1.652	-8.258	-7.812
4	-1.716	-7.757	-7.792
5	0.299	-5.148	-1.190
6	0.182	-4.614	-1.306
7	0.143	-4.880	-1.519
8	-0.817	-6.603	-4.850
9	-0.111	-7.904	-3.415
10	-0.160	-8.162	-3.645

注:应力符号拉为正、压为负

三、围岩监测及分析

(一)围岩监测

洞室围岩的变形是地质水文条件、施工方法、施工气候条件等诸多因素共同影响的综合反映。鉴于地质条件的复杂性及现有勘探手段的局限性,当下无法完全掌握现场地质条件。目前,围岩应力分析理论均基于一定的概化假设,参数选取存在一定人为因素,分析所得的围岩应力情况及相应应力变化规律等并不完全符合现场实际情况。根据经验分析,现场开挖后,围岩稳定条件一段时间内处于动态变化之中,特别是在初期支护后,叠加施工质量的差异使得围岩应力变化更加复杂。

基于以上因素并结合目前发展的状况来看,工程中常引入围岩应力监测手段就成为一种直观反映围岩应力及其变化规律,印证围岩物理力学参数取值的合理性及应力计算结果的准确性,进而根据反馈的检测数据及时调整设计的一种有效手段。因此,今后相当长的一段时间内需要特别关注围岩监测反馈信息,根据监测反馈信息分析洞室围岩变形特征、优化反分析本构模型及反分析方法、支护结构受力分析等综合研究。

前坪水库泄洪洞洞室围岩岩性为碎裂结构安山玢岩,具有典型的“硬、脆、碎”特点,围岩中短小结构面发育,其对现有计算模型的适用性更需要围岩监测资料印证。为此,在工程施工中,洞内应布置多点位移计进行监测,共布置4个监测断面,其桩号分别为0+065、0+255、0+325、0+450,每个断面分别在左、右直墙底,直墙与拱矢交接部位以及顶拱部位典型点布置位移计,监测仪器布置见图9-17。其典型断面位移计监测结果见表9-10。

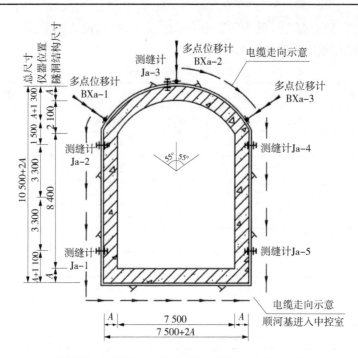

图 9-17　泄洪洞围岩监测典型断面 （单位：mm）

表 9-10　0+065 典型断面多点位移计监测成果

测孔编号	观测日期 （年-月-日）	测点编号	埋深（m）	位移（mm）	最近一月 变形量（mm）
BX1 – 1	2016-12-11 ~ 2018-03-05	1	4	1.78	0.05
		2	8	3.84	0.03
		3	15	5.74	0.10
BX1 – 2	2016-12-11 ~ 2018-03-05	1	4	4.91	0.03
		2	8	3.99	0.02
		3	15	4.18	0.03
BX1 – 3	2016-12-11 ~ 2018-03-05	1	4	2.70	0.05
		2	8	4.57	0.05
		3	15	0.85	0.01
BX2 – 1	2016-11-21 ~ 2018-03-05	1	4	4.37	0.02
		2	8	3.10	0.03
		3	15	8.01	0.05
BX2 – 2	2016-11-21 ~ 2018-03-05	1	4	2.86	0.01
		2	8	1.70	0.06
		3	15	3.33	0.01

续表 9-10

测孔编号	观测日期 (年-月-日)	测点编号	埋深(m)	位移(mm)	最近一月 变形量(mm)
BX2 – 3	2016-11-21 ~ 2018-03-05	1	4	9.46	0.02
		2	8	4.00	0.07
		3	15	1.92	0.08
BX3 – 1	2016-10-11 ~ 2018-03-05	1	4	10.79	0.18
		2	8	7.48	0.04
		3	15	3.78	0.10
BX3 – 2	2016-10-11 ~ 2018-03-05	1	4	3.42	0.01
		2	8	2.94	0.05
		3	15	2.11	0.07
BX3 – 3	2016-10-11 ~ 2018-03-05	1	4	7.03	0.03
		2	8	6.17	0.06
		3	15	6.88	0.01

(二)围岩变形分析

通过分析 4 个监测断面数据发现,最大位移位于墙底处,拱顶部位一般较小,与等效内力分析结果基本一致。位移计安装后,其监测到的变形呈增长趋势,在施工期间,随着开挖过程的不断进行,围岩变形不断增大(见图 9-18)。随着下道开挖完成,洞室锚喷支护完成后位移增长趋势逐渐变缓,至固结灌浆施工结束后其变形才趋于稳定(见图 9-19)。典型测孔如 BX3 – 1 测孔,左拱座最大变形为 10.79 mm;右拱座次之,最大为 7.48 mm;顶拱变形最小,为 3.48 mm。至 2017 年 1 月洞室开挖结束并进行锚喷支护施工完成后,变化速率明显减小;自 2017 年 3 月以来,围岩变形变化速率小于 0.01 mm/d,表明围岩一直处于稳定状态。

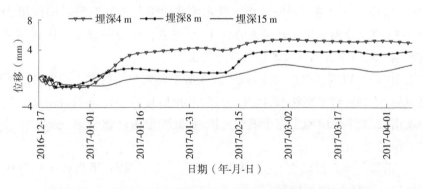

图 9-18　0 +065 左拱座围岩典型位移累计曲线图(变形结束前)

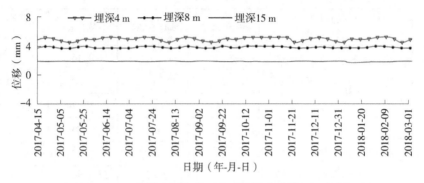

图 9-19　0+065 左拱座围岩典型位移累计曲线图（变形结束后）

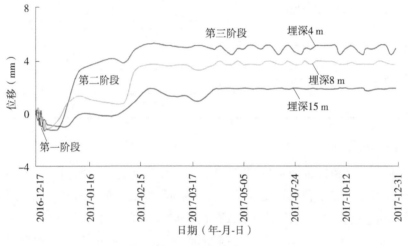

图 9-20　围岩典型变形曲线

虽然围岩变形受诸多复杂因素影响，但是通过分析工作区监测资料可以发现，其位移变化符合"破坏—支护—平衡"的规律，即位移量随时间逐步收敛，同时位移曲线呈现出较为明显的"S"形走势，且大致可分为三个阶段（见图 9-20）。

（1）第一阶段。主要是仪器安装后封孔水泥浆收缩与围岩变形共同作用，但以水泥收缩影响为主，直至仪器受拉达到最大值，此时水泥浆收缩与围岩变形达到相对平衡，该时段测量数据一般很难准确地反映围岩变形情况。

（2）第二阶段。以围岩变形为主，该阶段变形主要为开挖后围岩应力释放所致，至初期支护完成后，达到短暂平衡状态，以及下台阶开挖后打破上台阶围岩初期形成的平衡，位移量出现增长，至下台阶施工完毕喷锚支护后，其变形量逐步收敛，围岩与支护环构成新的相对平衡受力体系。

（3）第三阶段。组合拱形成，支护体系新增应力逐步减小，围岩处于相对稳定状态。此时为二次衬砌混凝土的最佳时机。

四、数值分析与围岩监测结果对比分析

隧道围岩新奥法施工中需要利用围岩监测工作及时提供洞壁围岩收敛及支撑结构受力情况等信息,以此来判断数值分析成果和工程设计参数及施工工艺的合理性,达到信息化动态控制施工过程的目的。根据上述分析可得到以下结论:

(1)洞壁应力最大值出现在直墙底,其次为洞顶,边墙部位最小,数值分析与位移测量成果在规律上是一致的。

(2)多点位移计虽不能直接测量围岩应力情况,但其反映的围岩位移情况可间接证明数值分析的合理性。

(3)综合分析现场监测数据与数值分析成果,说明碎裂结构岩体数值计算中力学参数及边界条件取值是合理的,结果是可信的。

第四节　泄水建筑物——输水洞

一、输水洞工程地质条件

输水洞位于主坝右岸,沿线最高处高程 422 m 左右,工程包括引渠进口段、控制闸室段、洞身段等部分。引渠进口段位于北汝河右岸山前侵蚀地带,地面高程 367~410 m。闸室紧靠岸坡布置。隧洞洞身全长 256 m,洞身为 4 m×5 m 的方形断面(长度 12 m)渐变为直径 4 m 的圆形断面,建基面高程为 360.2~347.8 m。

洞身通过段附近地面高程 390.5~427.0 m,上部为古近系砾岩,表层有少量第四系中更新统重粉质壤土覆盖层,坡角 28°~40°,下部为安山玢岩,坡度较陡。

输水洞场区属岩石单一结构,岩性上部为古近系陈宅沟组(E_2)砾岩夹黏土岩、下部为中元古界熊耳群马家河组(Pt_{2m})安山玢岩,安山玢岩以弱风化为主。

二、进口仰坡稳定性分析及处理

(一)进口仰坡稳定性分析

1. 地层展布情况

输水洞进口段三个方向存在边坡,涉及的地层岩性为砾岩及安山玢岩。左侧边坡主要为安山玢岩,呈弱风化状,岩体节理裂隙发育,一般呈闭合状,少量呈微张状,延伸短。北侧及右侧边坡上部为古近系散体结构砾岩,下部为弱风化安山玢岩(见图 9-21)。

根据前期及编录资料,砾岩与安山玢岩呈角度不整合接触,接触面自输水洞左侧向右侧倾斜,左侧最高高程约 392.52 m,右侧最低处高程为 376.23 m,其下部为弱风化安山玢岩,地层展布情况见图 9-21。上部砾岩为古近系陈宅沟组沉积物,呈基底式泥质弱胶结形式(见图 9-22)。砾石成分主要为安山岩、安山玢岩,紫红色,呈次棱角状—次圆状,粒径一般为 3~7 cm,个别达 15~25 cm 以上,大部分砾石呈强风化状,砾石碎屑块体表层一般附有紫红色泥膜(见图 9-23);泥质胶结物一般具有弱膨胀潜势,干湿交替后呈松散状

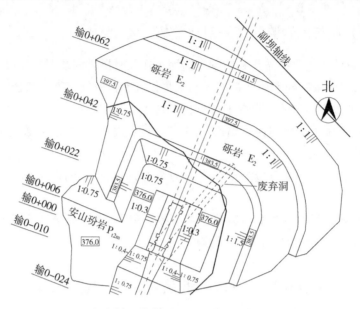

图 9-21　输水洞进口段地层展布图

(见图 9-24)。砾岩中不规则分布有黏土岩薄层,副坝开挖面见到的黏土岩夹层一般呈水平状(见图 9-25)。

(a)基底式泥质胶结(新鲜面)

(b)基底式泥质胶结(风化后)

图 9-22　基底式泥质胶结砾岩

2. 砾岩岩体物理力学性质

根据输水洞边坡地质条件分析,输水洞进口边坡只有砾岩中可能发生失稳破坏,为查明进口边坡风化砾岩的力学特性,选取典型砾岩做现场剪切试验、室内重塑土试验及自由膨胀率试验,为进口边坡稳定性计算提供岩体力学参数。

1) 现场剪切试验

在输水洞进口边坡顶部与副坝之间的位置选取代表性地带开挖 2 个坑槽,在坑槽内进行天然试验 1 组、饱和试验 2 组,坑槽及各试验点相对位置见图 9-26、图 9-27。

直剪试验采用平推法,在坑槽侧壁将风化砾岩加工成长×宽×高为 50 cm×50 cm×

图 9-23　新打开砾岩紫红色泥膜

图 9-24　砾岩干湿交替后

图 9-25　砾岩中黏土岩夹层

35 cm 的试体,外套钢模,钢模与预剪面之间预留 2 cm 的剪切缝,施加一定的正应力。饱和试样在剪切面上施水,剪切面下部见有水滴出或渗出即视为饱和,开始试验。

　　现场进行 2 组砾岩饱和状态试验,1 组砾岩自然状态试验,根据《水利水电工程地质勘察规范》(GB 50487—2008)、《水力发电工程地质勘察规范》(GB 50287—2016)对这两类岩体成果进行综合整理,选取标准值,并提出试验建议值。直剪试验以优定斜率法作为标准值(见表 9-11、表 9-12)。

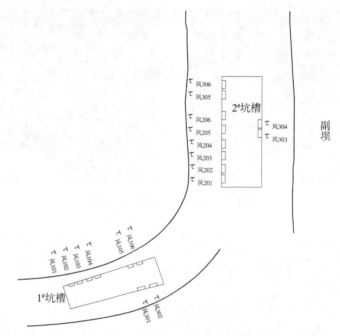

图 9-26　坑槽及试验点位置示意图

图 9-27　坑槽照片

表 9-11　砾岩(天然)直剪试验强度参数

试验部位	岩性	试点组	抗剪断			抗剪(摩擦)		
			f'	$\varphi(°)$	$c'(MPa)$	f	$\varphi(°)$	$c(MPa)$
1#、2#坑槽	风化砾岩	$\tau_{风3}$	0.85	40.4	0.18	0.81	39.0	0.18

表 9-12 砾岩(饱和)直剪试验成果

岩性	试验内容	直剪强度参数		
		f'	$\varphi(°)$	c'(MPa)
风化砾岩(饱和)	最小二乘法	0.61	31.4	0.06
	优定斜率法	0.58	30.1	0.06
	标准值	0.58	30.1	0.06

2)前期勘测重型动力触探成果

前期在输水洞及副坝勘察期间,钻孔 ZK17、ZK18、ZK30 砾岩中做重型动力触探 19 次,重型动力触探击数范围值为 17~36 击,平均值为 28.3 击。其中 <20 击 3 次,20~25 击 1 次,25~29 击 6 次,30~34 击 7 次,≥35 击 2 次,根据动力触探击数值,现场砾岩不均一。

3)现场密度试验

为查明砾岩密度,在副坝与输水洞边坡开口线之间选取 5 个点,采用试坑灌水方法测定砾岩天然密度,试样天然密度 ρ 为 2.01~2.25 g/cm³,平均密度为 2.11 g/cm³。

4)自由膨胀率试验情况

为查明砾岩中泥质成膨胀潜势,分别取砾岩中泥质成分及黏土岩夹层进行室内自由膨胀率试验(见表 9-13),根据室内自由膨胀率试验成果,结合岩土体外观结构特征判别,工程区泥质胶结砾岩中泥质成分及黏土岩夹层一般具有弱膨胀潜势。

表 9-13 膨胀性试验成果

土名	试样编号	取样深度(m)	自由膨胀率 δ_{ef}(%)
黏土岩夹层	FB10 – 1	11.90~12.20	53.0
	FB10 – 2	12.20~12.50	40.0
	FB11 – 1	10.70~11.00	61.0
砾岩中泥质成分	P1	散样	40.0
	P2	散样	41.0
	P3	散样	43.0
	P4	散样	40.0
	P5	散样	38.0
	P6	散样	43.0
	P7	散样	43.0
	P8	散样	45.0
	P9	散样	55.0
	P10	散样	52.0
	P11	散样	56.0
	P12	散样	56.0
	P13	散样	47.0
	P14	散样	43.0

5）室内物理力学参数试验

为查明砾岩物理力学指标,进行颗分试验、室内重塑土剪切试验。共进行 11 组颗分试验,颗分曲线图见图 9-28;进行剪切试验 5 组,试样天然密度平均值 ρ 为 2.11 g/cm³,平均含水率为 12.1%,剪切试验控制干密度 ρ_d 为 1.88 g/cm³。分别进行自然快剪试验、饱和快剪试验,室内试样尺寸为 $\phi 504 \times 400$ mm,试验结果见表 9-14。

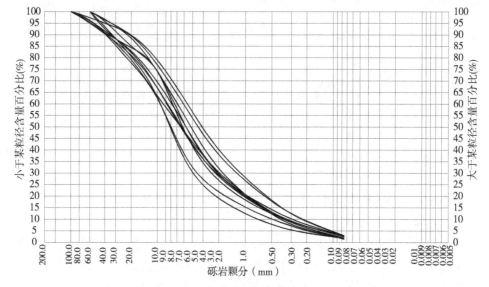

图 9-28　砾岩室内颗分曲线图

表 9-14　抗剪强度试验成果

样品编号	自然快剪		饱和快剪	
	黏聚力 c (kPa)	内摩擦角 φ (°)	黏聚力 c (kPa)	内摩擦角 φ (°)
Z1	59	25.7	14	8.5
Z2	42	29.0	16	10.7
Z3	65	27.7	13	9.8
Z4	38	25.8	18	9.4
Z5	45	27.0	9	10.0
平均值	49.8	27.0	14	9.7

3. 边坡稳定分析

根据现场地质情况,结合室内外试验数据,对输水洞进口边坡稳定性分析如下。

1）安山玢岩段边坡

安山玢岩呈弱风化状,暗紫色、紫红色,具斑状结构,块状构造,斑晶为斜长石,节理裂隙发育,节理裂隙面见有黄色铁锰质侵染及少量的钙质、锰质薄膜,裂隙虽然发育,但延伸短,贯通性差。结构面多闭合,结构面有硅钙质胶结物,岩块间嵌合力较好(见图 9-29)。岩体结构分类为碎裂结构,工程地质分类属Ⅲ类岩体,岩体抗剪强度较高,不存在外倾顺坡向的贯通性软弱结构面,总体稳定性好。同时,后期施工将回填至 376.231 m 高程,现场不具备从安山玢岩岩体中滑动破坏的可能。

图9-29　弱风化安山玢岩

2)砾岩与安山玢岩接触面

砾岩与安山玢岩接触面虽然有少量风化岩体存在,根据前期资料,该处安山玢岩顶面总体向输水洞下游倾斜(见图9-30),不具备沿接触面向上游滑动的条件。

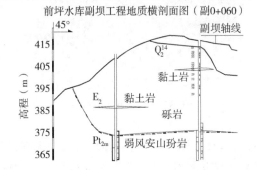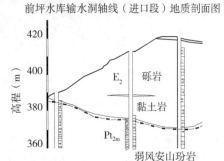

图9-30　输水洞进口段地层展布图

3)风化砾岩段边坡

古近系砾岩一般呈散体结构,表层风化为碎石土,砾石含量50%~70%不等,岩性不均一。成岩胶结程度差,呈散体结构特征,以泥质弱胶结为主,泥质胶结物中常见有灰绿、紫红色黏土矿物。新开挖砾岩一般砾石表面有棕红色泥膜(见图9-31);砾石呈基底式泥质弱胶结,遇水后泥质胶结物会泥化崩解,成为砾石之间滑动的润滑物质(见图9-32);砾岩中少量砾石母岩呈强风化状(见图9-33)。该层中见有黏土岩夹层,呈棕红色,具有泥质结构,质地均一,成分单一,黏粒含量高,仅零星见有安山岩碎块石,岩芯成短柱状。

工程运行后,正常蓄水位403 m高程,砾岩底面最低处高程为376.2 m,约有27 m厚的砾岩长期受库水位涨落变动带侵蚀影响,考虑砾岩干湿交替、砾岩中泥质成分膨胀性性状实际情况以及其遇水后的湿化崩解特殊情况,砾岩强度降低、性状变差,其力学参数弱化后存在局部塌滑的风险。

4)输水洞进口边坡稳定性判别

输水洞进口边坡下部为弱风化的安山玢岩,具碎裂结构特征,勘察未发现不利的外倾

图 9-31　新鲜砾岩基底式胶结照片

图 9-32　砾岩遇水后照片　　　　　　图 9-33　砾岩中强风砾石

结构面及其他不利的长大结构面,岩体强度较高,岩块间结构面为钙质胶结,嵌合力强,稳定性好。边坡中上部的风化砾岩岩性不均,呈散体结构特征,抗剪强度相对较低。砾岩中的泥质具吸水膨胀崩解、失水收缩干裂的特性,工程运行后,正常蓄水位 403 m 高程,砾岩底面最低处高程为 376.2 m,约有 27 m 厚的砾岩长期受库水位涨落变动带侵蚀影响,砾岩干湿交替后,砾岩中泥质成分膨胀性及其遇水后的泥化崩解特性,砾岩强度降低、性状变差,其力学参数弱化后存在局部塌滑的风险。

　　输水洞进口边坡山体地形上属垭口,山体单薄,边坡顶部上修建混凝土副坝,边坡上有输水洞进水塔及交通桥等重要建筑物。受原废弃交通洞(坍塌)等地质条件影响,边坡后退开挖成综合坡率 1:0.75～1:1.1 的边坡,边坡相对高差近 40 m。坝址区地质调查资料表明,古近系砾岩天然边坡坡比 1:2～1:3,坡度较缓,而输水洞进口边坡山体地形上为单薄垭口山体,属开挖后形成的高陡边坡,根据《水利水电工程边坡设计规范》(SL 386—2007)的 4.2.8 条和《水利水电工程地质勘察规范》(GB 50487—2008)相关规定,在碎裂结构岩体中和散体结构岩体中开挖的边坡可初步判别为有可能失稳的边坡。因此,该边坡风化砾岩层受库水位长期涨落变动侵蚀影响存在边坡稳定问题。

　　(二)施工期处理

　　输水洞进口仰坡稳定问题施工期间采取了放缓边坡、系统锚杆挂网喷护等工程措施进行处理。其中,高程 376.2 m 以下采用 1:0.3 放坡、混凝土回填压重处理;高程 376.2 m

以上采用1∶0.75～1∶1放坡、分级设置马道,同时采用钢筋混凝土面板全包防渗处理方案,混凝土包裹范围为进水塔左、右岸及塔后376.0～413.5 m高程,之后延伸至副坝基础混凝土前趾。

三、洞室稳定性分析

输水洞洞身全长256 m,洞身尺寸由4 m×5 m的方形断面渐变为直径4 m的圆形断面,建基面高程为360.2～347.8 m。

输水洞围岩岩性主要为安山玢岩,块状构造、碎裂结构,裂隙多呈闭合状的特点决定其围岩岩稳定性主要受岩体自身结构制约。勘察及后期施工中均未发现岩体中存在连续软弱结构面,也未见到地下水,因此洞室开挖后的应力重分布就成为影响围岩稳定性的主要因素。

天然状态下,岩体在长期的应力历史作用下,常处在一定的各向应力平衡状态下,其各部位的应力情况也相对简单,岩体内初始应力一般随深度呈明显规律性变化,也即洞室围岩的初始应力场是随深度变化的。根据圣维南原理,洞室开挖卸荷引起的围岩应力重分布主要局限在3～5倍洞室周范围之内(见图9-34)。为简化计算,实际工作中常假定洞室影响带内岩体初始应力状态等同于洞体中心。

地下洞室围岩破坏一般发生在最大拉应力集中或最大压应力集中部位。对于圆形洞室,周边一般不产生明显的应力集中,因此圆形洞室一般稳定性较好。只有在洞室附近有断层等不连续面通过时这种现象才表现得较为明显。D. F. 科茨等试验表明,当径向应力和切向应力共同作用在断层带内的岩层单元体时,将导致断层面由于剪应力出现而传过断层面的应力减小,这就引起这一狭窄地带应力高度集中,极易造成该区围岩失稳。

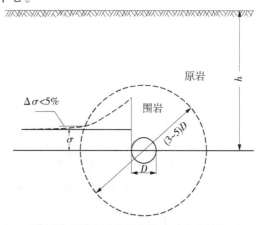

图9-34　地下洞室围岩应力重分布简图

输水洞洞身段围岩岩性为弱风化安山玢岩,岩体裂隙发育,一般呈闭合—微张状,延伸短,一般2～3 m。岩体陡倾角裂隙发育,裂隙走向以北东向为主(节理玫瑰图见图9-35、图9-36),具典型的"硬、脆、碎"特征,呈块状构造、碎裂结构。岩体裂隙较为发育,但结构面短小、延展差,张开裂隙由钙质充填胶结,岩块间嵌合力较好,洞身段弱风化安山玢岩围岩类别为Ⅲ类。安山玢岩体抗压强度(饱和)平均为12～14 MPa,普氏系数$f=6～8$。根据工程经验及附近洞室围岩分析,输水洞洞室围岩一般处于稳定状态。

四、洞室围岩监测及简析

(一)围岩监测

由于输水洞洞室围岩为碎裂结构岩体,为分析其洞室围岩长期运行稳定性,根据其洞

图 9-35　倾向玫瑰图

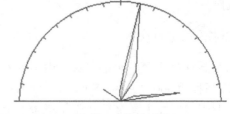

图 9-36　走向玫瑰图

室围岩特点,施工期在洞内布置多点位移计进行监测,共布置 3 个监测断面,其桩号分别为 0 +032、0 +096、0 +243。每个断面分别在洞顶、左右侧距洞顶 55°角部位布置多点位移计,监测仪器布置见图 9-37。其中,0 +065 典型断面位移计监测结果见表 9-15。

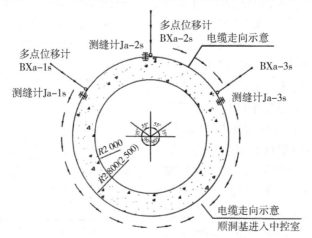

图 9-37　输水洞围岩监测典型断面　(单位:mm)

表 9-15　输水洞多点位移计监测成果

测孔编号	观测日期 (年-月-日)	测点编号	埋深(m)	最大位移 (mm)	最近一月 变形量(mm)
BX1 – 1	2019-01-01 ~ 2020-08-25	1	5	0.68	0.02
		2	10	0.90	0.02
		3	15	0.76	0.11
BX1 – 2	2019-01-01 ~ 2020-08-25	1	5	0.39	0.02
		2	10	0.28	0.09
		3	15	0.34	0.30
BX1 – 3	2019-01-01 ~ 2020-08-25	1	5	0.93	0.74
		2	10	0.75	0.71
		3	15	0.69	0.69

续表 9-15

测孔编号	观测日期 （年-月-日）	测点编号	埋深（m）	最大位移 （mm）	最近一月 变形量（mm）
BX2 – 1	2018-10-18 ~ 2020-08-25	1	5	0.64	0.02
		2	10	0.43	0.03
		3	15	1.24	0.03
BX2 – 2	2018-10-18 ~ 2020-08-25	1	5	1.86	0.02
		2	10	0.44	0.08
		3	15	0.71	0.08
BX2 – 3	2018-10-18 ~ 2020-08-25	1	5	1.78	0.22
		2	10	0.26	0.22
		3	15	2.03	0.10
BX4 – 1	2018-10-18 ~ 2020-08-25	1	5	1.58	0.28
		2	10	2.28	0.41
		3	15	2.60	0.05
BX4 – 2	2018-10-18 ~ 2020-08-25	1	5	0.27	0.14
		2	10	1.43	0.08
		3	15	0.98	0.12
BX4 – 3	2018-10-18 ~ 2020-08-25	1	5	0.76	0.27
		2	10	0.42	0.07
		3	15	3.00	0.19

（二）围岩变形简析

通过分析 3 个监测断面数据发现，位移计安装后，其监测到的变形呈增长趋势，在施工期间，随着开挖过程的不断进行，围岩变形不断增大，随着洞室锚喷支护完成后位移增长趋势逐渐变缓，至固结灌浆施工结束后其变形才趋于稳定（见图 9-38）。测点最大位移一般发生在深度 15 m 处，最大位移为 3 mm。根据工程经验，洞室围岩变形在安全范围之内，最近一月最大变形量为 0.74 mm，小于 1 mm，表明洞室围岩处于稳定状态。

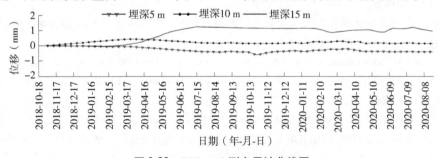

图 9-38　BX2 – 1S 测点累计曲线图

参 考 文 献

[1]刘远征,刘欣."三峡 YZP 法"在某水库坝区工程岩体质量分级中的应用[J].水科学与工程技术,2008(5):45-48.

[2]陈德基,刘特洪.岩体质量评价的新指标——块度模数[A].中国地质学会工程地质专业委员会.全国首届工程地质学术会议论文选集[C].中国地质学会工程地质专业委员会,1979:8.

[3]胡卸文,钟沛林,任志刚.岩体块度指数及其工程意义[J].水利学报,2002(3):80-83.

[4]Bienlawski Engineering Classification of Jointed Rock Mass[J]_ Trans. S. Africa Inst. Civ. Engrs. 1973,15(12):383-389.

[5]张伟,黄伟,祝赫.基于 RMR 与 SMR 法的某边坡工程岩体质量评价[J].河北农机,2012(4):61,72.

[6]曲文峰,王德中,张理,等.基于 RMR 岩体质量评价的某边坡稳定性分析[J].江西有色金属,2010(1):6-9.

[7]贾明涛,王李管.基于区域化变量及 RMR 评价体系的金川Ⅲ矿区矿岩质量评价[J].岩土力学,2010(6):1906-1912.

[8]陈沅江,吴超,傅衣铭,等.基于修正 RMR 法的深部岩体工程围岩质量评价研究[J].防灾减灾工程学报,2007(2):141-146.

[9]李华,焦彦杰.基于 RMR 的模糊 AHP 法在岩体分级中的应用[J].工程地质学报,2011(5):646-655.

[10]蒋权.基于改进 RMR 法及三维可视技术的岩体质量分级分区[J].矿业工程研究,2013(2):55-61.

[11]Burton N. Some new Q-value correlations to assist in site characterization and tunnel design[J]. International Journal of Rock Mechanics Sciences,2002(39):183-216.

[12]谷德振.岩体工程地质力学基础[M].北京:科学出版社,1979.

[13]肖春华.岩体质量指标 Q 分类法在汕头 LPG 工程中的应用[J].隧道建设,2002(4):3-9.

[14]云峰,袁宏成.岩体力学参数的估算[J].西部探矿工程,2003(11):39-40.

[15]胡盛明,胡修文.基于量化的 GSI 系统和 Hoek-Brown 准则的岩体力学参数的估计[J].岩土力学,2011(3):861-866.

[16]韩凤山.节理化岩体强度与力学参数估计的地质强度指标 GSI 法[J].大连大学学报,2007,6:46-51.

[17]Palmstrom A. Characterzing rock masses by the RMi for use in Practical Rock Engineering, part 2:Some practical applications of the Rock Mass Index(RMi)[J]. Tunneling and Underground Space Technology,1996, 11(3):287-303.

[18]王亮清,胡静,章广成.应用 RMi 法估算岩体变形模量[J].水文地质工程地质,2003(S1):126-131.

[19]宋建波,张倬元,刘汉超.应用 RMi 指标进行工程岩体分类的方法[J].矿业研究与开发,2002(1):20-22.

[20]申艳军,徐光黎,朱可俊. RMi 岩体指标评价法优化及其应用[J].中南大学学报(自然科学版),2011(5):1373-1383.

[21]孙恭尧,黄卓星,夏宏良.坝基岩体分级专家系统在龙滩工程中的应用[J].红水河,2002(3):5-11.

[22]张玉灯,郭维祥,王晓朋.水电工程隧洞围岩分类专家系统的开发与应用[A].贵州省岩石力学与工程学会.贵州省岩石力学与工程学会 2013 年学术年会论文集[C].贵州省岩石力学与工程学会,2013:6.

[23]张清,田盛丰,莫元彬.铁路隧道围岩分类的专家系统[J].铁道学报,1989(4):65-71.

[24]程士俊.铁路隧道围岩分类专家系统[A].中国地质学会工程地质专业委员会.第四届全国工程地质大会论文选集(二)[C].中国地质学会工程地质专业委员会,1992:9.

[25]杨小永,伍法权,苏生瑞.公路隧道围岩模糊信息分类的专家系统[J].岩石力学与工程学报,2006(1):100-105.

[26]许勇.基于CLIPS的公路隧道围岩分类专家系统研究[J].科技信息(科学教研),2008(14):37.

[27]李守巨,刘迎曦,刘长晶.基于改进神经网络的边坡岩体弹性力学参数识别方法[J].湘潭矿业学院学报.2002,17(1):56-61.

[28]赵洪波,冯夏庭.位移反分析的进化支持向量机研究[J].岩石力学与工程学报,2003,22(1):1616-1622.

[29]邓建辉,李悼芬,葛修润.BP网络和遗传算法在岩石边坡位移反分析中的应用[J].岩石力学与工程学报,2001,20(1):1-5.

[30]张治强,冯夏庭,祁宏伟.三峡工程永久船闸高边坡岩体力学参数的敏感度分析[J].东北大学学报(自然科学版).2000,21(6):636-640.

[31]王穗辉,潘国荣.人工神经网络在隧道地表变形预测中的应用[J].同济大学学报(自然科学版),2001,29(10):1147-1151.

[32]Jian-Hua Zhu. Modeling of soil behavior with a recurrent neural network[J]. Can. Geotech,1998,35:858-872.

[33]F. Meulenkamp. M. Alvarez Grima. Application of neural networks for the prediction of the unconfined Compressive strength(UCS)from Equotip hardness[J]. Rock Mechand min. Sci,1999,36(1):29-39.

[34]LEEC S R. Identifying probable failure modes for underground openings using a neural network[J]. Rock Mech & Geomech Abstr,1991,28(6):377-386.

[35]Raichea. Pattern recognition approach to geophysical inversion using neural nets[J]. Geophys,1991(105):692-648.

[36]冯夏庭.智能岩石力学导论[M].北京:科学出版社,2000.

[37]乔春生,张清.黄修石.岩土工程数值分析中选择岩体力学参数的神经元网络方法[J].岩石力学与工程学报,2000,19(11):63-67.

[38]杨仕教,古德生,等.丰山铜矿北缘采区矿岩稳定性分级的灰色聚类方法研究[J].矿业研究与开发,2003,24(1):13-17.

[39]刘玉成,刘延保.灰色关联理论在矿山岩体质量评价中的应用[J].矿业工程,2006(6):15-18.

[40]陈星明,郑伟强.灰色关联分析在工程岩体稳定性分级中的应用[J].矿业快报,2007(11):11-13,22.

[41]郭彬,薛希龙,徐敏.改进层次聚类法在矿山岩体分级中的应用[J].金属矿山,2011(11):13-19.

[42]Müller.岩石力学基本原理及其在地面—地下工程稳定性分析中的应用[J].水电站设计,1987(1):1-4.

[43]李铁汉.岩块与岩体的强度[J].武汉地质学院学报,1985,12(3):35-37.

[44]E. Hoek. Strength of joint rockmass[J]. Geotechnige,1983,33(3):187-230.

[45]E. Hoek,E. T. Brown. Underground excavation in rock[M]. London:Pergamon Press,1986.

[46]陈晓祥,谢文兵,荆升国,等.数值模拟研究中采动岩体变形模量的确定[J].采矿与安全工程学报,2006(3):341-345.

[47]万林海.水电站工程岩体力学性质综合研究及其应用[D].北京:北京科技大学,2000.

[48]Oda M A. Method for evaluating the representative elementary volume based on joint survey of rockmass[J]. Can. Geoteeh,1998(25):287-291.

[49]胡卸文,黄润秋,徐志文.澜沧江某电站岩体质量分类中的力学参数选取探讨[J].工程地质学报, 1996,4(2):7-13.

[50]周火明,孔祥辉.水利水电工程岩石力学参数取值问题与对策[J].长江科学院院报,2006(4): 36-40.

[51]Mohammad N,Reddish D J,Stace L R. The relation between in situ and laboratory rock properties used in numerical modelling[J]. Rock Mech Min Sci,1997,34(2):289-297.

[52]Kulatilake PHSW,Wang S,Stephansson O. Effect of finite size joints on the deformability of jointed rock in three dimensions[J]. Rock Mech Min Sci Geomech Abs,1993,30(5):479-501.

[53]Kulatilake PHSW,Park J,Um J. Estimation of rock mass strength and deformability in 2-D for a 30 m cube at a depth of 485 m at ÄspÖ Hard Rock Laboratory[J]. Geotech Geolog Eng,2004,22(3):312-330.

[54]刘艳章,盛建龙,葛修润,等.基于岩体结构面分布分形维的岩体质量评价[J].岩土力学,2007,28 (5):971-975.

[55]Deere D U. Technical description of rock cores for engineering purposes[J]. Rock Mechanics and Engineering Geology,1964,1(1):17-22.

[56]王维纲,单守智.岩石分级的理论与实践[J].工程地质学报,1993,2(3):42-53.

[57]蔡斌,喻勇,吴晓铭.《工程岩体分级标准》与 Q 分类法、RMR 分类法的关系及变形参数估算[J].岩 石力学与工程学报,2001(S1):1677-1679.

[58]喻勇,蔡斌.湖南溆水皂市水利枢纽工程岩体分级[J].岩石力学与工程学报,2001(S1):1889-1892.

[59]丁金刚.岩体分类法确定岩体宏观力学参数[J].工程设计与研究,2003(1):7-10.

[60]周恒松,高波.浅述岩体变形模量确定方法[J].四川建筑,2008(5):78-80.

[61]伍佑伦,许梦国.根据工程岩体分级选择岩体变形模量的探讨[J].武汉科技大学学报(自然科学 版),2002,25(1):22-23.

[62]王芝银.岩石力学位移反演分析回顾及进展[J].力学进展,1998,28(4):488-498.

[63]杨林德,徐超. Monte Carlo 模拟法与基坑变形的可靠度分析[J].岩土力学,1999(1):16-19.

[64]Kavanagh K T,Clough R W. Finite element application in the characterization of elastic solids[J]. Solids Structures,1972(7):11-23.

[65]Kirsten H A D. Determination of rock mass elastic moduli by back analysis of deformation measurement [J]. Proc Symp on Expliration for Rock Eng. Johannesburg,1976:1154-1160

[66]Maiar G,Jurina L,Podolak K. On model identification problems in rock mechanics[J]. Proc Symp on the Geotechnics of Structurally Complex Formations. Capri,1977:257-261.

[67]Kovari K,et al. Integrated measuring technique for rock pressure determination[J]. Proc Int Conf on Field Measurements in Rock Mechanics. Zurich,1977:532-538.

[68]Sakurai S,Abe S. A design approach to dimensioning underground openings[C] // Proc 3rd Int Conf Numerical Methods in Geomechanics. Aachen,1979:649-661.

[69]Gioda G,Maier G. Direct,search solution of an inverse problem in elasto-plasticity,identification of cohesion,friction angle and in-situ stress by pressure tunnel tests[J]. Num Methods in Eng,1980,15: 1822-1834.

[70]Gioda G,Jurina G. Numerical identification of soil structure interaction pressures[J]. Num & Anal Meth in Geomech,1981(5):32-56.

[71]Arai R. An inverse problem approach to the prediction of Multi-dimensional consolidation behavior[J]. Soil and Foundations,1984,24(1):95-108.

[72]杨志法,刘竹华.位移反分析法在地下工程设计中的初步应用[J].地下工程,1981(2):20-24.

[73]杨林德.岩土工程问题的反演理论与工程实践[M].北京:科学出版社,1996.

[74]林世胜,中尾健儿.反演法的进一步探讨[J].岩土工程学报,1987,9(3):39-46.

[75]杨永斌.基于BP神经网络的边坡岩体变形模量反分析[D].长沙:中南大学,2011.

[76]朱岳明,戴妙林.大坝观测资料的优化反分析[C]//.第四届全国岩土力学数值分析与解析方法讨论会论文集.武汉:武汉测绘科技大学出版社,1991:126-131.

[77]顾强康,石宏达.用反分析法确定地基的土性参数[C]//第四届全国岩土力学数值分析与解析方法讨论会论文集.武汉:武汉测绘科技大学出版社,1991:137-140.

[78]刘怀恒.地下工程位移反分析原理应用及其发展[J].西安矿业学院学报,1988,8(3):1-10.

[79]杨志法,熊顺成,王存玉,等.关于位移反分析的某些考虑[J].岩石力学与工程学报,1995,14(1):11-16.

[80]王永秀,毛德兵,齐庆新.数值模拟中煤岩层物理力学参数确定的研究[J].煤炭学报,2003,28(6):592-597.

[81]Chi-hsuwang,Tsunng-ChilLin,Tsu-Tian Lee,et al. Adaptive hybrid,intelligent control for uncertain nonlinear dynamical systems[J]. IEEE Transactions on Systems, Man and Cybernetics-Part B: Cybernetics, 2002,32(5):583-596.

[82]刁心宏,王泳嘉,冯夏庭,等.用人工神经网络方法辨识岩体变形模量[J].东北大学学报,2002,23(1):60-63.

[83]周保生,朱维申.巷道围岩参数的人工神经网络预测[J].岩土力学,1999,20(1):22-25.

[84]乔春生,张清,黄修云.岩石工程数值分析中选择岩体变形模量的神经网络方法[J].岩石力学与工程学报,2000,19(1):64-67.

[85]李守巨,刘迎曦,刘玉晶.基于改进神经网络的边坡岩体弹性力学参数识别方法[J].湘潭矿业学院学报,2002,17(1):58-61.

[86]杨英杰,张清.岩石工程稳定性控制参数的直觉分析[J].岩石力学与工程学报,1998,17(3):336-340.

[87]Yi Huang. Application of artificial neural networks to prediction of aggregate quality parameters[J]. Roek Mech. and Mining Sci,1999(39):551-561.

[88]Jian-HuaZhu. Modeling of soil behavior with a recurrent neural network[J]. Can. Geoteeh,1998(35):858-872.

[89]F. Meulenkamp. M. Alvarez Grima. Application of neural networks for the prediction of the unconfined compressive strength(UCS)from Equotip hardness[J]. Rock Mech. And Min,1999,36(1):29-39.

[90]GhabouSSi J. , P. v. Lade and D. E. Sidarta. Neural network based modeling in geomechanics[C]//Proceedings of the 8" International Conference on Computer Methods and Advances in Geomechanics, Morgantown,WV,1994.

[91]LEEC S R. Identifying probable failure modes for underground openings using a neural network[J]. Rock Mech & Geomech Abstr,1991,28(6):377-386.

[92]Raichea. Pattern recognition approach to geophysical inversion using neural nets[J]. Geophys, 1991 (105):692-648.

[93]乔春生,张清,黄修云.岩石工程数值分析中选择岩体变形模量的神经元网络方法[J].岩石力学与工程学报,2000,19(1):64-67.

[94]张清,宋家蓉.利用神经元网络预测岩石或岩石工程的力学形态[J].岩石力学与工程学报,1992,11(1):35-43.

[95]冯夏庭,贾民泰.岩石力学问题的神经网络建模[J].岩石力学与工程学报,2000,19(S):1030-1033.

[96]许传华,房定旺,朱绳武.边坡稳定性分析中工程岩体抗剪强度参数选取的神经网络方法[J].岩石力学与工程学报,2002,21(6):858-862.

[97]张乃尧,阎平凡.神经网络与模糊控制[M].北京:清华大学出版社,1998.

[98]Palmstrom A,Singh R. The deformation modulus of rock masses-coMParisons between in situ tests and indirect estimates[J]. Tunneling and Underground Space Technology,2001,16(2):115-131.

[99]孙培欣,曹东勇,史恒,等.河南省前坪水库工程初步设计阶段工程地质勘察报告[R].郑州:河南省水利勘测有限公司,2015.

[100]徐志英.岩石力学[M].北京:水利电力出版社,1981.

[101]刘汉东,张兆省,皇甫泽华,等.前坪水库岩质边坡优化设计关键技术[M].北京:地质出版社,2019.

[102]孙广忠.碎裂岩体的变形参数[J].水文地质工程地质,1982(5):29-30.

[103]刘佑荣,唐明辉.岩体力学[M].武汉:中国地质大学出版社,1999.

[104]孙广忠.岩体结构力学[M].北京:科学出版社,1988.

[105]孙广忠.论岩体力学的地质基础[J].煤炭学报,1980(4):26-35.

[106]张倬元,王士天,王兰生.工程地质分析原理[M].北京:地质出版社,1994.

[107]陈家昊.节理岩体力学参数估算及尺寸效应研究[D].上海:上海交通大学,2018.

[108]孙广忠.工程地质与地质工程[M].北京:地震出版社,1993.

[109]孙广忠,孙毅.地质工程学原理[M].北京:地质出版社,2004.

[110]谢晔.碎裂岩体工程特性的等效研究及工程应用[D].成都:成都理工大学,2011.

[111]孙玉科,古迅.赤平极射投影在岩体工程地质力学中的应用[M].北京:科学出版社,1980.

[112]潘家铮.工程地质计算和基础处理[M].北京:水利电力出版社,1985.

[113]唐明辉.工程地质学基础[M].北京:化学工业出版社,2008.

[114]董淑乾.大岗山水电站地下厂房围岩稳定性的岩体结构控制效应研究[D].成都:成都理工大学,2006.

[115]谭文辉,武洋帆,刘景军,等.深部岩体质量分级 Q 系统的改进[J].中国矿业,2020,29(2):161-165.

[116]杨钊,乔春生,陈松.基于蒙特卡罗法的岩体变形模量统计特征及参数权重分析[J].岩土力学,2020,41(S1):271-278,336.

[117]吴鑫林,张晓平,刘泉声,等.TBM岩体可掘性预测及其分级研究[J].岩土力学,2020,41(5):1721-1729,1739.

[118]长江水利委员会长江科学院,等.工程岩体分级标准:GB/T50218-2014[S].北京:中国计划出版社,2014.

[119]郭少文,赵其华,张群,等.BP人工神经网络在岩体质量分级中的应用[J].人民黄河,2015,37(1):111-114,118.

[120]张兆省,来光,厉从实,等.基于神经网络与灰色理论的工程岩体分级[J].人民黄河,2019,41(1):93-96.

[121]王殿元,龚至豪,陈杰.神经元网络中BP算法改进及其对生物医学信号的识别研究[C]//第二届全国人—机—环境系统工程学术会议论文集.中国系统工程学会:中国系统工程学会,1995:120-124.

[122]魏海坤,宋文忠,李奇.非线性系统RBF网在线建模的资源优化网络方法[J].自动化学报,2005(6):158-162.

[123]G. Cybenko,T. G. Allen,J. E. Polito. Practical parallel Union-Find algorithms for transitive closure and clustering[J]. International Journal of Parallel Programming,1988,17(5).

[124] 陈曦,曾亚武,刘伟,等.岩体基本质量分级模糊综合评价法研究[J].武汉大学学报(工学版), 2019,52(6):511-522.

[125] 尹会永,赵涵,徐琳,等.岩体质量分级的改进模糊综合评价法[J].金属矿山,2020(7):53-58.

[126] 王春燕,乔娟.改进的层次分析法及模糊综合评价法在病险水库除险加固治理效果评价中的应用[J].水电能源科学,2019,37(10):64-67.

[127] 刘志祥,冯凡,王剑波,等.模糊综合评判法在矿山岩体质量分级中的应用[J].武汉理工大学学报,2014,36(1):129-134.

[128] 王劲翔.澜沧江某水电站坝址区边坡岩体质量评价[D].成都:成都理工大学,2018.

[129] 尹会永,赵涵,徐琳,等.岩体质量分级的改进模糊综合评价法[J].金属矿山,2020(7):53-58.

[130] 吴静涵,江新,周开松,等.地下洞室施工安全风险综合评价——基于ISM-ANP的灰色聚类分析[J].人民长江,2020,51(6):159-165.

[131] 邢亚楠.滇东老厂区块多层叠置煤储层可改造性研究[D].北京:中国地质大学,2020.

[132] 邬爱清,蒋昱州,石安池,等.含原生隐性节理工程岩体分级方法[J].长江科学院院报,2018,35(12):74-82.

[133] 余松,吴建超,蔡永建.统计预测模型在汉江孤山水电站水库诱发地震中的应用[J].水利水电技术,2019,50(10):91-97.

[134] 汪兴.物探综合测试参数评价岩体质量的研究[D].贵阳:贵州大学,2017.

[135] 徐冬.基于灰色聚类方法对深部煤层顶板稳定性研究[D].淮南:安徽理工大学,2016.

[136] 王艳利.破碎岩层采场稳定性分级及锚杆支护参数优化研究[D].长沙:中南大学,2012.

[137] 刘帝旭,曹平.基于灰色系统理论的改进SMR法初探[J].岩土力学,2015,36(S1):408-412.

[138] 肖云华.双峰隧道围岩稳定性非线性系统研究[D].长春:吉林大学,2009.

[139] 吴向阳.边坡工程岩体质量的灰色聚类评价[J].安徽地质,1999(3):3-5.

[140] 水利部水利水电规划设计总院,长江水利委员会长江勘测规划设计研究院等.水利水电工程地质勘察规范:GB 50487—2008[S].北京:中国计划出版社,2008.

[141] 中铁二院工程集团有限责任公司,等.铁路隧道设计规范:TB 10003—2016[S].北京:中国铁道出版社,2017.

[142] 秦四清.非线性岩土力学基础[M].北京:地质出版社,2008.

[143] 蒋爵光.隧道工程地质[M].北京:中国铁道出版社,1991.

[144] 李列列,肖明砾,卓莉,等.考虑非贯通节理损伤演化岩体复合本构模型[J].哈尔滨工业大学学报,2017,49(6):96-101.

[145] 刘勇.节理岩体强度特征及宏观力学参数确定方法研究[D].北京:北京交通大学.2013.

[146] 孙广忠,周瑞光.岩体力学性质的结构效应[C]//中国地质学会工程地质专业委员会.全国第三次工程地质大会论文选集(上卷).中国地质学会工程地质专业委员会:工程地质学报编辑部,1988:266-271.

[147] 孙广忠,周瑞光,郭志.碎裂沉积岩体强度与结构关系[J].工程勘察,1980(4):8-11.

[148] 孙广忠,黄运飞.高边墙地下洞室洞壁围岩板裂化实例及其力学分析[J].岩石力学与工程学报,1988(1):15-24.

[149] 郭志.起伏结构面内软弱夹层厚度的力学效应[J].水文地质工程地质,1982(1):34-36.

[150] 丁林楠.单裂隙岩体力学和渗流特性试验研究[D].西安:西安理工大学,2019.

[151] 蒋文豪.节理岩体爆破破坏过程的颗粒流模拟研究[D].北京:中国地质大学,2019.

[152] 王宇.基于岩性分析的公路隧道围岩动态分级研究[D].长沙:长沙理工大学,2015.

[153] 赵兴东,郝明涛,赵子乔,等.基于岩体质量分级和三维激光数字测量的大型洞室稳定性分析[J].矿业研究与开发,2016,36(11):55-59.

[154]刘小红.香溪河段公路岸坡再造机理试验与应用研究[D].北京:中国地质大学,2015.

[155]杜时贵,雍睿,陈咭扦,等.大型露天矿山边坡岩体稳定性分级分析方法[J].岩石力学与工程学报,2017,36(11):2601-2611.

[156]王强.基于现场旋切触探的岩体力学参数及工程岩体分级研究[D].西安:西安理工大学,2017.

[157]李华晔,黄志全,刘汉东,等.岩基抗剪参数随机 - 模糊法和小浪底工程 c,φ 值计算[J].岩石力学与工程学报,1997(2):60-66.

[158]崔明.隧洞围岩体力学参数演化规律及工程应用研究[D].北京:北京科技大学,2016.

[159]刘波.基于等效岩体力学参数的隧道下伏溶洞顶板安全厚度研究[D].北京:北京科技大学,2016.

[160]方俊.基于尺寸效应的边坡岩体力学参数确定方法研究[D].重庆:重庆交通大学,2013.

[161]陈云.沪昆高铁大独山隧道岩溶化岩体力学性质及应用研究[D].北京:北京交通大学,2015.

[162]王培涛.基于离散元方法的节理岩体各向异性力学参数表征及应用[D].沈阳:东北大学,2015.

[163]刘华.地下工程结构岩体力学参数与损失位移的高效反分析方法研究[D].南宁:广西大学,2015.

[164]李旭.隧道软弱围岩强度特性及支护结构稳定性研究[D].阜新:辽宁工程技术大学,2015.

[165]赵潘潘.焦家金矿节理岩体力学参数智能反分析研究[D].沈阳:东北大学,2014.

[166]袁维.节理岩体力学特征及隧道施工力学行为研究[D].长沙:中南大学,2013.

[167]余寿文,冯西桥.损伤力学[M].北京:清华大学出版社,1997.

[168]谢晔.碎裂岩体工程特性的等效研究及工程应用[D].成都:成都理工大学,2011.

[169]钱惠国,凌建明,蒋爵光.非贯通裂隙岩体经验强度准则的研究[J].西南交通大学学报,1994(1):79-85.

[170]凌建明,蒋爵光,傅永胜.非贯通裂隙岩体力学特性的损伤力学分析[J].岩石力学与工程学报,1992(4):373-383.

[171]李培现.开采沉陷岩体力学参数反演的 BP 神经网络方法[J].地下空间与工程学报,2013,9(S1):1543-1548,1579.

[172]易小明.裂隙岩体损伤位移反分析[D].北京:中国科学院大学,2006.

[173]裴韶华,高岩,刘硕.基于因子分析法构建龙泉煤矿 4202 工作面多级瓦斯预警模型[J].山东煤炭科技,2019(10):92-93,97.

[174]马晟翔,李希建.改进的 BP 神经网络煤矿瓦斯涌出量预测模型[J].矿业研究与开发,2019,39(10):138-142.

[175]张光福,何世明,等.基于 3DEC 离散元的煤层井壁稳定性[J].科学技术与工程,2020,20(4):1367-1373.

[176]刘子金,黄少平,杨文丰,等.基于 3DEC 的面板坝坝肩岩质边坡稳定性分析[J].地下空间与工程学报,2019,15(S2):966-977.

[177]唐建立,朱翠民,史恒,等.高水头坝基裂隙岩体渗流稳定分析[J].人民黄河,2019,41(9):123-128.

[178]赵健仓,来光,李永新,等.基于运动学与离散元的边坡稳定性分析[J].人民黄河,2020,42(1):105-108.

[179]厉从实,皇甫泽华,彭光华,等.前坪水库溢洪道控制段基础处理研究[J].水力发电学报,2019,38(3):125-134.

[180]唐建立.浅成基性侵入辉绿岩固结灌浆分析[J].中国农村水利水电,2019(8):129-132,136.

[181]赵健仓,李永新,来光,等.前坪水库安山玢岩洞室围岩稳定分析[J].人民黄河,2020,42(3):92-96.